JN022836

京大の文系数学

25カ年［第12版］

本庄　隆 編著

教学社

はじめに

本書は京都大学の1998年度から2022年度までの入試問題を分類収録し，解法を付したものです。選抜入試としての評価・検討に必要な基礎的データ（各問の正答率や得点分布，合格者平均と不合格者平均およびその差など）は，京大に限らず日本の大学では公開されていませんので，それらをもとにした分析は付すことはできませんでした。これらが作成されているかどうかはわかりませんが，いくつかの特定大学について，一部予備校が受験生に依頼した再現答案の分析データによれば，大学によっては合否の弁別が十分につかない出題がなされることがよくあります。それは最後まで考え，正しい論理に配慮した根拠記述を作成するには，難度や記述量が試験時間・出題数に照らして無理のあるセットの場合です。幸い，京大の数学の問題は概ね良く自制が利いていて，解いた後に爽やかさが感じられるといわれます（ただし，1998～2000年度および2016年度以降には，文系入試としては難度の高い問題もみられます)。受験を控えたみなさんが本書を活用して京大の問題の質・レベルをできるだけ早めに経験しておくことをお勧めします。これは大変重要なことですので，是非，本書を手もとにおいて活用されることを期待します。姉妹本の「東大の文系数学」にも同レベルの良問が多く，大変参考になりますので活用されることを望みます。また，高1，高2生のみなさんにとっても，授業内容の理解を深めるのに役立つ良問も多くあり，本書はそのような活用にも役立つように構成されています。

さて，日本の教育システムは育成よりも選抜に著しく偏重し，入試のために驚くほどの費用と時間を費やします。それらは本来，大学においては教育力の向上に，中等教育においては学習指導要領と大学レベルの間にある重要で美しいテーマの学習に向けられるべきです。米国や国際バカロレアの教育課程では，高校課程に大学初年級のアドバンストコースを用意し，その履修状況を入学の参考にしたり，また，評価を目的とする数学の試験では，専門家が制限時間内で解ける量の半分程度が妥当とされる一種の基準があるとも聞きます。日本の，多くの中高入試や大学入試では，その逆といってもいい状態ですから大変です。このような入試が受験生に与える強迫的な観念や焦燥感は，学問的な感動や興味・関心とは正反対のものです。結果として数学嫌いが増えるのなら不幸なことです。みなさんは焦ることなく，数学的な誠実さと計算を大切にして，論理とアイデアを楽しみ，推敲の効いた丁寧な思索と記述を続けてください。それが最も確実な道なのです。このことを忘れずに，本書に収録された問題を解くことを通して，良い結果が得られることを心からお祈りいたします。

本庄　隆

本書の構成

◆**収録問題**：1998 年度から 2022 年度までの 25 年間（前期）の全問を収録しました。

◆**分　類**：できるだけ高校 1 年時からの利用が可能になるように，原則として学習指導要領に基づく教育課程の配列に準じました。後に学習する分野の知識を用いる解法があるとしても，それらを前提としない解法があり得る問題はより早い分野に取り入れてあります。ただし問題設定に未習事項が用いられている場合には，それらについて習熟してから取り組むようにしてください。

◆**レベル分け**：まずまずの記述に要する時間が 20〜30 分以内の問題（得点率 8 割前後）をレベルＡ，30〜40 分前後の問題（同 6 割前後）をレベルＢ，40〜50 分前後の問題（同 4 割前後）をレベルＣとしました。心身ともに集中のできる状態で取り組み，計算ミスなどがそれほどない経過（あまりないかもしれませんが）で解いた場合を想定しました。受験生と接する機会の多い筆者の経験から，想定した受験生は，平均的な合格者のレベルとしています。入学試験では異常な緊張状態にありますから，レベルＡがＢに，レベルＢがＣに化すことは常です。呼吸を整えてリラックスして取り組みましょう。多くの受験生を見ると，学部や他教科との兼ね合いにもよりますが，レベルＡ・Ｂを解くとほぼ合格しているようですし，学部によってはレベルＡのみの正答とレベルＢでの部分点で合格ということもよくあります。レベルＣは実際にはわずかの部分点にとどまることが多く，試験時間と問題数を考慮すると，レベルＣのいくつかはいわゆる合否に影響を与えない問題です。

◆**ポイント**：解法の糸口を簡単に付したものです。実際に自分で解かずに，これだけを見てもわかりにくいことが多いので，まずは自分で十分に考えてください。

◆**解　法**：分類テーマに従い，教育課程の学習順序からみて，前提となる知識が少なくて済む解法を尊重しました。また，根拠記述に配慮したものにしました。複数の解法を提示してある場合は，原則として愚直であっても自然と思われる方向の解法を先に取り上げました。もっとも，何が自然かは人により異なることも多いので，まずは自分の解法で解決がつくようにしてください。ただし，別な解法も学ぶか，自分の解法のみに固執するかで着想の幅は大いに違ってきますから，自分の解法以外のものもよく検討してください。ここに挙げた解法よりも良い解法を得られたみなさんのお便りや質問を頂けることを期待します。

◆**注**：簡単な補足や部分的な別処理などを記してあります。

◆**研　究**：その問題に関連する事項で，教育課程で取り上げられていないもの・発展的なものについてできるだけ証明を付した解説を試みました。

◆**付　録**：整数，空間の幾何についての基礎〜発展事項をまとめました。

（編集部注）本書に掲載されている入試問題の解答・解説は，出題校が公表したものではありません。

目　次

§ 1　整　数 …… 8
§ 2　図形と計量・図形と方程式 …… 39
§ 3　方程式・不等式・領域 …… 63
§ 4　三角関数・対数関数 …… 99
§ 5　平面図形・平面ベクトル …… 110
§ 6　空間図形・空間ベクトル …… 121
§ 7　数　列 …… 163
§ 8　確率・個数の処理 …… 172
§ 9　整式の微積分 …… 207
§ 10　複素数平面・行列ほか …… 248

付録 1　整数の基礎といくつかの有名定理 …… 256
付録 2　空間の公理と基礎定理集 …… 269

問題編――別冊

解 答 編

§1 整　数

1　2021年度〔1〕問1　Level A

ポイント $6=a\cdot 2^2+b\cdot 2^1+c\cdot 2^0$，$0.75=\dfrac{d}{2^1}+\dfrac{e}{2^2}$（$a$～$e$ は0または1）という表現を考える。4進法で表すには，$p\cdot 4^2+q\cdot 4^1+r\cdot 4^0+\dfrac{s}{4^1}+\dfrac{t}{4^2}+\dfrac{u}{4^3}$（$p$～$u$ は0，1，2，3のいずれか）という表現への変形を考える。

解法

$6=1\cdot 2^2+1\cdot 2^1+0\cdot 2^0$，$0.75=\dfrac{75}{100}=\dfrac{3}{4}=\dfrac{2+1}{2^2}=\dfrac{1}{2^1}+\dfrac{1}{2^2}$ から

$$6.75=1\cdot 2^2+1\cdot 2^1+0\cdot 2^0+\frac{1}{2^1}+\frac{1}{2^2}$$

$$=110.11_{(2)}\quad\cdots\cdots(\text{答})$$

また

$$110.11_{(2)}\times 101.0101_{(2)}=100011.110111_{(2)}\quad\cdots\cdots(\text{答})$$

```
        110.11
   × 101.0101
 -------------
         11011
        11011
       11011
      11011
 -------------
 100011.110111
```

さらに

$$100011.110111_{(2)}$$

$$=1\cdot 2^5+1\cdot 2^1+1\cdot 2^0+\frac{1}{2^1}+\frac{1}{2^2}+\frac{1}{2^4}+\frac{1}{2^5}+\frac{1}{2^6}$$

$$=2\cdot 2^4+3+\frac{3}{2^2}+\frac{1}{2^4}+\frac{3}{2^6}$$

$$=2\cdot 4^2+3\cdot 4^0+\frac{3}{4^1}+\frac{1}{4^2}+\frac{3}{4^3}$$

$$=203.313_{(4)}\quad\cdots\cdots(\text{答})$$

2　2021年度〔5〕　Level A

ポイント $p=3$ のときと，$p\neq 3$ のときで場合を分ける。$p\neq 3$ のとき，$p\equiv\pm 1 \pmod{3}$ であることを用いる。

解法

(i)　$p=3$ のとき

$p^4+14=95=5\cdot 19$ より，p^4+14 は素数でない。

(ii)　$p\neq 3$ のとき

法3の合同式で考える。

p は素数であるから，3の倍数ではなく，$p\equiv\pm 1 \pmod{3}$ である。

よって

$$\begin{aligned} p^4+14 &\equiv (\pm 1)^4+14 \\ &\equiv 1+14 \\ &\equiv 15 \\ &\equiv 0 \end{aligned}$$

したがって，p^4+14 は3より大きな3の倍数であるから素数でない。

以上から，p が素数ならば p^4+14 は素数でない。　　(証明終)

3 2020年度〔3〕 Level B

ポイント ［解法１］ $g(m,\ n)=mn^2+am^2+n^2$ とおくと，$f(m,\ n)$ が16で割り切れるための条件は $g(m,\ n)=8G$（G は奇数）となる。このためには $m,\ n$ がともに偶数となることが必要となる。このもとで mod 4 での $m,\ n$ の組合せの場合分けで考える。

［解法２］ まず，$m,\ n$ の偶奇の組合せを考えると，$m,\ n$ がともに偶数であることが必要となる。次いで，$m=2k,\ n=2l$ とおいて $k,\ l$ の偶奇の組合せを考えると，$k,\ l$ の偶奇が一致することが必要となる。このもとで $k,\ l$ が偶数のときと，奇数のときの場合分けで考える。

解法１

$g(m,\ n)=mn^2+am^2+n^2$ とおくと

$$f(m,\ n)=g(m,\ n)+8$$

なので，$f(m,\ n)$ が16で割り切れるためには，$g(m,\ n)$ が8で割り切れることが必要。このとき，$g(m,\ n)=8G$（G は整数）とおくと

$$f(m,\ n)=8(G+1)$$

よって，$f(m,\ n)$ が16で割り切れる条件は，G が奇数であることで

$$g(m,\ n)=8G\quad（G\text{ は奇数}）\quad\cdots\cdots①$$

となることである。

$g(m,\ n)=(m+1)n^2+am^2$ なので，m が奇数のとき $m+1$ は偶数，a は奇数から，$g(m,\ n)$ は奇数となり不適。よって，m は偶数でなければならない。このとき，n が奇数なら，$(m+1)n^2$ は奇数，am^2 は偶数から，$g(m,\ n)$ は奇数となり不適。よって，n も偶数でなければならない。

以下4を法とする合同式を用いる。また，$M,\ N,\ A$ は整数とする。

(i) $m\equiv n\equiv 0$ のとき

$m=4M,\ n=4N$ とおけて

$$g(m,\ n)=8\cdot 2\{(4M+1)N^2+aM^2\}$$

このとき，①が成り立たず，不適。

(ii) $m\equiv 0,\ n\equiv 2$ のとき

$m=4M,\ n=4N+2$ とおけて

$$g(m,\ n)=4\{(4M+1)(2N+1)^2+4aM^2\}$$

{ }内は奇数なので，①が成り立たず，不適。

(iii) $m\equiv 2,\ n\equiv 0$ のとき

$m=4M+2$, $n=4N$ とおけて

$$g(m,\ n)=4\{4(4M+3)N^2+a(2M+1)^2\}$$

{　} 内は奇数なので，①が成り立たず，不適。

(iv)　$m\equiv n\equiv 2$ のとき

$m=4M+2$, $n=4N+2$ とおけて

$$g(m,\ n)=4(4M+3)(2N+1)^2+4a(2M+1)^2$$
$$=4\{4(4M+3)(N^2+N)+4M+4a(M^2+M)+a+3\}$$

ここで，a は奇数なので，$a=4A+1$ または $a=4A+3$ とおける。

(ア)　$a=4A+1$ のとき

$$g(m,\ n)=8\cdot 2\{(4M+3)(N^2+N)+M+a(M^2+M)+A+1\}$$

となり，①が成り立たず，不適。

(イ)　$a=4A+3$ のとき

$$g(m,\ n)=8\{2(4M+3)(N^2+N)+2M+2a(M^2+M)+2A+3\}$$

となり，①が満たされる。

$m\equiv n\equiv 2 \pmod 4$ となる整数 m, n は常に存在するから，求める a の条件は

4 で割って 3 余る整数であること　……(答)

解法 2

$$f(m,\ n)=mn^2+am^2+n^2+8$$
$$=(m+1)n^2+am^2+8\quad (a\text{は奇数，}m,\ n\text{は整数})$$

m, n の偶奇と $f(m,\ n)$ の偶奇の関係は次のようになる（偶数を「偶」，奇数を「奇」と表す）。

m	n	$(m+1)n^2$	am^2	$f(m,\ n)$
偶	偶	偶	偶	偶
偶	奇	奇	偶	奇
奇	偶	偶	奇	奇
奇	奇	偶	奇	奇

したがって，m, n がともに偶数であることが必要。

そこで，$m=2k$, $n=2l$（k, l は整数）とおくと

$$f(m,\ n)=f(2k,\ 2l)$$
$$=4\{(2k+1)l^2+ak^2+2\}$$

k, l の偶奇と $(2k+1)l^2+ak^2+2$ の偶奇の関係は次のようになる。

k	l	$(2k+1)l^2$	ak^2	$(2k+1)l^2+ak^2+2$
偶	偶	偶	偶	偶
偶	奇	奇	偶	奇
奇	偶	偶	奇	奇
奇	奇	奇	奇	偶

よって，k，l の偶奇が一致することが必要。

(i) $k=2i$，$l=2j$（i，j は整数）とすると

$$f(m,\ n)=16\{(4i+1)j^2+ai^2\}+8$$

で，$(4i+1)j^2+ai^2$ は整数より，$f(m,\ n)$ は 16 で割り切れない。

(ii) $k=2i+1$，$l=2j+1$（i，j は整数）のとき

$$f(m,\ n)=4\{(4i+3)(2j+1)^2+a(2i+1)^2+2\}$$
$$=16\{(4i+3)(j^2+j)+i+a(i^2+i)+1\}+4(a+1)$$

$(4i+3)(j^2+j)+i+a(i^2+i)+1$ は整数より，$f(m,\ n)$ が 16 で割り切れるための条件は，$(a+1)$ が 4 で割り切れることである。

(i)，(ii)より，$f(m,\ n)$ が 16 で割り切れるための条件は，i，j を整数として

$m=2(2i+1)$ ……(ア) かつ $n=2(2j+1)$ ……(イ)

かつ $(a+1)$ が 4 で割り切れる

ことである。

(ア)，(イ)を満たす整数 m，n は常に存在するから，求める a の条件は

a を 4 で割ったときの余りが 3 であること ……(答)

4 2018年度〔3〕(文理共通) Level A

ポイント [解法1] nを3で割ったときの余りで分類して与式を変形する。
[解法2] 与式を $(n^3-n)-(6n-9)$ とみて，さらに変形する。

解法 1

整数nは，整数kを用いて，$n=3k$，$3k\pm1$のいずれかで表される。

$$N=n^3-7n+9$$

とおくと

(i) $n=3k$のとき

$$N=27k^3-21k+9=3(9k^3-7k+3)$$

$9k^3-7k+3$は整数であるから，Nは3の倍数である。

(ii) $n=3k\pm1$のとき

$$\begin{aligned}N&=(3k\pm1)^3-7(3k\pm1)+9\\&=27k^3\pm27k^2+9k\pm1-21k\mp7+9\\&=3(9k^3\pm9k^2-4k+3\mp2)\quad(\text{複号同順})\end{aligned}$$

$9k^3\pm9k^2-4k+3\mp2$は整数であるから，Nは3の倍数である。

(i)，(ii)より，Nは3の倍数である。

よって，n^3-7n+9は3の倍数で，これが素数となるとき

$$n^3-7n+9=3$$

$$n^3-7n+6=0$$

$$(n-1)(n-2)(n+3)=0$$

ゆえに　　$n=-3,\ 1,\ 2$　……(答)

解法 2

$$n^3-7n+9=(n-1)n(n+1)-3(2n-3)\quad(n\text{は整数})$$

ここで，$(n-1)n(n+1)$ は連続する3整数の積であるから3の倍数，$2n-3$は整数であるから，$3(2n-3)$ も3の倍数である。

(以下，[解法1] に同じ)

5 2017年度〔2〕 Level C

ポイント (1) 2以外の素因数をもたない自然数は 2^n ($n=0$, 1, …) の形に表される。これが100桁以下になるような n の個数を求める。

(2) 2と5以外の素因数をもたない自然数は 2^k5^l ($k=0$, 1, …；$l=0$, 1, …) の形に表される。これが100桁になるような k, l の組の個数を求める。$k \geqq l$ のときは $2^k5^l=2^{k-l}10^l$, $k \leqq l$ のときは $2^k5^l=5^{l-k}10^k$ と書き直せることに注目する。

解法

(1) 2以外の素因数をもたない自然数は

$$2^n \quad (n=0,\ 1,\ 2,\ \cdots)$$

と表される。これが100桁以下の自然数であるための n の条件は

$$2^n<10^{100}$$

である。これより

$$\log_{10}2^n<\log_{10}10^{100}$$

$$n\log_{10}2<100$$

$\log_{10}2>0$ であるから　　$n<\dfrac{100}{\log_{10}2}$

ここで，$0.3010<\log_{10}2<0.3011$ より

$$\frac{100}{0.3011}<\frac{100}{\log_{10}2}<\frac{100}{0.3010} \quad \text{すなわち} \quad 332.1\cdots<\frac{100}{\log_{10}2}<332.2\cdots$$

よって　　$n=0$, 1, 2, …, 332

したがって，求める個数は

2^0, 2^1, 2^2, …, 2^{332} の333個　……(答)

(2) 100桁以下の自然数で，5以外の素因数をもたない自然数は 5^m ($m=0$, 1, 2, …) と表される。これが100桁以下の自然数であるための条件は

$$5^m<10^{100}$$

である。これより(1)と同様にして

$$m<\frac{100}{\log_{10}5}$$

ここで　　$\log_{10}5=\log_{10}\dfrac{10}{2}=1-\log_{10}2$

これと，$0.3010<\log_{10}2<0.3011$ より

$$1-0.3011<\log_{10}5<1-0.3010 \quad \text{すなわち} \quad 0.6989<\log_{10}5<0.6990$$

よって，$\dfrac{100}{0.6990}<\dfrac{100}{\log_{10}5}<\dfrac{100}{0.6989}$ より

$$143.06\cdots<\frac{100}{\log_{10}5}<143.08\cdots$$

したがって，$m=0,\ 1,\ \cdots,\ 143$ であるから，100 桁以下の自然数で，5 以外の素因数をもたないものは　　$5^0,\ 5^1,\ \cdots,\ 5^{143}$ の 144 個　……①

2 と 5 以外の素因数をもたない自然数は

$$2^k5^l \quad (k=0,\ 1,\ 2,\ \cdots;\ l=0,\ 1,\ 2,\ \cdots)$$

と表される。

(i)　$k\geqq l$ のとき，$k-l=p$（$p=0,\ 1,\ 2,\ \cdots$）とおくと

$$2^k5^l=2^{k-l}10^l=2^p10^l$$

これが 100 桁のとき

$$10^{99}\leqq 2^p10^l<10^{100} \quad \text{より} \quad 10^{99-l}\leqq 2^p<10^{100-l} \quad \cdots\cdots②$$

②を満たす p が存在するのは，$l=99,\ 98,\ 97,\ \cdots,\ 1,\ 0$ のときであるから，②を満たす $(l,\ p)$ の組の個数は，$10^0\leqq 2^p<10^{100}$ を満たす p の個数に等しい。

よって，(1)より　　333 個

(ii)　$k\leqq l$ のとき，$l-k=q$（$q=0,\ 1,\ 2,\ \cdots$）とおくと

$$2^k5^l=5^{l-k}10^k=5^q10^k$$

これが 100 桁のとき

$$10^{99}\leqq 5^q10^k<10^{100} \quad \text{より} \quad 10^{99-k}\leqq 5^q<10^{100-k} \quad \cdots\cdots③$$

③を満たす q が存在するのは，$k=99,\ 98,\ 97,\ \cdots,\ 1,\ 0$ のときであるから，③を満たす $(k,\ q)$ の組の個数は，$10^0\leqq 5^q<10^{100}$ を満たす q の個数に等しい。

よって，①より　　144 個

(i)，(ii)において，$k=l$ のときは $p=q=0$ で，これを満たす $l,\ k$ は②，③より，$k=l=99$ すなわち $2^k5^l=2^{99}5^{99}=10^{99}$ が(i)と(ii)に重複しているので，求める個数は

$$333+144-1=476 \text{ 個} \quad \cdots\cdots(\text{答})$$

6 2017年度 〔4〕（文理共通(一部)） Level B

ポイント (1) $q=1$, 2, 3 のそれぞれについて p の値を求めてみる。

$\tan 2\beta=\dfrac{2\tan\beta}{1-\tan^2\beta}$ とできるのは $\tan^2\beta\neq 1$ のときであるから，$q=1$ のときと $q=2$, 3 のときで場合分けを行う。

(2) [解法1] $q=4$, 5, 6 と $q\geqq 7$ の場合について，自然数 p が存在しないことを示す。

[解法2] $p=1$ と $p\geqq 2$ の場合について，4以上の自然数 q が存在しないことを示す。

解法 1

(1) (i) $q=1$ のとき

$\tan\beta=1$ より，$\beta=\dfrac{\pi}{4}+n\pi$（$n$ は整数）と表されるから

$$\tan(\alpha+2\beta)=\tan\left(\alpha+\frac{\pi}{2}+2n\pi\right)=-\frac{1}{\tan\alpha}=-p$$

これと条件(A)より　　$-p=2$　すなわち　　$p=-2$

これは p が自然数であることに反する。

(ii) $q=2$, 3 のとき

$0<\dfrac{1}{q}\leqq\dfrac{1}{2}$ より，$\tan^2\beta=\left(\dfrac{1}{q}\right)^2\neq 1$ であるから

$$\tan 2\beta=\frac{2\tan\beta}{1-\tan^2\beta}=\frac{\frac{2}{q}}{1-\frac{1}{q^2}}=\frac{2q}{q^2-1}$$

条件(A)より

$$\frac{\tan\alpha+\tan 2\beta}{1-\tan\alpha\tan 2\beta}=2$$

$$\frac{\frac{1}{p}+\frac{2q}{q^2-1}}{1-\frac{1}{p}\cdot\frac{2q}{q^2-1}}=2$$

$$q^2-1+2pq=2\{p(q^2-1)-2q\}$$

$$2(q^2-q-1)p=q^2+4q-1 \quad \cdots\cdots①$$

$q=2$ のとき，$2p=11$ より　　$p=\dfrac{11}{2}$

$q=3$ のとき，$10p=20$ より　　$p=2$

p は自然数であるから　$(p,\ q)=(2,\ 3)$

(i), (ii)より　$(p,\ q)=(2,\ 3)$　……(答)

(2)　$q>3$ のとき

$0<\dfrac{1}{q}<\dfrac{1}{3}$ から(1)の(ii)と同様に，①を得る。

$$q^2-q-1=q(q-1)-1>3\cdot2-1=5>0$$

であるから，①より

$$p=\frac{q^2+4q-1}{2(q^2-q-1)}=\frac{1}{2}+\frac{5q}{2(q^2-q-1)}=\frac{1}{2}+\frac{5}{2\left(q-1-\dfrac{1}{q}\right)}$$

$q\geqq7$ のとき，$q-1-\dfrac{1}{q}\geqq7-1-\dfrac{1}{q}>7-1-1=5$ であるから

$$p<\frac{1}{2}+\frac{5}{2\cdot5}=1$$

となり，p が自然数であることに反する。

また，①より

$$q=4 \text{ のとき}\quad p=\frac{31}{22},\ q=5 \text{ のとき}\quad p=\frac{22}{19},\ q=6 \text{ のとき}\quad p=\frac{59}{58}$$

で，いずれも p が自然数であることに反する。

よって，条件(A)を満たす $p,\ q$ の組 $(p,\ q)$ で，$q>3$ であるものは存在しない。

(証明終)

〔注〕 ①で，左辺は偶数，$4q-1$ は奇数であるから，q^2 は奇数である。よって，q は奇数であるから，(1)では $q=3$ のとき，(2)では $q=5$ と $q\geqq7$ のときを調べればよい，とすることもできる。

解法 2

(2)　$q>3$ のとき

$0<\dfrac{1}{q}<\dfrac{1}{3}$ から(1)の(ii)と同様に，①を得る。

(i)　$p=1$ のとき

①より　$q^2-6q-1=0$

よって　$q=3\pm\sqrt{10}$

これは，q が自然数であることに反する。

(ii)　$p\geqq2$ のとき

$$q^2-q-1=q(q-1)-1>3\cdot2-1=5>0\quad(q>3 \text{ より})$$

これと①および $p\geqq2$ より

$$2(q^2-q-1)\cdot2\leqq2(q^2-q-1)p=q^2+4q-1$$

$$3q^2-8q-3 \leqq 0$$
$$(3q+1)(q-3) \leqq 0$$

よって，$-\dfrac{1}{3} \leqq q \leqq 3$ で，これは $q>3$ に反する。

(i)，(ii)より，条件(A)を満たす p，q の組（p，q）で，$q>3$ であるものは存在しない。

（証明終）

7 2016年度〔3〕 Level B

ポイント n 進法表記の 2，12，1331 を 10 進法表記し，n 進法表記の $2^{12}=1331$ を 10 進法で表すと，n についての等式が得られる。これを満たす n（$\geqq 4$）を求める。

［解法1］ ある数列 $\{a_k\}$ を考え，$\dfrac{a_{k+1}}{a_k}$ の評価式を用いる。

［解法2］ 数学的帰納法を用いる。

解 法 1

n 進法（$n\geqq 4$）で表記された数 2，12，1331 を 10 進法で表記すると，それぞれ 2，$n+2$，n^3+3n^2+3n+1 であるから，n 進法で表記された $2^{12}=1331$ を 10 進法で表記すると

$$2^{n+2}=n^3+3n^2+3n+1=(n+1)^3 \quad \cdots\cdots①$$

となる。2^{n+2} は 2 の累乗だから，①より $n+1$ も 2 の累乗でなければならない。よって

$$n+1=2^k \quad (n\geqq 4 \text{ より，} k \text{ は } k\geqq 3 \text{ である自然数})$$

とおけて①は

$$2^{2^k+1}=2^{3k}$$

これより

$$2^k+1=3k \qquad \text{すなわち} \qquad 2^k=3k-1 \quad \cdots\cdots②$$

②は $k=3$ で成り立つ。

また，$a_k=3k-1$ とおくと，$k\geqq 3$ のとき

$$\frac{a_{k+1}}{a_k}=\frac{3(k+1)-1}{3k-1}=1+\frac{3}{3k-1}<2 \quad (k\geqq 3 \text{ より})$$

よって，$a_{k+1}<2a_k$（$k\geqq 3$）となり，これを繰り返し用いて

$$a_{k+1}<2a_k<2^2a_{k-1}<\cdots<2^{k-2}a_3=2^{k-2}\cdot 8=2^{k+1} \quad (k\geqq 3)$$

よって，$k\geqq 4$ のとき

$$a_k<2^k \qquad \text{すなわち} \qquad 2^k>3k-1$$

となり，②は成り立たない。

ゆえに，②が成り立つのは $k=3$ のときだけである。このとき，$n=2^k-1$ より

$$n=7 \quad \cdots\cdots(\text{答})$$

解 法 2

(②が $k=3$ で成り立つことまでは［解法１］に同じ)

$k \geqq 4$ では $2^k > 3k-1$ となることを数学的帰納法で示す。$k=4$ では，$2^k=16$，$3k-1=11$ より成り立つ。

次に，$k=m$（ただし $m \geqq 4$）で $2^m > 3m-1$ が成り立つと仮定すると

$$\begin{aligned} 2^{m+1}-\{3(m+1)-1\} &= 2\cdot 2^m-(3m+2) \\ &> 2(3m-1)-(3m+2) \\ &= 3m-4>0 \quad (m \geqq 4 \text{ より}) \end{aligned}$$

ゆえに，$k=m+1$ でも成り立つ。

以上より，$k \geqq 4$ では $2^k > 3k-1$ となり，$2^k=3k-1$ は成り立たない。

（以下，［解法１］に同じ）

8 2015年度〔5〕 Level B

ポイント $f(x)$ を $g(x)$ で割ったときの商を $px+q$，余りを r とおき，$r=0$ であることを示す。

［解法1］ 条件を整理し，$\dfrac{r\times(整数)}{g(n)}$ の形の式で $n\to\infty$ として考える。

［解法2］ $A_n=\dfrac{f(n+1)}{g(n+1)}-\dfrac{f(n)}{g(n)}$ とおき，さらに $A_{n+1}-A_n$ を考える。

解法 1

$f(x)$ を $g(x)$ で割ったときの商を $px+q$，余りを r（定数）とすると，
$f(x)=(px+q)g(x)+r$ であり

$$\frac{f(n)}{g(n)}=pn+q+\frac{r}{g(n)} \quad \cdots\cdots ①$$

$f(x)$，$g(x)$ は有理数係数の多項式なので，p，q は有理数であり，整数 A，B，C，D を用いて

$$p=\frac{A}{B},\ q=\frac{C}{D} \quad (BD\neq 0)$$

と表すことができる。また，$\dfrac{f(n)}{g(n)}$ は整数なので

$$\frac{f(n)}{g(n)}=L_n \quad (L_n は整数)$$

とおくと，①より

$$L_n=\frac{A}{B}n+\frac{C}{D}+\frac{r}{g(n)}$$

$$BDL_n-ADn-BC=\frac{rBD}{g(n)} \quad \cdots\cdots ②$$

ここで，$g(n)=dn+e$，$d>0$ より，$\displaystyle\lim_{n\to\infty}g(n)=\infty$ であるから，十分大きな n に対して $\left|\dfrac{rBD}{g(n)}\right|<1$ となる。②の左辺は整数であるから，$\dfrac{rBD}{g(n)}$ も整数なので

$$\frac{rBD}{g(n)}=0$$

である。ここで，$BD\neq 0$ であるから，$r=0$ である。
ゆえに，$f(x)$ は $g(x)$ で割り切れる。　（証明終）

解法 2

＜$f(x)$，$g(x)$ が有理数係数であることを前提としない証明＞

(①までは［解法 1］に同じ)

$A_n=\dfrac{f(n+1)}{g(n+1)}-\dfrac{f(n)}{g(n)}$ とおくと，すべての n に対して $\dfrac{f(n)}{g(n)}$ が整数であるので，A_n は整数であり(＊)，①から

$$A_n=\left\{p(n+1)+q+\frac{r}{g(n+1)}\right\}-\left\{pn+q+\frac{r}{g(n)}\right\}$$
$$=p+\frac{r\{g(n)-g(n+1)\}}{g(n+1)g(n)}=p-\frac{rd}{g(n+1)g(n)}$$

(＊)から，A_n は整数なので

$$A_{n+1}-A_n=-\frac{rd}{g(n+2)g(n+1)}+\frac{rd}{g(n+1)g(n)}$$
$$=\frac{rd\{g(n+2)-g(n)\}}{g(n+2)g(n+1)g(n)}$$
$$=\frac{2rd^2}{g(n+2)g(n+1)g(n)} \quad \cdots\cdots②$$

は整数である。ここで，$g(x)=dx+e$，$d>0$ より，$\lim_{n\to\infty}g(n)=\infty$ なので，十分大きな n に対して，$\left|\dfrac{2rd^2}{g(n+2)g(n+1)g(n)}\right|<1$ となる。よって，②と A_{n+1}，A_n が整数であることから，十分大きな整数 n に対して，$|A_{n+1}-A_n|=0$ すなわち，$A_{n+1}-A_n=0$ である。したがって，②から，十分大きな整数 n に対して

$$\frac{2rd^2}{g(n+2)g(n+1)g(n)}=0$$

となり，$d\neq0$ から，$r=0$ である。

ゆえに，$f(x)$ は $g(x)$ で割り切れる。　(証明終)

9 2013年度〔3〕 Level A

ポイント (1) 商と余りを設定し，$x=k$，$k+1$ を代入した式から余りを決定する。
(2) 背理法による。

解法

(1) $$x^n=(x-k)(x-k-1)Q(x)+ax+b \quad (Q(x)\text{ は整式})$$
と表すことができる。これに $x=k$，$k+1$ を代入すると

$$k^n=ak+b \quad \cdots\cdots①$$

$$(k+1)^n=a(k+1)+b \quad \cdots\cdots②$$

これを a，b について解くと

$$a=(k+1)^n-k^n$$

$$b=k^n-k\{(k+1)^n-k^n\}$$

k は自然数だから，a と b は整数である。　　(証明終)

(2) a と b をともに割り切る素数 p が存在すると仮定すると

$$a=pq,\ b=pr \quad (q,\ r\text{ は整数}) \quad \cdots\cdots③$$

とおける。③を①に代入すると

$$k^n=p(kq+r)$$

となり，p は素数であることから，k は p の倍数となる。同様に②，③から $k+1$ は p の倍数となる。このことと p の倍数の差は p の倍数であることから，$(k+1)-k=1$ は p の倍数となる。これは $p\geqq 2$ であることに矛盾する。ゆえに，a と b をともに割り切る素数は存在しない。　　(証明終)

〔注〕 (1)は整数係数の多項式を最高次の係数が ± 1 の多項式で割ったときの商と余りは整数係数の多項式となるという一般論（割り算のアルゴリズムを考えると明らか）を前提すると明らかなのだが，［解法］のように与えられた多項式に即した証明を行うことが望ましい。

10 2009年度〔5〕(文理共通) Level A

ポイント $1 \leqq a \leqq p^n$ を満たす整数 a が素因数 p をちょうど k 個 ($1 \leqq k \leqq n$) 含むための条件を求める。

解法

$n=1$ のとき，$(p^n)!=p!$ は素数 p でちょうど1回割り切れる。
$n \geqq 2$ のとき，n 以下の任意の正の整数 k と p^n 以下の任意の正の整数 a に対して

「a は素因数 p をちょうど k 個含む」

$\iff$「a は p^k の倍数であるが p^{k+1} の倍数ではない」

が成り立つ。
このような整数 a の個数は

$$\begin{cases} 1 \leqq k \leqq n-1 \text{ のとき，} \dfrac{p^n}{p^k}-\dfrac{p^n}{p^{k+1}}=p^{n-k}-p^{n-k-1}\text{〔個〕} \\ k=n \text{ のとき，} \dfrac{p^n}{p^n}=1\text{〔個〕} \end{cases}$$

よって，求める回数すなわち $(p^n)!$ の素因数 p の総数は

$$1\cdot(p^{n-1}-p^{n-2})+2(p^{n-2}-p^{n-3})+3(p^{n-3}-p^{n-4})+\cdots$$
$$+(n-2)(p^2-p)+(n-1)(p-1)+n$$
$$=p^{n-1}+p^{n-2}+p^{n-3}+\cdots+p^2+p+1$$
$$=\frac{p^n-1}{p-1} \quad \cdots\cdots\text{(答)}$$

(これは $n=1$ でも成り立つ)

〔注〕 下図で考えるとわかりやすい。

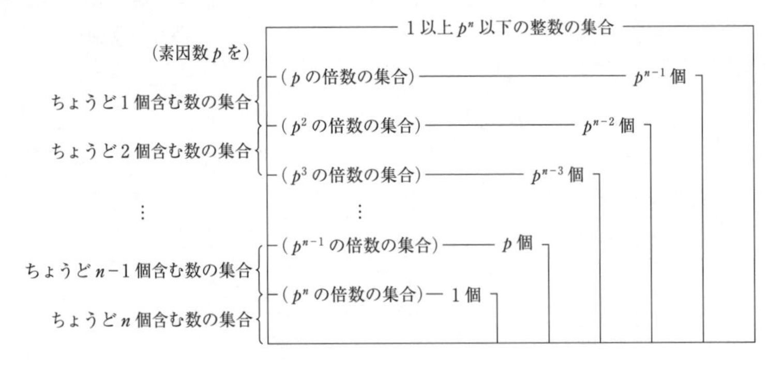

11 2007年度〔3〕(文理共通) Level B

ポイント 第1式から d を他の文字で表し，$bc-ad$ $(=p)$ を因数分解する。その後は，p が奇素数であることと与えられた不等式から，まず a を p で表す。

解法

$$a+b+c+d=0 \quad \cdots\cdots①, \quad p=bc-ad \quad \cdots\cdots②, \quad a \geqq b \geqq c \geqq d \quad \cdots\cdots③$$

①より　$d=-a-b-c$

これを②に代入すると

$$p=bc+a(a+b+c)=(a+b)(a+c)$$

p は素数であり，また $a+b \geqq a+c$ だから，上式より

$$a+b=p,\ a+c=1 \quad \text{または} \quad a+b=-1,\ a+c=-p$$

である。ここで，$a+b<0$ のときは，③より $c+d<0$ となり，①に反するから

$$a+b=p,\ a+c=1$$

でなければならない。このとき

$$b=-a+p,\ c=-a+1,\ d=-a-b-c=a-p-1 \quad \cdots\cdots④$$

これらを③の条件に当てはめると

$a \geqq b$ より　$a \geqq -a+p$　$\therefore$　$a \geqq \dfrac{p}{2}$

$c \geqq d$ より　$-a+1 \geqq a-p-1$　$\therefore$　$a \leqq \dfrac{p}{2}+1$

よって　$\dfrac{p}{2} \leqq a \leqq \dfrac{p}{2}+1$

p は奇数だから，上式を満たす整数 a は，$a=\dfrac{p+1}{2}$ である。これを④に代入することにより

$$b=-\frac{p+1}{2}+p=\frac{p-1}{2},\ c=-\frac{p+1}{2}+1=-\frac{p-1}{2},\ d=\frac{p+1}{2}-p-1=-\frac{p+1}{2}$$

すなわち　$(a,\ b,\ c,\ d)=\left(\dfrac{p+1}{2},\ \dfrac{p-1}{2},\ -\dfrac{p-1}{2},\ -\dfrac{p+1}{2}\right)$ ……(答)

12 2007年度〔5〕 Level B

ポイント まず「$\sqrt{n}$ が有理数なら n は平方数，すなわち $\sqrt{n}$ は整数である」を示し，これを用いる。命題 p，q の真偽の証明は背理法によるのがよいであろう。

解 法

まず

命題(＊)：1 以上の整数 n に対し，$\sqrt{n}$ が有理数なら，$\sqrt{n}$ は整数である。

を示す。$\sqrt{n}$ が有理数であるとすると，$\sqrt{n}=\dfrac{b}{a}$ とおける。両辺を平方すると

$$n=\frac{b^2}{a^2}$$

よって，$na^2=b^2$ である。

この両辺の各素因数の個数を比べると，平方数 a^2，b^2 の各素因数の個数は偶数であるから，n の各素因数の個数も偶数でなければならない。すなわち，n は平方数であり，$\sqrt{n}$ は整数である。

ゆえに命題(＊)は真である。

続いて，命題 p が偽であることを示す。

1 以上のある整数 n に対して，$\sqrt{n}$ と $\sqrt{n+1}$ が共に有理数であるとすると，命題(＊)より

$$\sqrt{n}=s,\ \sqrt{n+1}=t \quad (s,\ t \text{ は整数で，} 1\leqq s<t)$$

と表すことができる。よって

$$n=s^2,\ n+1=t^2$$

なので　$t^2-s^2=1$　すなわち　$(t+s)(t-s)=1$

$t+s$，$t-s$ は正の整数だから

$$t+s=t-s=1 \qquad \therefore\ s=0,\ t=1$$

これは $s\geqq 1$ に反する。よって，命題 p は偽である。

次に，命題 q が真であることを示す。

もし 1 以上のある整数 n に対して，$\sqrt{n+1}-\sqrt{n}$ が有理数であると仮定すると

$$\sqrt{n+1}+\sqrt{n}=\frac{1}{\sqrt{n+1}-\sqrt{n}}$$

より，$\sqrt{n+1}+\sqrt{n}$ も有理数である。すると

$$\frac{(\sqrt{n+1}+\sqrt{n})+(\sqrt{n+1}-\sqrt{n})}{2}=\sqrt{n+1}$$

$$\frac{(\sqrt{n+1}+\sqrt{n})-(\sqrt{n+1}-\sqrt{n})}{2}=\sqrt{n}$$

も有理数となり，命題 p が偽であることに反する。よって，$\sqrt{n+1}-\sqrt{n}$ が有理数になるような n は存在しない。ゆえに，命題 q は真である。　(証明終)

〔注〕「$\sqrt{n}$ と $\sqrt{n+1}$ が共に有理数とすると，$\sqrt{n}$ と $\sqrt{n+1}$ は共に整数である」ということを示した後に，命題 p が偽であることを示すには，次のような方法もある。

$\sqrt{n}$ と $\sqrt{n+1}$ が共に有理数とすると，$\sqrt{n}$ と $\sqrt{n+1}$ は共に整数であるが

$$\sqrt{n+1}-\sqrt{n}=\frac{1}{\sqrt{n+1}+\sqrt{n}}<1 \quad (\because \quad n \geqq 1)$$

が成り立つ。$\sqrt{n}$ と $\sqrt{n+1}$ が共に整数であれば $\sqrt{n+1}-\sqrt{n} \geqq 1$ であるから，これは矛盾である。

よって，命題 p は偽である。

13 2005年度〔4〕 Level A

ポイント 左辺を因数分解，右辺を素因数分解する。

解 法

$$a^3-b^3=(a-b)(a^2+ab+b^2),\quad 65=5\cdot 13$$

$a^3-b^3=65>0$ でなければならないから，$a>b$ である。

また

$$\begin{aligned}(a^2+ab+b^2)-(a-b)&=a^2+(b-1)a+b^2+b\\&=\left\{a+\frac{1}{2}(b-1)\right\}^2-\frac{1}{4}(b-1)^2+b^2+b\\&=\left\{a+\frac{1}{2}(b-1)\right\}^2+\frac{3}{4}(b+1)^2-1\\&\geqq -1\end{aligned}$$

よって，次の2通りの場合が考えられる。

(i) $(a-b,\ a^2+ab+b^2)=(1,\ 65)$

(ii) $(a-b,\ a^2+ab+b^2)=(5,\ 13)$

ここで

$$a^2+ab+b^2-(a-b)^2=3ab$$

(i)より $(a-b,\ ab)=\left(1,\ \dfrac{64}{3}\right)$

これを満たす整数 a，b は存在しない（整数の積は整数であるから）。

(ii)より $(a-b,\ ab)=(5,\ -4) \iff (a+(-b),\ a\cdot(-b))=(5,\ 4)$

よって，a，$-b$ は $x^2-5x+4=0$ の2解である。

$$(x-1)(x-4)=0 \qquad \therefore\ x=1,\ 4$$

ゆえに $(a,\ b)=(1,\ -4),\ (4,\ -1)$

以上から

$$(a,\ b)=(1,\ -4),\ (4,\ -1) \quad \cdots\cdots(答)$$

〔注1〕 $(a^2+ab+b^2)-(a-b)\geqq -1$ に気付かない場合にはさらに次の2通りを考えることになる。

$$(a-b,\ a^2+ab+b^2)=(13,\ 5),\quad (a-b,\ a^2+ab+b^2)=(65,\ 1)$$

前者の場合は(i)と同様に不適であり，後者の場合は判別式が負の2次方程式に帰着するので不適となる。

〔注2〕［解法］では連立方程式の同値変形によって単純化し，さらに2解の和と積に注目して2次方程式を立てたが，例えば(i)では $a=b+1$ を $a^2+ab+b^2=65$ に代入するなどして a，b を求める方法でもよい。この場合

$$3b^2+3b=64$$

となり，左辺は3の倍数，右辺は3では割り切れない数となり，これを満たす整数は存在しないことになる。

研究　本問は素因数分解（の一意性）に基づいて解決するもっとも簡単なタイプの不定方程式である。不定方程式としてもうひとつ基本的なものは，たとえば

$$21x-8y=7 \quad \cdots\cdots(*)$$

のような形のものである。この場合にはこれを満たす特別の値，たとえば $x=3$，$y=7$ を利用する。すなわち，$(*)$から

$$21\cdot3-8\cdot7=7$$

を辺々引いて

$$21(x-3)-8(y-7)=0 \qquad 21(x-3)=8(y-7)$$

21と8は互いに素であるから

$$x-3=8t,\ y-7=21t \quad (t\ は整数)$$

となり，これより

$$x=8t+3,\ y=21t+7 \quad (t\ は整数)$$

ここで$(*)$を満たす具体的な値は特殊解とよばれる。他の特殊解を用いると一般の x，y を与える式は見かけ上異なる形で与えられることになるが，値の組の全体は同じものとなる。また，この例の21と8のように互いに素な数が係数の場合には特殊解は21，$21\cdot2$，$21\cdot3$，…，$21\cdot7$ を次々と8で割っていくと必ず余りが7となるものがあること（理由は a，b が互いに素な自然数のとき，b，$2b$，$3b$，…，ab を a で割ったときの余りはすべて異なることによる）から丹念に調べることで必ず見出すことができる。さらに $ax+by=c$ において a と b が互いに素ではない場合には，これを満たす解が存在するならば左辺は a と b の最大公約数 d で割り切れるから，c も d で割り切れなければならず，両辺を d で割ると

$$a'x+b'y=c' \quad (a'\ と\ b'\ は互いに素)$$

となり，上で扱った場合に帰着する。また，d で c が割り切れない場合にはこの不定方程式を満たす整数解は存在しない。

14 2004年度〔5〕 Level B

ポイント (1) 背理法による。

(2) $n \geqq 2$ のとき，(1)により $a=2x$，$b=2y$ とおくと $a^2+b^2=2^n$ から $x^2+y^2=2^{n-2}$ となる。このことを繰り返していく。

[解法1] $n=2m$ のとき $a^2+b^2=2^{2(m-i)}$ の解を $(a_i,\ b_i)$ とおき，$n=2m+1$ のとき $a^2+b^2=2^{2(m-i)+1}$ の解を $(a_i,\ b_i)$ とおく。

[解法2] $x^2+y^2=2^{n-2i}$ の解を $(x_{n-2i},\ y_{n-2i})$ とおく。

解法 1

(1) (*)が成り立つにもかかわらず，a，b のうち少なくとも一方が奇数であると仮定する。(*)より a^2+b^2 は偶数であるから，a，b とも奇数でなければならない。

$$a=2p+1,\ b=2q+1\quad (p,\ q \text{ は整数})$$

とおくと

$$a^2+b^2=(2p+1)^2+(2q+1)^2$$
$$=4(p^2+q^2+p+q)+2$$

となり，a^2+b^2 は4で割り切れない。一方(*)と $n \geqq 2$ より a^2+b^2 は4で割り切れる。これは矛盾である。よって，a，b はともに偶数でなければならない。 (証明終)

(2) $n=0$ のとき，$a^2+b^2=1$ より

$$(a,\ b)=(1,\ 0),\ (0,\ 1)\quad \cdots\cdots①$$

$n=1$ のとき，$a^2+b^2=2$ より

$$(a,\ b)=(1,\ 1)\quad \cdots\cdots②$$

$n \geqq 2$ のとき，n が偶数のときと奇数のときとに場合分けする。

(i) n が偶数のとき，$n=2m$（m は1以上の整数）とおく。(1)より a，b はともに偶数だから

$$a=2a_1,\ b=2b_1\quad (a_1,\ b_1 \text{ は0以上の整数})$$

とおける。これらを $a^2+b^2=2^n$ に代入して

$$4(a_1{}^2+b_1{}^2)=2^{2m}\qquad \therefore\quad a_1{}^2+b_1{}^2=2^{2(m-1)}$$

$m-1 \geqq 1$ ならば，再び(1)より

$$a_1=2a_2,\ b_1=2b_2\quad (a_2,\ b_2 \text{ は0以上の整数})$$

とおける。これらを $a_1{}^2+b_1{}^2=2^{2(m-1)}$ に代入して

$$4(a_2{}^2+b_2{}^2)=2^{2(m-1)}\qquad \therefore\quad a_2{}^2+b_2{}^2=2^{2(m-2)}$$

この操作を m 回続けると

$$a_m{}^2+b_m{}^2=2^{2(m-m)} \qquad \therefore \quad a_m{}^2+b_m{}^2=1$$

①より

$$(a_m,\ b_m)=(1,\ 0),\ (0,\ 1)$$

一方，上の操作より

$$a=2^m a_m=2^{\frac{n}{2}}a_m,\quad b=2^m b_m=2^{\frac{n}{2}}b_m$$

であるから

$$(a,\ b)=(2^{\frac{n}{2}},\ 0),\ (0,\ 2^{\frac{n}{2}})$$ （これは，$n=0$ のときも成り立つ）

(ii)　n が奇数のとき，$n=2m+1$（m は1以上の整数）とおく。(i)と同様

$a=2a_1$，$b=2b_1$（a_1，b_1 は0以上の整数）

とおける。これらを $a^2+b^2=2^n$ に代入して

$$4(a_1{}^2+b_1{}^2)=2^{2m+1} \qquad \therefore \quad a_1{}^2+b_1{}^2=2^{2(m-1)+1}$$

この操作を m 回続けると

$$a_m{}^2+b_m{}^2=2^{2(m-m)+1} \qquad \therefore \quad a_m{}^2+b_m{}^2=2$$

②より

$$(a_m,\ b_m)=(1,\ 1)$$

一方

$$a=2^m a_m=2^{\frac{n-1}{2}}a_m,\quad b=2^m b_m=2^{\frac{n-1}{2}}b_m$$

であるから

$$(a,\ b)=(2^{\frac{n-1}{2}},\ 2^{\frac{n-1}{2}})$$ （これは，$n=1$ のときも成り立つ）

以上より，(＊)を満たす0以上の整数（a，b）の組は

n が偶数のとき　$(a,\ b)=(2^{\frac{n}{2}},\ 0),\ (0,\ 2^{\frac{n}{2}})$

n が奇数のとき　$(a,\ b)=(2^{\frac{n-1}{2}},\ 2^{\frac{n-1}{2}})$

……(答)

解法 2

(2)　(②までは［解法1］に同じ)

$n \geqq 2$ のとき，(1)より

$a=2x$，$b=2y$　（x，y は0以上の整数）

とおけて，$a^2+b^2=2^n$ より

$$x^2+y^2=2^{n-2}$$

……(＊＊)

ここで，0以上の整数 x，y についての方程式 $x^2+y^2=2^{n-2i}$（ただし，i は $0 \leqq n-2i$ を満たす正の整数）の解を一般に（x_{n-2i}，y_{n-2i}）とおき，(＊＊)と同様のことを繰り返すと

$$
\begin{aligned}
(a,\ b) &= (2x_{n-2},\ 2y_{n-2}) \\
&= (2^2x_{n-4},\ 2^2y_{n-4}) \\
&\ \ \vdots \\
&= (2^ix_{n-2i},\ 2^iy_{n-2i}) \\
&\ \ \vdots \\
&= \begin{cases} (2^mx_0,\ 2^my_0) & (n=2m \text{ のとき}) \\ (2^mx_1,\ 2^my_1) & (n=2m+1 \text{ のとき}) \end{cases}
\end{aligned}
$$

(ただし，mは1以上の整数)

①より　$(x_0,\ y_0)=(1,\ 0),\ (0,\ 1)$

②より　$(x_1,\ y_1)=(1,\ 1)$

ゆえに

nが2以上の偶数のとき

$(a,\ b)=(2^{\frac{n}{2}},\ 0),\ (0,\ 2^{\frac{n}{2}})$

(これは$n=0$でも成り立つ)

nが奇数のとき

$(a,\ b)=(2^{\frac{n-1}{2}},\ 2^{\frac{n-1}{2}})$

(これは$n=1$でも成り立つ)

……(答)

〔注〕 (2) ［解法1］［解法2］のどちらにおいても，途中の解（［解法1］では$(a_i,\ b_i)$，［解法2］では$(x_{n-2i},\ y_{n-2i})$）が複数考えられるとしても，最終的な解は$n=0$または$n=1$のときの解に帰着する。また，これらの解法のほかに，結果が予想された段階で結論を明示して数学的帰納法（nの偶奇で分ける）によって示す方法も明快である。詳細は各自で試みるとよい。

15 2003年度〔4〕 Level B

ポイント x^2 を $2p$ で割った余りと，y^2 を $2p$ で割った余りが等しいことは，x^2-y^2 が $2p$ の倍数であることと同値である。

$$0 \leqq x+y \leqq 2p,\quad -p \leqq x-y \leqq p$$

も効いてくる。

解法

x^2 を $2p$ で割った余りと，y^2 を $2p$ で割った余りが等しいことより，x^2-y^2 は $2p$ で割り切れる。よって，$x^2-y^2=(x+y)(x-y)$ は偶数であり，かつ p の倍数である。

まず，$(x+y)(x-y)$ が偶数であることより，$x+y$，$x-y$ の少なくとも一方は偶数であるが，$x+y$ と $x-y$ の差が $2y$（偶数）であることより，$x+y$ と $x-y$ の偶奇は一致する。よって，$x+y$，$x-y$ はどちらも偶数である。

次に，$(x+y)(x-y)$ が p（素数）の倍数であることより，$x+y$ と $x-y$ の少なくとも一方は p の倍数である。

(i) $x+y$ が p の倍数のとき，$0 \leqq x \leqq p$，$0 \leqq y \leqq p$ ……(＊)より，$0 \leqq x+y \leqq 2p$ だから

$$x+y=0,\ p,\ 2p$$

ここで，$x+y$ は偶数だから

$$x+y=0,\ 2p \quad (\because\ p \text{ は奇素数})$$

(＊)より，$x+y=0$ のときは $x=y=0$ であり，$x+y=2p$ のときは $x=y=p$ であるから，$x=y$ である。

(ii) $x-y$ が p の倍数のとき，(＊)より，$-p \leqq x-y \leqq p$ だから

$$x-y=-p,\ 0,\ p$$

ここで，$x-y$ は偶数だから $x-y=0$，すなわち $x=y$ である。

以上より，(i)，(ii)いずれの場合も $x=y$ が成り立つ。　　　　（証明終）

16 2001年度〔3〕 Level A

ポイント [解法1] n の値の場合分けによる。

[解法2] $(n^3-n)^3=n^9-3n^7+3n^5-n^3$ を用いて与式を変形し，連続3整数の積を利用する。

解法 1

$$n^9-n^3=n^3(n^6-1)=n^3(n^3+1)(n^3-1) \quad \cdots\cdots ①$$

(i) $n=3k$（k は整数）のとき

$n^2=9k^2$ より，①は9の倍数である。

(ii) $n=3k+1$（k は整数）のとき

$$n^3-1=(3k+1)^3-1=27k^3+27k^2+9k=9(3k^3+3k^2+k)$$

よって，①は9の倍数である。

(iii) $n=3k-1$（k は整数）のとき

$$n^3+1=(3k-1)^3+1=27k^3-27k^2+9k=9(3k^3-3k^2+k)$$

よって，①は9の倍数である。

以上より，すべての整数 n に対し，n^9-n^3 は9の倍数になる。　　（証明終）

解法 2

$a^3-b^3=(a-b)^3+3ab(a-b)$ において，$a=n^3$，$b=n$ とすると

$$n^9-n^3=(n^3-n)^3+3n^4(n^3-n)$$
$$=\{(n-1)n(n+1)\}^3+n^4\cdot 3(n-1)n(n+1) \quad \cdots\cdots ①$$

ここで，$(n-1)n(n+1)$ は連続する3整数の積だから3の倍数である。

よって，$\{(n-1)n(n+1)\}^3$，$3(n-1)n(n+1)$ はともに9の倍数となり，①は9の倍数である。　　（証明終）

〔注〕 n の値の場合分けと，連続3整数の積の両方を利用して次のように考えることもできる。

$$n^9-n^3=n^3\{(n^3)^2-1\}=n^3(n^3+1)(n^3-1)$$
$$=n^3(n+1)(n-1)(n^2+n+1)(n^2-n+1)$$

において，$n(n+1)(n-1)$ は連続する3整数の積で3の倍数だから，あとは $n^2(n^2+n+1)(n^2-n+1)$ が3の倍数になることを示せばよい。そこで，$n=3k$，$n=3k+1$，$n=3k-1$ に場合分けする（$n=3k+2$ とするよりは，$n=3k-1$ とした方が計算が簡単）。$n=3k$ のときは n^2 が，$n=3k+1$ のときは n^2+n+1 が，$n=3k-1$ のときは n^2-n+1 が，それぞれ3の倍数になることが示される。

17　2000年度〔4〕　Level C

ポイント (1) 辺の大小を調べる。
(2) (1)の結果から，60°の角を決定する。余弦定理の式を因数分解した式を利用して，a，b，c を p の式で表す。これから 2^n となる辺を見出し，次いで p の値を決定する。

解法

(1) (イ)より

$$b-c=pq+p-(pq+1)=p-1>0 \quad (\because \ p\geqq 2)$$

$$c-a=pq+1-(p+q)=(p-1)(q-1)>0 \quad (\because \ p\geqq 2,\ q\geqq 2)$$

$\therefore \ b>c>a$

ゆえに，大きい順に

$\angle B$，$\angle C$，$\angle A$ ……① ……(答)

(2) $\angle A=60°$ とすると，①より

$$\angle B>60°,\ \angle C>60°$$

となり，$\angle A+\angle B+\angle C=180°$ に反する。

また，$\angle B=60°$ とすると，①より

$$\angle C<60°,\ \angle A<60°$$

となり，やはり $\angle A+\angle B+\angle C=180°$ に反する。

よって，(ハ)より　$\angle C=60°$

余弦定理から

$$c^2=a^2+b^2-2ab\cos 60°=a^2+b^2-ab$$

$$c^2-a^2=b^2-ab$$

$$(c+a)(c-a)=b(b-a)$$

よって，(イ)から

$$(p+1)(q+1)(p-1)(q-1)=p(q+1)\cdot q(p-1)$$

$p\geqq 2$，$q\geqq 2$ より，$p-1\neq 0$，$q+1\neq 0$ だから

$$(p+1)(q-1)=pq$$

$$pq+q-p-1=pq$$

$\therefore \ q=p+1$

よって

$$\left.\begin{aligned} a&=2p+1 \\ b&=p(p+1)+p=p(p+2) \\ c&=p(p+1)+1 \end{aligned}\right\} \quad \cdots\cdots②$$

ここで，$a=2p+1$ は奇数であり，c も連続２整数の積 $p(p+1)$ が偶数であることより，奇数である。また，(ロ)における n は１以上だから，2^n は偶数である。よって，(ロ)より

$$b=p(p+2)=2^n$$

この式において，素因数分解の一意性から，p および $p+2$ の素因数は２のみでなければならない。よって，$p=2^r$（r は自然数）と書ける。このとき，$p+2=2(2^{r-1}+1)$ より，$r=1$ でなければならない（$r \geqq 2$ なら $2^{r-1}+1$ は奇数となり，$p+2$ の素因数が２のみであることに反する）。

ゆえに，$p=2$ となり，②に代入して

$$a=5,\ b=8,\ c=7$$

でなければならない。

逆にこのとき，$p=2$，$q=3$ として，確かに(イ)が成り立つ。

$b=2^3$ であるから，(ロ)も成り立つ。

また　$\cos C=\dfrac{a^2+b^2-c^2}{2ab}=\dfrac{25+64-49}{80}=\dfrac{1}{2}$

よって，$\angle \mathrm{C}=60^\circ$ となり，確かに(ハ)も成り立っている。

以上より　$a=5,\ b=8,\ c=7$　……(答)

18 1999 年度〔3〕 Level B

ポイント $C(x)$ とは x を 100 で割った余りのことである。また n は 100 と互いに素である。

(1) $nx-ny$ が 100 で割り切れることを利用する。

(2) $C(0)$, …, $C(99)$ はすべて異なることと，(1)の結果を利用する。

解 法

(1) $C(nx)=C(ny)$ より nx と ny の下 2 桁が等しいから，$nx-ny$ の下 2 桁は 0，すなわち $nx-ny$ は 100 の倍数である。よって

$$nx-ny=100k \quad (k \text{ は整数})$$

とおける。これより

$$n(x-y)=2^2\cdot5^2k$$

n は 2 でも 5 でも割り切れないから，n は $2^2\cdot5^2=100$ と互いに素である。

したがって，$x-y$ は 100 の倍数となる。

ゆえに　$C(x)=C(y)$ （証明終）

(2) $C(0)=0$, $C(1)=1$, $C(2)=2$, …, $C(99)=99$

はすべて異なるから，(1)より

$$C(n\cdot0),\ C(n\cdot1),\ C(n\cdot2),\ \cdots,\ C(n\cdot99) \quad \cdots\cdots①$$

の 100 個の値はすべて異なる。ところが，①のそれぞれの値は 0 以上 99 以下の整数 100 個のうちのいずれかである。よって，①は全体として，0 以上 99 以下のすべての整数からなる。ゆえに①の中には必ず 1 となるものが含まれる。

したがって，$C(nx)=1$ となる 0 以上の整数 x が存在する。 （証明終）

研究 本書の付録（「整数の基礎」）にあるように，整数 m，n に対して
「m，n が互いに素 $\Longleftrightarrow$ $ma+nb=1$ となる整数 a，b が存在する」
が成り立つ。（$\Longleftarrow$ は背理法により明らか）
（$\Longrightarrow$）の証明と同じ考えを本問に適用すると，(2)が以下のように直接証明できる（(1)の証明も含んでいる）。
[(2)の証明]

$n\cdot 0$，$n\cdot 1$，…，$n\cdot 99$ ……①′

の 100 個の数を 100 で割った余りはすべて異なる。
（なぜなら，もしも $0\leqq x<y\leqq 99$ なる整数 x，y で，nx，ny を 100 で割った余りが一致するものがあったとすると，$ny-nx=n(y-x)$ は 100 で割り切れる。n と 100 は互いに素であるから，$y-x$ は 100 で割り切れる。$1\leqq y-x\leqq 99$ であるから，これは矛盾である。）
よって，①′ の 100 個の数を 100 で割った余りには，0 から 99 までの数がちょうど 1 個ずつ現れる。定義から $C(nx)$ は nx を 100 で割った余りのことであるから，$C(nx)=1$ となる x が 0 以上 99 までの整数の中に（ちょうど 1 つ）存在する。（証明終）
なお，合同式を用いると，(1)は次のようになる。
(1) $C(nx)$ は nx を 100 で割った余りであるから
$C(nx)=C(ny)$ より

$nx\equiv ny \pmod{100}$

$n(x-y)\equiv 0 \pmod{100}$

ここで，n と 100 は互いに素であるから

$x-y\equiv 0 \pmod{100}$

$x\equiv y \pmod{100}$

よって　$C(x)=C(y)$
（式変形の根拠は付録（「整数の基礎」）参照。）

§2 図形と計量・図形と方程式

19 2022年度〔4〕 Level A

ポイント まず，$\mathrm{P}\left(p,\ -\dfrac{1}{p}\right)$，$\mathrm{Q}\left(q,\ -\dfrac{1}{q}\right)$（$p<0<q$）とおき，線分 PQ の中点の座標 $(x,\ y)$ を p，q で表す。次いで，p，q が2次方程式 $ax^2-x-b=0$ の2解であることから，解と係数の関係を用いて x，y を a，b で表す。最後に条件 $\dfrac{\mathrm{PQ}}{\mathrm{RS}}=\sqrt{2}$ から得られる a，b の関係式を用いて x，y が満たすべき方程式を求める。x のとり得る値の範囲にも注意する。

解法

$\mathrm{P}\left(p,\ -\dfrac{1}{p}\right)$，$\mathrm{Q}\left(q,\ -\dfrac{1}{q}\right)$（$p<0<q$）とおくと，線分 PQ の中点の座標を $(x,\ y)$ として

$$\begin{cases} x=\dfrac{p+q}{2} \\ y=-\dfrac{1}{2}\left(\dfrac{1}{p}+\dfrac{1}{q}\right)=-\dfrac{p+q}{2pq} \end{cases} \quad \cdots\cdots①$$

p，q は，$ax+by=1$ と $y=-\dfrac{1}{x}$ から，y を消去した x の方程式 $ax-\dfrac{b}{x}=1$ すなわち $ax^2-x-b=0$ の2解であり，解と係数の関係より

$$p+q=\frac{1}{a},\ pq=-\frac{b}{a} \quad \cdots\cdots②$$

①，②から

$$x=\frac{1}{2a},\ y=\frac{1}{2b} \quad \cdots\cdots③$$

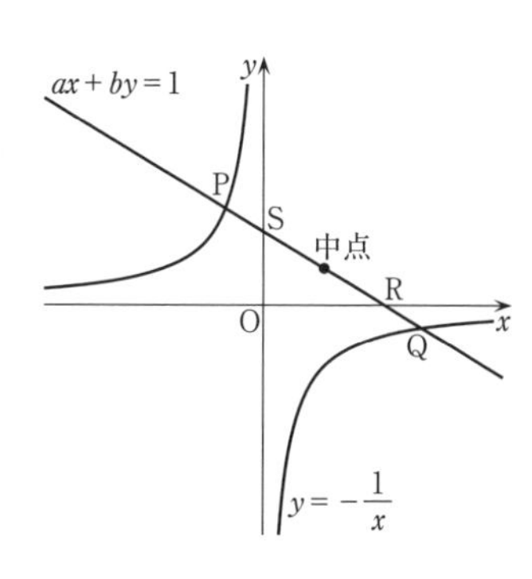

また，$\mathrm{R}\left(\dfrac{1}{a},\ 0\right)$，$\mathrm{S}\left(0,\ \dfrac{1}{b}\right)$ であるから，条件 $\dfrac{\mathrm{PQ}}{\mathrm{RS}}=\sqrt{2}$ すなわち $\mathrm{PQ}^2=2\mathrm{RS}^2$ は

$$(p-q)^2+\left(-\frac{1}{p}+\frac{1}{q}\right)^2=2\left(\frac{1}{a^2}+\frac{1}{b^2}\right)$$

となる。これより

$$(p-q)^2\left(1+\frac{1}{p^2q^2}\right)=\frac{2(a^2+b^2)}{a^2b^2}$$

$$\{(p+q)^2-4pq\}\left(1+\frac{1}{p^2q^2}\right)=\frac{2(a^2+b^2)}{a^2b^2}$$

$$\left(\frac{1}{a^2}+\frac{4b}{a}\right)\left(1+\frac{a^2}{b^2}\right)=\frac{2(a^2+b^2)}{a^2b^2}\quad\text{(②より)}$$

$$\frac{1+4ab}{a^2}\cdot\frac{a^2+b^2}{b^2}=\frac{2(a^2+b^2)}{a^2b^2}$$

$a^2+b^2\neq0$ から

$$1+4ab=2$$

$$ab=\frac{1}{4}\quad\cdots\cdots④$$

③，④から，$xy=1$ となる。ここで，③と $a>0$ から，x の値は正の実数すべてをとるので，求める軌跡は

$$\text{曲線 } y=\frac{1}{x}\quad(x>0)\quad\cdots\cdots\text{(答)}$$

〔注1〕 $ax^2-x-b=0$ の解から得られる $q-p=\dfrac{\sqrt{1+4ab}}{a}$，$pq=-\dfrac{b}{a}$ を用いた変形から④を得ることも可である。

〔注2〕 ③から，線分 PQ の中点は線分 RS の中点でもある。

20　2018年度〔2〕　Level A

ポイント (1)［解法1］$\angle ARQ = \angle BAP$（$=\theta$ とおく）であることに注目し，AQ，QR を順次 θ で表す。

［解法2］AB，AD をそれぞれ x 軸，y 軸にとり，直線 QR の方程式を $\tan\theta$ を用いて表し，QR^2 を考える。

(2)　$t=\sin\theta$ とおき，(1)の結果の分母（t の3次式）の最大値を考える。

解法 1

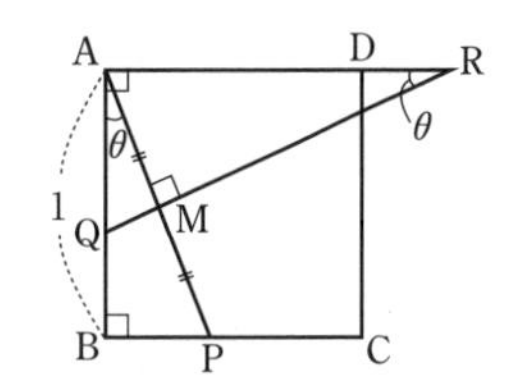

(1)　線分 AP の中点をM，$\angle BAP=\theta$ とおく。

このとき，$0<\theta \leqq \dfrac{\pi}{4}$ であり，$\sin\theta\cos\theta \neq 0$ である。

$\angle RAQ = \angle AMQ = \dfrac{\pi}{2}$ であるから

$$\angle ARQ = \frac{\pi}{2} - \angle AQR = \angle QAM = \theta$$

よって，$QR\sin\theta = AQ$ より

$$QR = \frac{AQ}{\sin\theta} \quad \cdots\cdots ①$$

また，$AQ\cos\theta = AM$ より

$$AQ = \frac{AM}{\cos\theta}$$

$$= \frac{AP}{2\cos\theta} \quad \left(AM = \frac{1}{2}AP \text{ より}\right)$$

$$= \frac{1}{2\cos^2\theta} \quad \left(AP = \frac{1}{\cos\theta} \text{ より}\right)$$

$$= \frac{1}{2(1-\sin^2\theta)} \quad \cdots\cdots ②$$

①，②より

$$QR = \frac{1}{2\sin\theta(1-\sin^2\theta)}$$

$$= \frac{1}{2\sin\angle BAP(1-\sin^2\angle BAP)} \quad \cdots\cdots（答）$$

(2)　$t=\sin\theta$ とおくと，$0<\theta\leqq\dfrac{\pi}{4}$ より $0<t\leqq\dfrac{\sqrt{2}}{2}$ であり，(1)から

$$\mathrm{QR}=\frac{1}{2t(1-t^2)}$$

$f(t)=2t(1-t^2)$ とおくと

$$f(t)=2t-2t^3$$

$$f'(t)=2-6t^2=2(1-3t^2)$$

$0<t\leqq\dfrac{\sqrt{2}}{2}$ における $f(t)$ の増減表から，$f(t)$ は $t=\dfrac{\sqrt{3}}{3}$ で最大値 $\dfrac{4\sqrt{3}}{9}$ をとる。

t	(0)	…	$\dfrac{\sqrt{3}}{3}$	…	$\dfrac{\sqrt{2}}{2}$
$f'(t)$		+	0	−	
$f(t)$	(0)	↗	$\dfrac{4\sqrt{3}}{9}$	↘	$\dfrac{\sqrt{2}}{2}$

このとき，QR は最小となり，その値は

$$\frac{1}{\frac{4\sqrt{3}}{9}}=\frac{3\sqrt{3}}{4}\quad \text{……(答)}$$

解 法 2

(1)　右図のように，直線 AB，AD をそれぞれ x 軸，y 軸にとり，C(1，1)，線分 AP の中点をMとする。

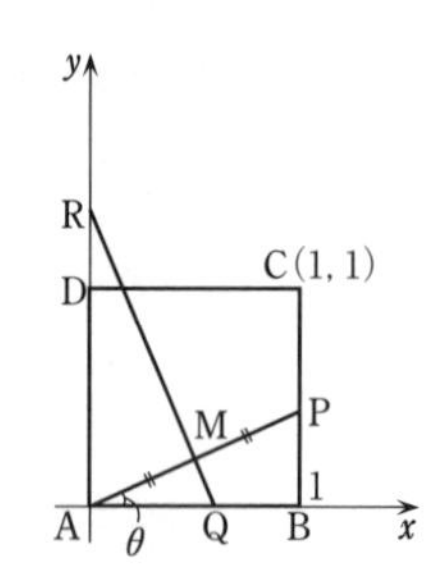

$\angle\mathrm{BAP}=\theta$ とおくと，$0<\theta\leqq\dfrac{\pi}{4}$ であり，P(1，$\tan\theta$) より

$$\mathrm{M}\left(\frac{1}{2},\ \frac{\tan\theta}{2}\right)$$

直線 AP の傾きは $\tan\theta$ ($\neq 0$) より，直線 QR の傾きは

$$-\frac{1}{\tan\theta}$$

よって，直線 QR の方程式は

$$y-\frac{\tan\theta}{2}=-\frac{1}{\tan\theta}\left(x-\frac{1}{2}\right)$$

すなわち　　$y=-\dfrac{1}{\tan\theta}x+\dfrac{1+\tan^2\theta}{2\tan\theta}$

これより　　$\mathrm{Q}\left(\dfrac{1+\tan^2\theta}{2},\ 0\right)$，$\mathrm{R}\left(0,\ \dfrac{1+\tan^2\theta}{2\tan\theta}\right)$

$$\mathrm{QR}^2=\left(\frac{1+\tan^2\theta}{2}\right)^2+\left(\frac{1+\tan^2\theta}{2\tan\theta}\right)^2=\frac{(1+\tan^2\theta)^3}{4\tan^2\theta}$$

$$=\frac{1}{4\tan^2\theta\cos^6\theta}-\frac{1}{4\sin^2\theta\cos^4\theta}$$

$\sin\theta>0$，$\cos^2\theta>0$ であるから

$$\mathrm{QR}=\frac{1}{2\sin\theta\cos^2\theta}=\frac{1}{2\sin\theta\,(1-\sin^2\theta)}$$

$$=\frac{1}{2\sin\angle\mathrm{BAP}\,(1-\sin^2\angle\mathrm{BAP})}\quad\cdots\cdots(答)$$

21 2015年度〔1〕 Level B

ポイント $y=px+q$ と $y=|x|+|x-1|+1$ のグラフが交わらない条件はグラフを描いて考える。

解 法

$y=px+q$, $y=x^2-x$, $y=|x|+|x-1|+1$ のグラフをそれぞれ l, C, L とする。l と C が共有点をもつ条件は，x の2次方程式

$$x^2-x=px+q \qquad \text{すなわち} \qquad x^2-(p+1)x-q=0$$

が実数解をもつことであり，(判別式)≧0 より

$$(p+1)^2+4q \geqq 0$$

これより

$$q \geqq -\frac{1}{4}(p+1)^2 \quad \cdots\cdots ①$$

また

$$|x|+|x-1|+1=\begin{cases} -2x+2 & (x \leqq 0) \\ 2 & (0 \leqq x \leqq 1) \\ 2x & (x \geqq 1) \end{cases}$$

であり，L は図1のようになる。l の y 切片 q について，$q \geqq 2$ のときは明らかに l と L は共有点をもつので，$q<2$ のときを考える。l と L が共有点をもたないのは，l の傾きを考えて

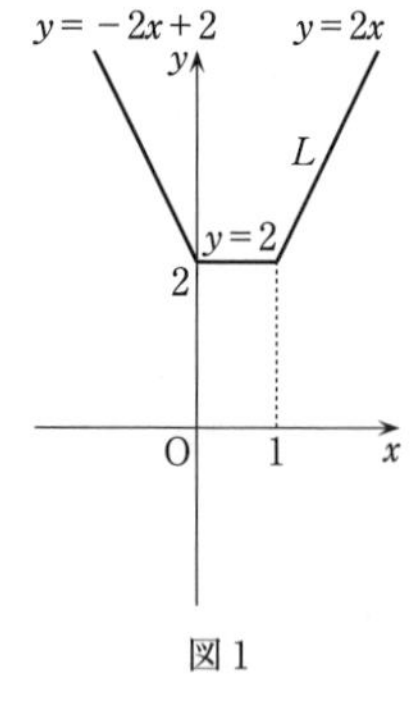

図1

- $0 \leqq q < 2$ のとき　　$-2 \leqq p < 2-q$　……②　（図2）
- $q<0$ のとき　　$-2 \leqq p \leqq 2$　……③　（図3）

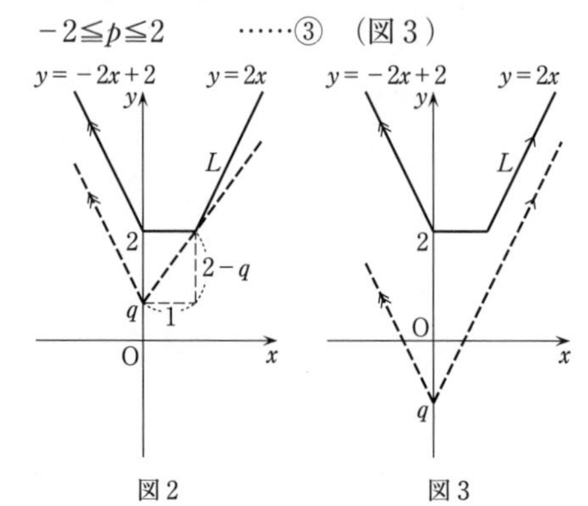

図2　　図3

条件は，①かつ「②または③」であり，これを満たす（p，q）の範囲を xy 平面上に図示すると，図4の網かけ部分（境界は実線は含み，破線は除く）となり，その面積は

$$4+2+\int_{-2}^{2}\frac{1}{4}(x+1)^2dx$$

$$=6+\frac{1}{12}\Big[(x+1)^3\Big]_{-2}^{2}$$

$$=6+\frac{1}{12}\cdot 28$$

$$=\frac{25}{3}\quad\cdots\cdots(\text{答})$$

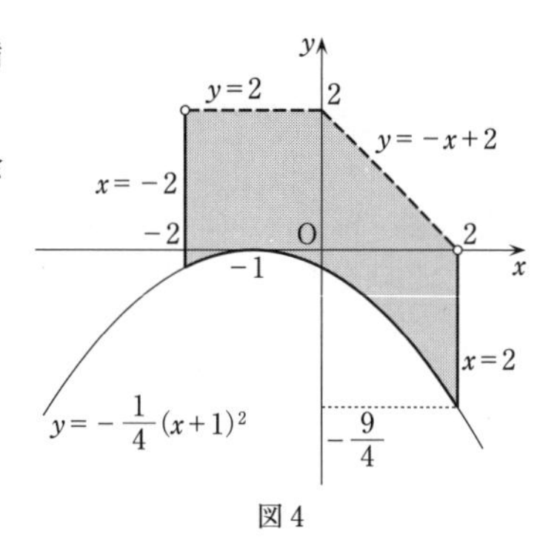

図4

22 2015年度〔2〕(文理共通) Level A

ポイント 隣り合う2つの内角が90°の場合と，1組の対角が90°の場合で考える。適切な角θを用いて，面積を$\tan\theta$で表し，相加・相乗平均の関係を利用する。

解 法

(i)隣り合う2つの内角が90°である場合と，(ii)1組の対角が90°である場合を考えると十分である。

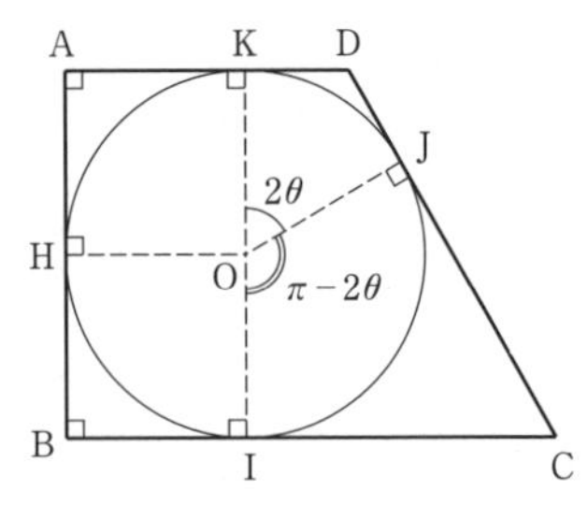

(i)の場合，右図のように四角形の頂点をA，B，C，Dとし，円と辺の接点をH，I，J，Kとする。また，円の中心をO，四角形の面積をS,

$\angle \mathrm{JOK}=2\theta\ \left(0<\theta<\dfrac{\pi}{2}\right)$ とする。

ODは∠JOKの二等分線なので

$$\angle \mathrm{DOJ}=\angle \mathrm{DOK}=\theta$$

OCは∠IOJの二等分線なので

$$\angle \mathrm{COI}=\angle \mathrm{COJ}=\frac{\pi}{2}-\theta$$

よって

$$\mathrm{DJ}=\mathrm{DK}=\tan\theta,\quad \mathrm{CI}=\mathrm{CJ}=\tan\left(\frac{\pi}{2}-\theta\right)=\frac{1}{\tan\theta}$$

さらに，四角形AHOKと四角形BIOHは1辺の長さが1の正方形である。ゆえに

$$S=(\text{四角形 AHOK})+(\text{四角形 BIOH})+(\text{四角形 CIOJ})+(\text{四角形 DJOK})$$
$$=2+2\left(\frac{1}{2}\cdot 1\cdot\frac{1}{\tan\theta}\right)+2\left(\frac{1}{2}\cdot 1\cdot\tan\theta\right)$$
$$=2+\tan\theta+\frac{1}{\tan\theta}$$

(ii)の場合も右図から，(i)と同様に考えて

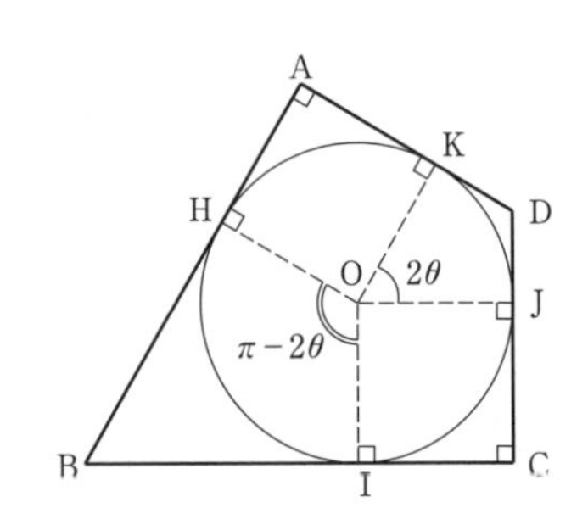

$$S=2+\tan\theta+\frac{1}{\tan\theta}$$

となる。ここで，$0<\theta<\dfrac{\pi}{2}$ より，$\tan\theta>0$ であり，

相加・相乗平均の関係より

$$S\geqq 2+2\sqrt{\tan\theta\cdot\frac{1}{\tan\theta}}=4$$

等号は，$\tan\theta=\dfrac{1}{\tan\theta}$ かつ $0<\theta<\dfrac{\pi}{2}$ すなわち，$\theta=\dfrac{\pi}{4}$ のとき（四角形 ABCD が正方形のとき）に成り立つので

面積の最小値は　　4　……(答)

〔注〕 次のような考え方もできる（略解）。

(i)の場合，$CI=CJ=a$，$DJ=DK=b$ とおくと，$S=2+a+b$ である。

また，△COJ∽△ODJ（２角相等）から，$a:1=1:b$ となり，これより，$ab=1$ である。

よって，相加・相乗平均の関係から

$$S=2+a+b\geqq 2+2\sqrt{ab}=4$$

等号は $a=b=1$ のとき（四角形 ABCD が正方形のとき）に成り立つので，S の最小値は 4 となる。

(ii)の場合も，△BIO∽△OJD から同様である。

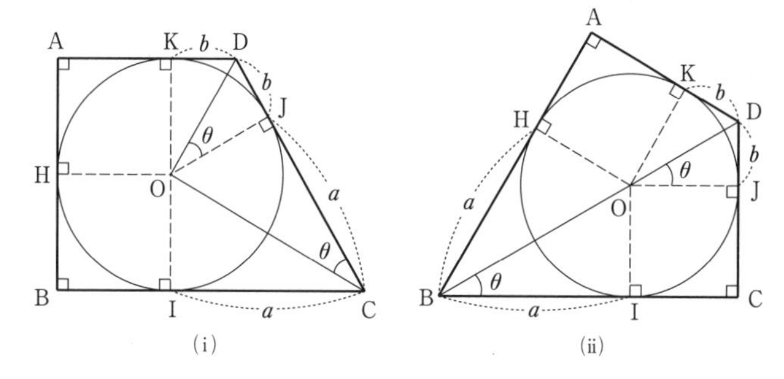

23 2012年度〔4〕（文理共通(一部)） Level A

ポイント (*p*) 外接円を考え，中心角を利用する。
(*q*) $\angle \mathrm{H}=90^\circ$ である直角三角形 ABH を利用して反例を考える。

解 法

(*p*) 正しい。

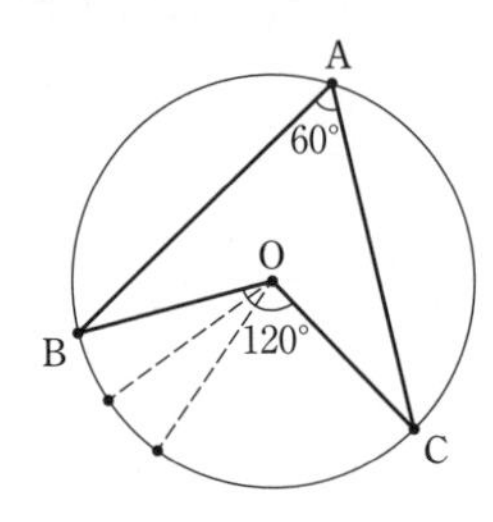

(証明) 正 n 角形の3つの頂点A，B，Cを $\angle \mathrm{BAC}=60^\circ$ となるようにとる。正 n 角形の外接円の中心をOとすると，中心角と円周角の関係より

$$\angle \mathrm{BOC}=2\angle \mathrm{BAC}=120^\circ$$

である。また，BとCの間に頂点が $k-1$ 個（k は自然数）あるとすれば

$$\angle \mathrm{BOC}=k\cdot\frac{360^\circ}{n}$$

である。したがって

$$k\cdot\frac{360^\circ}{n}=120^\circ \qquad n=3k$$

よって，n は3の倍数である。

(*q*) 正しくない。

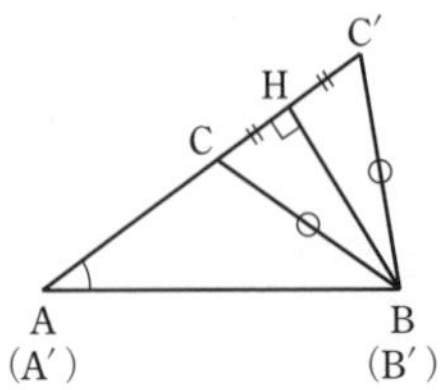

(反例) 点Hを直角の頂点とする直角三角形 ABH において，辺 AH 上に点Cをとり，AH の延長線上に点 C′ を $\mathrm{CH}=\mathrm{C'H}$ となるようにとると，$\mathrm{BC}=\mathrm{BC'}$ が成り立つ。AとA′，BとB′を一致させることにより

$$\mathrm{AB}=\mathrm{A'B'},\ \mathrm{BC}=\mathrm{B'C'},\ \angle \mathrm{A}=\angle \mathrm{A'}$$

であるが，$\mathrm{AC}<\mathrm{A'C'}$ であるから，$\triangle \mathrm{ABC}\equiv\triangle \mathrm{A'B'C'}$ ではない。

24 2011年度〔1〕(1) Level A

ポイント 角の二等分線と比の関係を用いた後に[解法1]～[解法3]の方法による。

[解法1] $\angle ABC=\theta$ として余弦定理で $\cos\theta$ を求め，AD を求める。

[解法2] $\angle BAD=\angle CAD=\theta$ として余弦定理から $\cos\theta$ を2通りに表し，AD の2次方程式を解く。

[解法3] A から BC に垂線 AH を下ろし，三平方の定理から DH の長さを求め，これを利用する。

あるいは角の二等分線と比の関係を用いずに

[解法4] $\triangle ABD+\triangle ACD=\triangle ABC$ を利用する。

解法1

AD は $\angle BAC$ の二等分線だから

$$BD : DC=12 : 10=6 : 5$$

よって　$BD=11\cdot\dfrac{6}{6+5}=6$,　$DC=5$

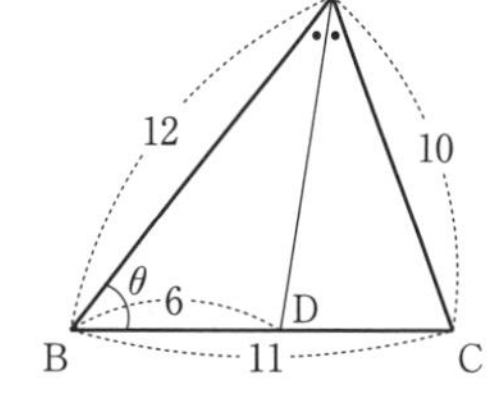

$\angle ABC=\theta$ として，$\triangle ABC$ に余弦定理を適用すると

$$10^2=12^2+11^2-2\cdot12\cdot11\cos\theta$$

$$\cos\theta=\frac{5}{8} \quad \cdots\cdots①$$

$\triangle ABD$ に余弦定理を適用すると

$$AD^2=12^2+6^2-2\cdot12\cdot6\cos\theta=90 \quad (①より)$$

ゆえに　$AD=3\sqrt{10}$ ……(答)

解法2

($BD=6$，$DC=5$ を求めた後)

$\angle BAD=\angle CAD=\theta$，$AD=x$ とおくと，$\triangle ABD$，$\triangle ACD$ に対する余弦定理より

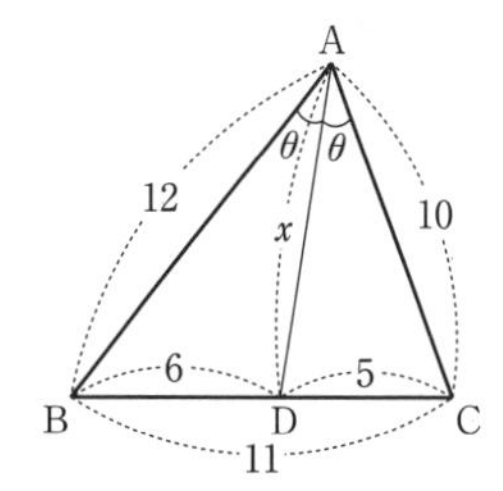

$$\cos\theta=\frac{12^2+x^2-6^2}{2\cdot12\cdot x}$$

$$\cos\theta=\frac{10^2+x^2-5^2}{2\cdot10\cdot x}$$

よって　$5(x^2+108)=6(x^2+75)$　　$x^2=90$

ゆえに　$AD=x=3\sqrt{10}$ ……(答)

解法 3

(BD＝6，DC＝5 を求めた後)

Aから BC に下ろした垂線の足をHとし，DH＝x とする。

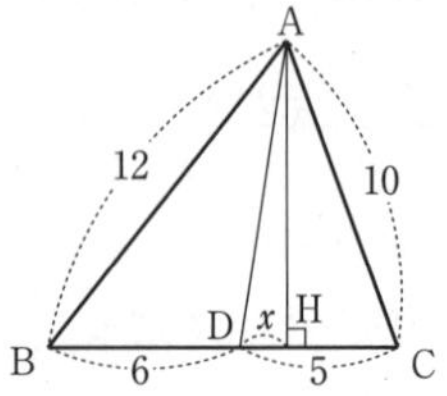

$$AB^2-AC^2=(BH^2+AH^2)-(CH^2+AH^2)$$
$$=BH^2-CH^2$$

より　$12^2-10^2=(6+x)^2-(5-x)^2$　　$x=\dfrac{3}{2}$

ゆえに　$AH^2=AC^2-CH^2=10^2-\left(5-\dfrac{3}{2}\right)^2=\dfrac{351}{4}$

よって

$$AD^2=AH^2+DH^2=\frac{351}{4}+\left(\frac{3}{2}\right)^2=90 \qquad \therefore \quad AD=3\sqrt{10} \quad \cdots\cdots(\text{答})$$

解法 4

$\angle A=2\theta\ \left(0<\theta<\dfrac{\pi}{2}\right)$，AD＝$x$ とおくと，△ABD＋△ACD＝△ABC より

$$\frac{1}{2}\cdot 12x\sin\theta+\frac{1}{2}\cdot 10x\sin\theta=\frac{1}{2}\cdot 12\cdot 10\sin 2\theta$$

$$11x\sin\theta=120\sin\theta\cos\theta \qquad \therefore \quad 11x=120\cos\theta \quad \cdots\cdots①$$

ここで，△ABC で余弦定理から

$$\cos 2\theta=\frac{12^2+10^2-11^2}{2\cdot 12\cdot 10}$$

$$2\cos^2\theta-1=\frac{41}{80} \qquad \therefore \quad \cos^2\theta=\frac{121}{160}$$

$0<\theta<\dfrac{\pi}{2}$ より　　$\cos\theta=\dfrac{11}{4\sqrt{10}}=\dfrac{11}{40}\sqrt{10}$

よって，①より　　$x=3\sqrt{10}$　……(答)

25 2010年度〔1〕(2) Level A

ポイント ［解法1］ 二等辺三角形ABDの底辺ABの中点を利用する。
［解法2］ $BD=2a$，$CD=a$ とおいて，三角形の相似比から，a を求める。
［解法3］ $BD=2a$，$CD=a$ とおいて，△ABCと△ACDに正弦定理を用いる。
［解法4］ △ABCに正弦定理を用い，3倍角の公式を利用する。

解法 1

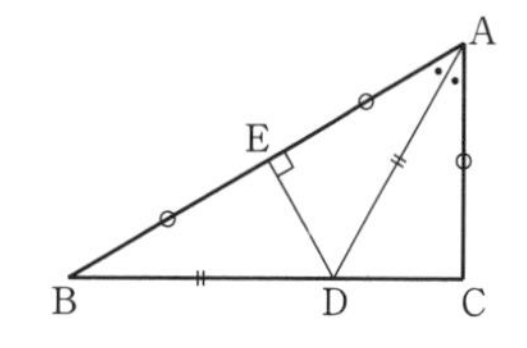

辺ABの中点をEとすると　$AE=1=AC$

また　$\angle EAD=\angle CAD$，$AD=AD$

よって，2辺とそのはさむ角の相等から

$\triangle ADE\equiv\triangle ADC$

Eは二等辺三角形ABDの底辺の中点なので

$\angle AED=90°$

ゆえに　$\angle ACD=90°$

よって　$BC=\sqrt{3}$

したがって　$\triangle ABC=\dfrac{1}{2}\cdot\sqrt{3}\cdot 1=\dfrac{\sqrt{3}}{2}$　……(答)

解法 2

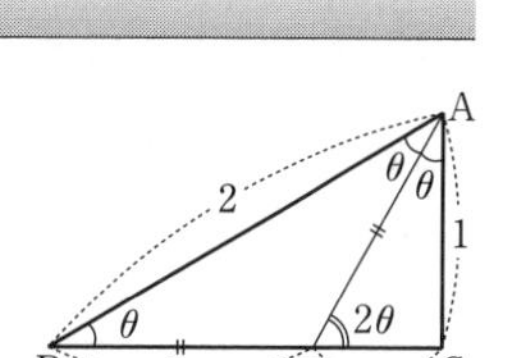

$\angle BAD=\angle CAD=\theta$ とおくと，$AD=BD$ より $\angle ABD=\theta$ である。

よって　$\angle ADC=2\theta$

また，角の二等分線と比の関係より

$BD:CD=2:1$

である。そこで，$BD=2a$，$CD=a$ とおく。

$\begin{cases}\angle CAD=\angle CBA\ (=\theta)\\ \angle ADC=\angle BAC\ (=2\theta)\end{cases}$ より，$\triangle ACD\backsim\triangle BCA$ である。

よって，$AC:CD=BC:CA$ となり，$1:a=3a:1$ から

$3a^2=1$　　$a^2=\dfrac{1}{3}$　　$\therefore\ a=\dfrac{\sqrt{3}}{3}$

ゆえに，$BC=3a=\sqrt{3}$ となり

$AC^2+BC^2=1+3=4=AB^2$

よって，$\angle ACB=90°$ であり

$$\triangle ABC=\frac{1}{2}\cdot\sqrt{3}\cdot 1=\frac{\sqrt{3}}{2}$$ ……(答)

解 法 3

(BD＝2a, CD＝a とおくところまでは[解法 2]に同じ)

△ABC に対する正弦定理より

$$\frac{3a}{\sin 2\theta}=\frac{1}{\sin\theta} \qquad \frac{3a}{2\sin\theta\cos\theta}=\frac{1}{\sin\theta}$$

よって　$a=\frac{2}{3}\cos\theta$ ……①

△ACD に対する正弦定理より

$$\frac{a}{\sin\theta}=\frac{1}{\sin 2\theta} \qquad \frac{a}{\sin\theta}=\frac{1}{2\sin\theta\cos\theta}$$

よって　$a=\frac{1}{2\cos\theta}$ ……②

①, ②より　$\frac{2}{3}\cos\theta=\frac{1}{2\cos\theta}$　$\cos^2\theta=\frac{3}{4}$

θ は鋭角だから　$\cos\theta=\frac{\sqrt{3}}{2}$　$\theta=\frac{\pi}{6}$

よって　$\triangle ABC=\frac{1}{2}\cdot 2\cdot 1\cdot\sin\left(2\cdot\frac{\pi}{6}\right)=\frac{\sqrt{3}}{2}$ ……(答)

解 法 4

[解法 2]と同様に θ を定めると, $\angle ACB=\pi-3\theta$ となる。よって, △ABC に対する正弦定理より

$$\frac{1}{\sin\theta}=\frac{2}{\sin(\pi-3\theta)} \qquad \frac{1}{\sin\theta}=\frac{2}{\sin 3\theta}$$

$$\sin 3\theta=2\sin\theta \qquad 3\sin\theta-4\sin^3\theta=2\sin\theta$$

$$4\sin^3\theta-\sin\theta=0 \qquad \sin\theta(2\sin\theta+1)(2\sin\theta-1)=0$$

ここで, $\pi-3\theta>0$ より $0<\theta<\frac{\pi}{3}$ だから

$$\sin\theta=\frac{1}{2} \qquad \theta=\frac{\pi}{6}$$

よって　$\triangle ABC=\frac{1}{2}\cdot 2\cdot 1\cdot\sin\left(2\cdot\frac{\pi}{6}\right)=\frac{\sqrt{3}}{2}$ ……(答)

26 2010年度〔4〕 Level A

ポイント ［解法1］ OA＝OB＝1，OP＝xとおき，条件式を満たすxの値を求める。次いで，$\theta=\dfrac{\pi}{5}$について$3\theta=\pi-2\theta$であることを利用して$\cos\theta$の値を求め，ABの長さを求める。

［解法2］ OP＝xの値は［解法1］と同様に求め，ABの長さは三角形の相似比を用いて求める。

［解法3］ 三角形の相似比を用いて$OQ^2=OB\cdot QB$かつOQ＝ABとなるQをOB上に求め，P＝Qであることを示す。

解法1

OA＝OB＝1としても一般性を失わない。OP＝xとする。

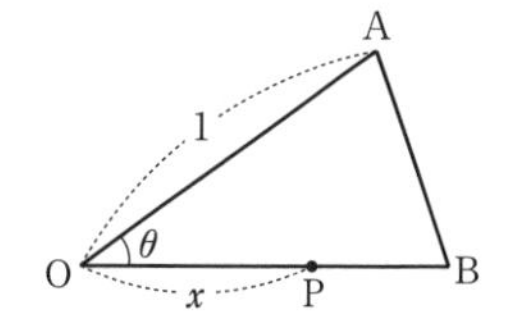

$OP^2=OB\cdot PB$より

$$x^2=1\cdot(1-x) \qquad x^2+x-1=0$$

$0<x<1$より　$x=\dfrac{-1+\sqrt{5}}{2}$

また，$\angle AOB=\theta$とおくと，余弦定理より

$$AB^2=1^2+1^2-2\cdot1\cdot1\cos\theta=2-2\cos\theta$$

ここで，$\theta=\dfrac{2\pi}{10}=\dfrac{\pi}{5}$であるから

$$5\theta=\pi \quad すなわち \quad 3\theta=\pi-2\theta$$

ゆえに

$$\cos3\theta=\cos(\pi-2\theta)=-\cos2\theta \qquad 4\cos^3\theta-3\cos\theta=-(2\cos^2\theta-1)$$

$$4\cos^3\theta+2\cos^2\theta-3\cos\theta-1=0 \qquad (\cos\theta+1)(4\cos^2\theta-2\cos\theta-1)=0$$

$0<\theta<\dfrac{\pi}{2}$より　$\cos\theta=\dfrac{1+\sqrt{5}}{4}$

よって　$AB^2=2-2\cdot\dfrac{1+\sqrt{5}}{4}=\dfrac{3-\sqrt{5}}{2}$

また　$x^2=\left(\dfrac{-1+\sqrt{5}}{2}\right)^2=\dfrac{3-\sqrt{5}}{2}$

ゆえに，$x^2=AB^2$すなわちOP＝ABである。 （証明終）

解法 2

（OP＝xの値を求めるところまでは[解法1]に同じ）

$\angle AOB=\dfrac{360°}{10}=36°$，$\angle OAB=\angle OBA=72°$ であるから，$\angle OAB$ の二等分線と OB の交点をQとすると，$AB=y$ として図のように

$$y=AB=AQ=OQ \quad かつ \quad \triangle ABQ \backsim \triangle OAB$$

である。よって

$$y:1-y=1:y \qquad \therefore \quad y^2+y-1=0$$

$y>0$ より　　$y=\dfrac{-1+\sqrt{5}}{2}$

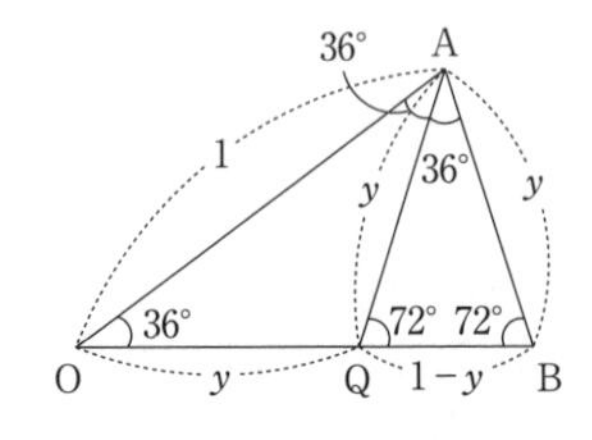

ゆえに，$x=y$ すなわち OP＝AB である。　　（証明終）

解法 3

$\angle AOB=36°$ より，$\angle OAB=\angle OBA=72°$ である。

$\angle OAB$ の二等分線が OB と交わる点をQとすると，

$\triangle OAB \backsim \triangle ABQ$ より

$$OA:AB=AB:BQ$$

ここで，OA＝OB，また OQ＝AQ＝AB（……①）であるから

$$OB:OQ=OQ:QB \qquad \therefore \quad OQ^2=OB \cdot QB$$

また，仮定より $OP^2=OB \cdot PB$ である。

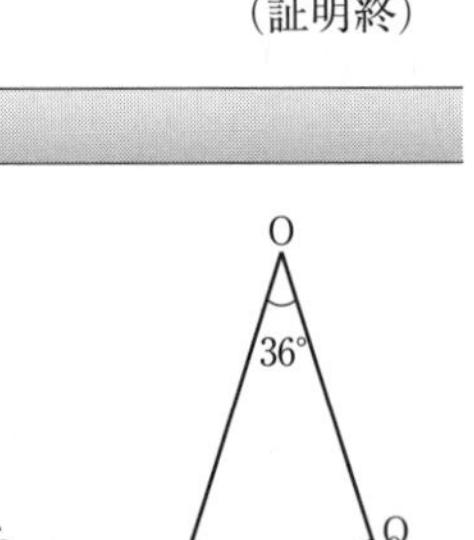

ここでもし，OP＞OQ であるとすると，PB＜QB となるから

$$OP^2=OB \cdot PB<OB \cdot QB=OQ^2 \qquad \therefore \quad OP<OQ$$

これは，OP＞OQ と矛盾する。OP＜OQ のときも同様に矛盾が生じる。

よって，OP＝OQ でなければならず，①より OP＝AB である。　　（証明終）

〔注〕 線分 AB を

$$AC:CB=AB:AC \quad すなわち \quad AC^2=AB \cdot BC$$

となるように，点Cによって分割することを，黄金分割といい，$\dfrac{AC}{AB}=\dfrac{-1+\sqrt{5}}{2}$ あるいは逆数 $\dfrac{1+\sqrt{5}}{2}$ を黄金比という。古来，最も美しい分割とされているものである。

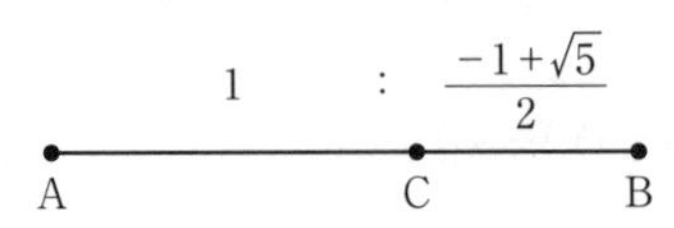

27　2009年度〔4〕　Level A

ポイント　$0<3\angle\mathrm{AOB}<\pi$ と $\pi<3\angle\mathrm{AOB}<\dfrac{3}{2}\pi$ で場合分けを行う。

解法

$\mathrm{OA}=a$，$\mathrm{OB}=b$，$\angle\mathrm{AOB}=\theta\ \left(0<\theta<\dfrac{\pi}{2}\right)$ とおくと

$$\triangle\mathrm{OAB}=\frac{1}{2}ab\sin\theta$$

$\angle\mathrm{BOE}=3\theta$ であるから，$\theta=\dfrac{\pi}{3}$ のときには $3\theta=\pi$ となり △OBE が存在しない。

よって $\theta\neq\dfrac{\pi}{3}$ である。

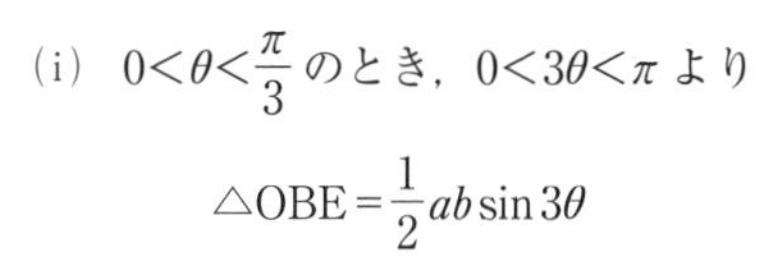

(i)　$0<\theta<\dfrac{\pi}{3}$ のとき，$0<3\theta<\pi$ より

$$\triangle\mathrm{OBE}=\frac{1}{2}ab\sin 3\theta$$

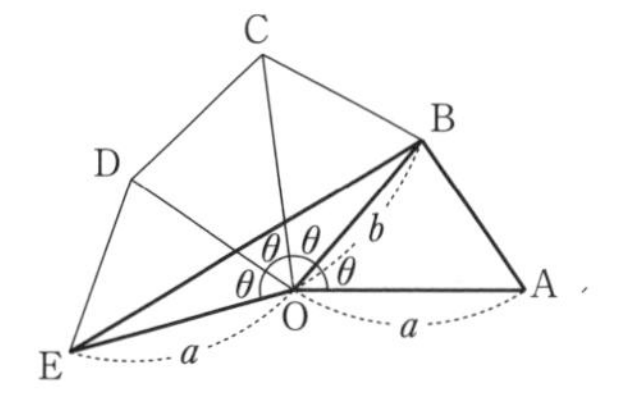

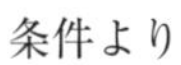

条件より

$$\frac{3}{2}=\frac{\triangle\mathrm{OBE}}{\triangle\mathrm{OAB}}=\frac{\sin 3\theta}{\sin\theta}=\frac{3\sin\theta-4\sin^3\theta}{\sin\theta}$$

$$=3-4\sin^2\theta$$

$$\sin^2\theta=\frac{3}{8}$$

$0<\theta<\dfrac{\pi}{3}$ より $0<\sin\theta<\dfrac{\sqrt{3}}{2}$ なので

$$\sin\theta=\frac{\sqrt{6}}{4}$$

(ii)　$\dfrac{\pi}{3}<\theta<\dfrac{\pi}{2}$ のとき，$\pi<3\theta<\dfrac{3}{2}\pi$ より

$$\triangle\mathrm{OBE}=\frac{1}{2}ab\sin(2\pi-3\theta)$$

$$=-\frac{1}{2}ab\sin 3\theta$$

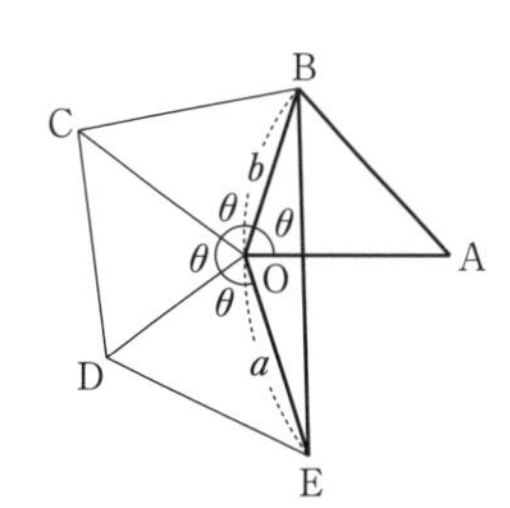

条件より

$$\frac{3}{2}=\frac{\triangle\mathrm{OBE}}{\triangle\mathrm{OAB}}=\frac{-\sin 3\theta}{\sin\theta}=\frac{-3\sin\theta+4\sin^3\theta}{\sin\theta}$$

$$= -3 + 4\sin^2\theta$$

$$\sin^2\theta = \frac{9}{8}$$

$\sin^2\theta > 1$ となり，このような θ は存在しない。

以上(i)，(ii)より　$\sin\angle\mathrm{AOB} = \dfrac{\sqrt{6}}{4}$　……(答)

28 2008年度〔2〕(文理共通) Level A

ポイント 角の二等分線と辺の比の関係を用いる。この関係にもちこむには相似，中線定理，余弦定理，座標設定などによるさまざまな解法が考えられる。

解法 1

△AMCと△ACNにおいて，仮定より

$$\begin{cases} \mathrm{AM}:\mathrm{AC}=1:2 \\ \mathrm{AC}:\mathrm{AN}=1:2 \\ \angle \mathrm{A}\ \text{は共通} \end{cases}$$

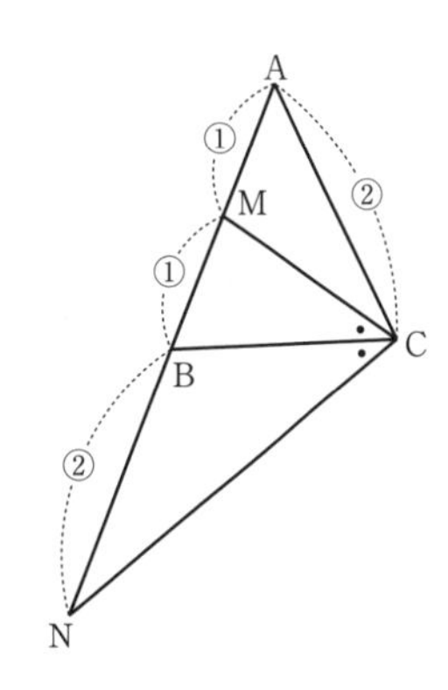

よって，△AMC∽△ACNとなり，相似比は1：2なので

$$\mathrm{CM}:\mathrm{CN}=1:2$$

また，仮定より　$\mathrm{MB}:\mathrm{NB}=1:2$

よって　$\mathrm{CM}:\mathrm{CN}=\mathrm{MB}:\mathrm{NB}$

ゆえに，CBは∠MCNの二等分線となり

$$\angle \mathrm{BCM}=\angle \mathrm{BCN}$$

（証明終）

解法 2

<中線定理による>

$\mathrm{AB}=\mathrm{AC}=2a$ とおくと　$\mathrm{AM}=\mathrm{BM}=a,\ \mathrm{BN}=2a$

中線定理から

$$\mathrm{AC}^2+\mathrm{BC}^2=2(\mathrm{CM}^2+\mathrm{AM}^2) \quad \cdots\cdots ①$$

$$\mathrm{AC}^2+\mathrm{CN}^2=2(\mathrm{BC}^2+\mathrm{AB}^2) \quad \cdots\cdots ②$$

①より　$\mathrm{CM}^2=\dfrac{1}{2}(2a^2+\mathrm{BC}^2)$

②より　$\mathrm{CN}^2=4a^2+2\mathrm{BC}^2=2(2a^2+\mathrm{BC}^2)$

よって，$\mathrm{CM}^2:\mathrm{CN}^2=1:4$ となり　$\mathrm{CM}:\mathrm{CN}=1:2$

（以下，［解法1］に同じ）

解法 3

<余弦定理による>

$\mathrm{AB}=\mathrm{AC}=a,\ \angle \mathrm{BAC}=\theta$ とする。△AMCに対する余弦定理より

$$\mathrm{CM}^2=\left(\frac{a}{2}\right)^2+a^2-2\cdot\frac{a}{2}\cdot a\cos\theta=\frac{a^2}{4}(5-4\cos\theta)$$

$$\mathrm{CM}=\frac{a}{2}\sqrt{5-4\cos\theta} \quad \cdots\cdots①$$

△ANC に対する余弦定理より

$$\mathrm{CN}^2=(2a)^2+a^2-2\cdot 2a\cdot a\cos\theta=a^2(5-4\cos\theta)$$

$$\mathrm{CN}=a\sqrt{5-4\cos\theta} \quad \cdots\cdots②$$

①，②より　　CM：CN＝1：2

（以下，［解法 1］に同じ）

解 法 4

＜座標設定による＞

座標平面上で，A(2, 0)，B(0, 0)，M(1, 0)，N(−2, 0) としても一般性を失わない。

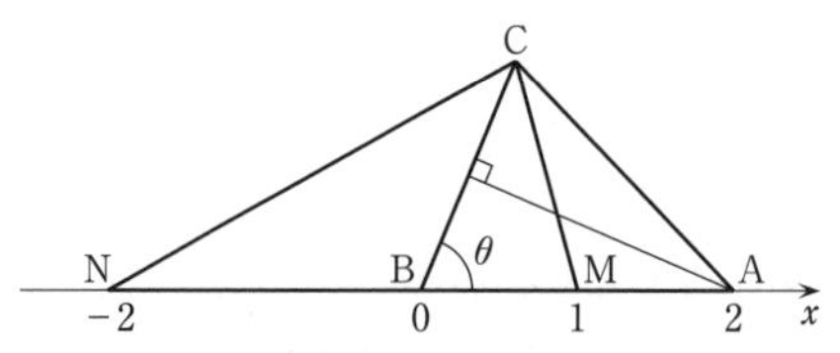

△ABC は AB＝AC の二等辺三角形なので，∠ABC＝θ とすると BC＝$2\cdot 2\cos\theta$ となるから，C$(4\cos^2\theta,\ 4\cos\theta\sin\theta)$ すなわち C$(2\cos 2\theta+2,\ 2\sin 2\theta)$ である。

よって

$$\mathrm{CM}^2=(2\cos 2\theta+1)^2+4\sin^2 2\theta$$
$$=4\cos 2\theta+5$$
$$\mathrm{CN}^2=(2\cos 2\theta+4)^2+4\sin^2 2\theta$$
$$=4(4\cos 2\theta+5)$$

したがって，$\mathrm{CM}^2:\mathrm{CN}^2=1:4$ となり　　CM：CN＝1：2

（以下，［解法 1］に同じ）

29 1999年度〔1〕 Level A

ポイント [解法1] 三平方の定理を繰り返し用いる。AB≧ACとしても一般性を失わず，このとき，BP≧CPである。中線定理を用いても変形できるが，中線定理の証明そのものと同程度の式変形ですむので，あえて中線定理を前提としない解法にしてある。

[解法2] Mを原点にとる座標設定による。

[解法3] Mを始点とするベクトルによる。

解法 1

AB≧ACとしても一般性を失わない。このとき，△ABCは鋭角三角形なので，点Hは線分CM上にあり，また，点Pは線分MH上にあるから，BP≧CPである。

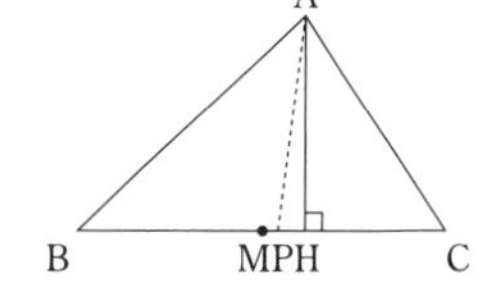

$$\begin{aligned}AB^2+AC^2&=(AH^2+BH^2)+(AH^2+CH^2)\\&=2AH^2+BH^2+CH^2\\&=2(AP^2-PH^2)+(BP+PH)^2+(CP-PH)^2\\&=2AP^2+BP^2+CP^2+2PH\cdot(BP-CP)\\&\geqq 2AP^2+BP^2+CP^2\end{aligned}$$

(BP≧CPより　$PH\cdot(BP-CP)\geqq 0$)

$\therefore\quad AB^2+AC^2\geqq 2AP^2+BP^2+CP^2$ (証明終)

解法 2

右図のように，直線BCをx軸，点Mを通りBCに垂直な直線をy軸にとる。A$(a,\ b)$，B$(-c,\ 0)$，C$(c,\ 0)$とする。ここで，$a\geqq 0$，$b>0$，$c>0$としても一般性を失わない(△ABCは鋭角三角形であるから，$0\leqq a<c$である)。このとき，H$(a,\ 0)$であり，点Pは線分MH上にあるから，P$(p,\ 0)$とすると，$0\leqq p\leqq a$である。

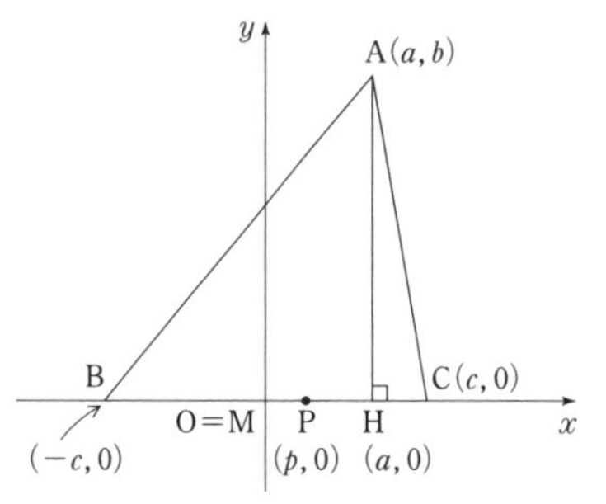

$$\begin{aligned}&(AB^2+AC^2)-(2AP^2+BP^2+CP^2)\\&=(-c-a)^2+b^2+(c-a)^2+b^2-[2\{(p-a)^2+b^2\}+(p+c)^2+(p-c)^2]\\&=2(a^2+b^2+c^2)-\{2(a^2+b^2+c^2)-4p(a-p)\}\\&=4p(a-p)\end{aligned}$$

$\geqq 0 \quad (\because \quad 0 \leqq p \leqq a)$

$\therefore \quad AB^2+AC^2 \geqq 2AP^2+BP^2+CP^2$ （証明終）

解法 3

$$(AB^2+AC^2)-(2AP^2+BP^2+CP^2)$$
$$=(|\overrightarrow{MB}-\overrightarrow{MA}|^2+|\overrightarrow{MC}-\overrightarrow{MA}|^2)-(2|\overrightarrow{MP}-\overrightarrow{MA}|^2+|\overrightarrow{MP}-\overrightarrow{MB}|^2+|\overrightarrow{MP}-\overrightarrow{MC}|^2)$$
$$=-2(\overrightarrow{MA}\cdot\overrightarrow{MB}+\overrightarrow{MA}\cdot\overrightarrow{MC})+2(\overrightarrow{MP}\cdot\overrightarrow{MB}+\overrightarrow{MP}\cdot\overrightarrow{MC})+4(\overrightarrow{MP}\cdot\overrightarrow{MA}-|\overrightarrow{MP}|^2)$$
$$=-2\overrightarrow{MA}\cdot(\overrightarrow{MB}+\overrightarrow{MC})+2\overrightarrow{MP}\cdot(\overrightarrow{MB}+\overrightarrow{MC})+4\overrightarrow{MP}\cdot(\overrightarrow{MA}-\overrightarrow{MP})$$
$$=4\overrightarrow{MP}\cdot\overrightarrow{PA} \quad (\because \quad \overrightarrow{MB}+\overrightarrow{MC}=\vec{0})$$

$\angle APH=\theta$ とすると，θ は $\overrightarrow{MP}$ と $\overrightarrow{PA}$ のなす角である。

$0^\circ<\theta \leqq 90^\circ$ であるから　　$\cos\theta \geqq 0$

よって　　$\overrightarrow{MP}\cdot\overrightarrow{PA}=|\overrightarrow{MP}||\overrightarrow{PA}|\cos\theta \geqq 0$

$\therefore \quad AB^2+AC^2 \geqq 2AP^2+BP^2+CP^2$ （証明終）

30　1998 年度〔1〕（文理共通）　Level B

ポイント (1)　三角形の３辺の長さと半径 r の関係式および，与えられた条件を用いる。

(2)　直角を挟む２辺の関係式を見出す。相加・相乗平均の関係が利用できるが，等号成立のとき，確かに与えられた条件を満たす直角三角形が存在することを確認すること。

[解法１]　３辺の長さと r の関係式を用いる。

[解法２]　三角形の面積と r の関係を用いる解法で，(2)は［解法１］に比べ煩雑ではあるが，「r のとり得る範囲を求めよ」というような，より難しい問題設定に対応できる解法として参照することをすすめる。

解法 1

(1)　右図において，BC＝a，CA＝b，AB＝c とすると，条件より

$$a+b+c+2r=2 \quad \cdots\cdots①$$

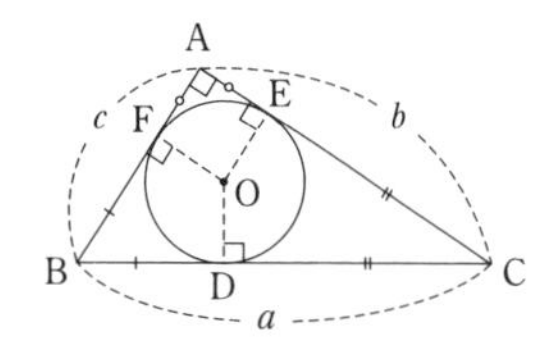

また，AE＝AF（＝r），BF＝BD，CD＝CE より

$$(b-r)+(c-r)=a$$

$$\therefore \quad b+c-a=2r \quad \cdots\cdots②$$

①－② より

$$2a+2r=2-2r \qquad \therefore \quad a=1-2r \quad \cdots\cdots(答)$$

(2)　①と $a=1-2r$ より　　$b+c=1$

b，c は正だから，相加・相乗平均の関係より　　$bc \leqq \left(\dfrac{b+c}{2}\right)^2=\dfrac{1}{4}$

等号が成立するのは $b=c=\dfrac{1}{2}$ のときで，そのとき

$$a=\sqrt{b^2+c^2}=\frac{\sqrt{2}}{2}, \quad r=\frac{2-\sqrt{2}}{4}$$

となり，斜辺が $\dfrac{\sqrt{2}}{2}$ の直角三角形に対して確かに条件 $a+b+c+2r=2$ は満たされている。したがって，bc の最大値は $\dfrac{1}{4}$ となる。

よって，$\triangle \mathrm{ABC}=\dfrac{1}{2}bc$ の最大値は $\dfrac{1}{8}$ である。　……(答)

解法 2

(1) BC$=a$（斜辺），CA$=b$，AB$=c$とおき，$s=\dfrac{a+b+c}{2}$とおくと，△ABCの面積を2通りに考えて

$$\frac{1}{2}bc=sr \quad \cdots\cdots ①$$

また，条件より

$$2s+2r=2 \qquad \therefore \quad s=1-r \quad \cdots\cdots ②$$

△ABCはaを斜辺とする直角三角形なので

$$\begin{aligned} a^2&=b^2+c^2 \\ &=(b+c)^2-2bc \\ &=(2s-a)^2-4sr \quad (①より) \\ &=4s^2-4sa+a^2-4sr \end{aligned}$$

$$\begin{aligned} \therefore \quad a&=s-r \\ &=1-2r \quad (②より) \quad \cdots\cdots (答) \end{aligned}$$

(2) $\begin{cases} a+b+c+2r=2 & \cdots\cdots ③ \\ a^2=b^2+c^2 & \cdots\cdots ④ \\ a=1-2r & \cdots\cdots ⑤ \end{cases}$

を満たす正の実数a，b，cが存在するための正の実数rのとり得る値の範囲を求める。⑤を用いると，③，④はそれぞれ$b+c=1$，$bc=2r-2r^2$と同値となる。b，cはxの2次方程式$x^2-x-2(r^2-r)=0$の2解となるので，これが正の2解をもち，かつ⑤>0となるrの条件は

判別式$=1+8(r^2-r)\geqq 0$，2解の和$=1>0$，2解の積$=-2(r^2-r)>0$，$r<\dfrac{1}{2}$

これより　$0<r\leqq\dfrac{2-\sqrt{2}}{4}$

この範囲で

$$\begin{aligned} \triangle ABC&=sr \\ &=(1-r)r \quad (②より) \end{aligned}$$

の最大値は$r=\dfrac{2-\sqrt{2}}{4}$のとき$\dfrac{1}{8}$である。……(答)

§3 方程式・不等式・領域

31 2019年度〔1〕問1 Level A

ポイント 商と余りを計算する。

解法

$$x^5+2x^4+ax^3+3x^2+3x+2$$
$$=(x^3+x^2+x+1)(x^2+x+a-2)+(3-a)x^2+(4-a)x+4-a$$

であるから

$$Q(x)=x^2+x+a-2$$
$$R(x)=(3-a)x^2+(4-a)x+4-a$$

$R(x)$ の x の1次の項の係数が1のとき

$4-a=1$ すなわち $a=3$ ……(答)

よって

$Q(x)=x^2+x+1$, $R(x)=x+1$ ……(答)

32 2019年度〔2〕 Level B

ポイント $y=f(x)$ のグラフは2つの放物線を原点でつないだものとなる。2つの放物線の頂点の x 座標の符号（軸と y 軸の位置関係）で場合を分けて考える。

解法

$$f(x)=x^2+2(ax+b|x|)$$
$$=\begin{cases} x^2+2(a+b)x & (x\geqq 0\ \text{のとき}) \\ x^2+2(a-b)x & (x<0\ \text{のとき}) \end{cases}$$
$$=\begin{cases} \{x+(a+b)\}^2-(a+b)^2 & (x\geqq 0\ \text{のとき}) \\ \{x+(a-b)\}^2-(a-b)^2 & (x<0\ \text{のとき}) \end{cases}$$

ここで，$f_1(x)=\{x+(a+b)\}^2-(a+b)^2$，$f_2(x)=\{x+(a-b)\}^2-(a-b)^2$ とおくと，放物線 $y=f_1(x)$，$y=f_2(x)$ の軸の方程式は，それぞれ $x=-a-b$，$x=-a+b$ で，$b>0$ より $-a-b<-a+b$ である。

(i) $0\leqq -a-b$ すなわち $a\leqq -b$ のとき

$x\geqq 0$ において，$f_1(x)$ の最小値は

$$f_1(-a-b)=-(a+b)^2\leqq 0$$

$x<0$ において　$f_2(x)>f(0)=0$

よって　$m=-(a+b)^2$

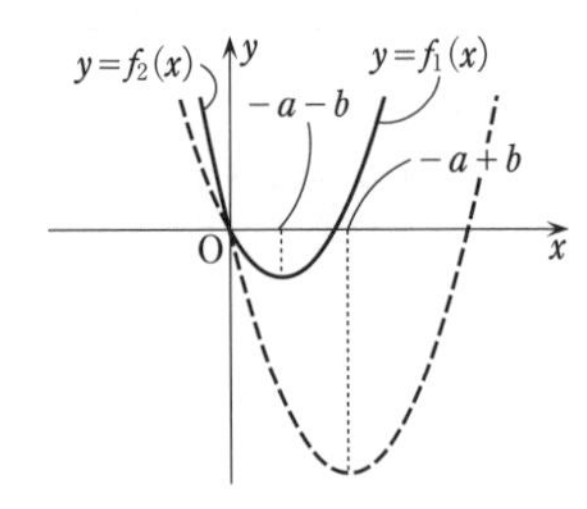

(ii) $-a-b<0\leqq -a+b$ すなわち $-b<a\leqq b$ のとき

$x\geqq 0$ において，$f_1(x)$ の最小値は

$$f(0)=0$$

$x<0$ において　$f_2(x)>f(0)=0$

よって　$m=0$

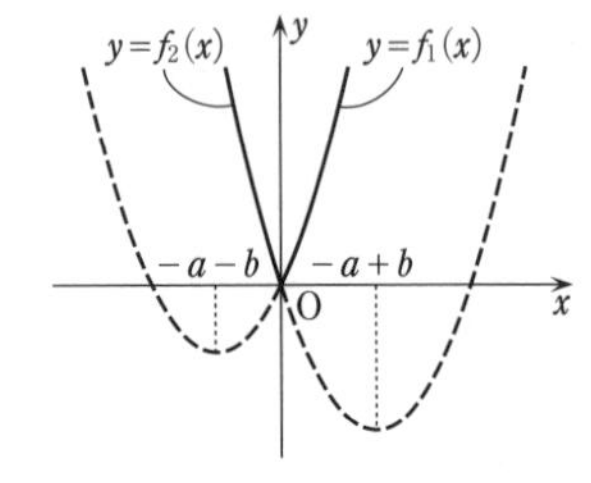

(iii) $-a+b<0$ すなわち $b<a$ のとき

$x\geqq 0$ において　$f_1(x)\geqq f(0)=0$

$x<0$ において，$f_2(x)$ の最小値は

$$f_2(-a+b)=-(a-b)^2<0$$

よって　$m=-(a-b)^2$

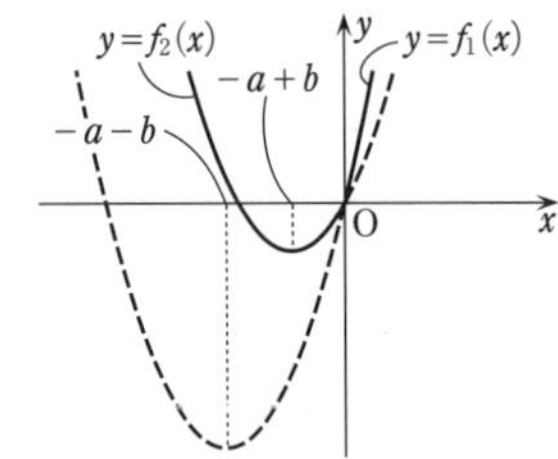

(i)〜(iii)より

$$m=\begin{cases} -(a+b)^2 & (a \leqq -b \text{ のとき}) \\ 0 & (-b < a \leqq b \text{ のとき}) \\ -(a-b)^2 & (b < a \text{ のとき}) \end{cases}$$ ……(答)

m のグラフは右図のようになる。

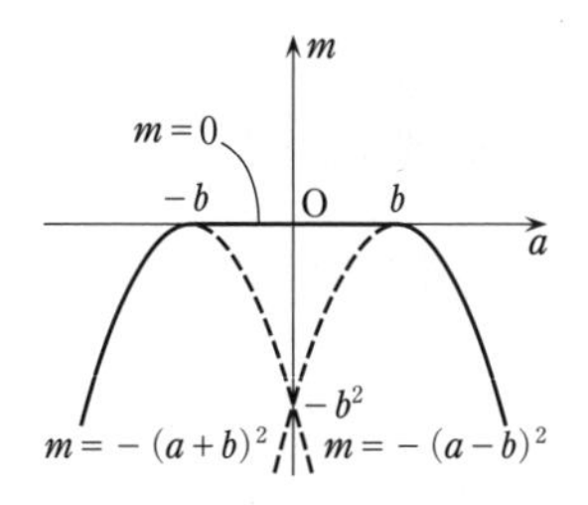

33 2019年度〔3〕 Level B

ポイント [解法1] 特に $b=0$ としたときの命題は「ある実数 x が $ax^2+c<0$ を満たす」となる。このための a, c の条件が必要条件となる。これを求めて，逆にこのときもとの命題が成り立つことを示す。

[解法2] a の符号で場合分けを行い，$y=ax^2+bx+c$ のグラフを考えて命題の成立条件を考える。

解法 1

命題が成り立つとすると，特に $b=0$ として

ある実数 x が不等式 $ax^2+c<0$ を満たす ……①

が成り立つことが必要である。

(i) $c<0$ のとき

$x=0$ が $ax^2+c=c<0$ を満たすから，①は成立する。

(ii) $c\geqq 0$ のとき

$a\geqq 0$ ならば，$ax^2+c\geqq 0$ であるから，①は成立しない。

$a<0$ ならば，十分大きな実数 x に対して $ax^2+c<0$ となるから，①は成立する。

(i), (ii)より

$c<0$ または「$c\geqq 0$ かつ $a<0$」

すなわち，「$c<0$ または $a<0$」 ……② でなければならない。

逆に②が成立するとき

$c<0$ ならば，$x=0$ が $ax^2+bx+c=c<0$ を満たすから，命題は成立する。

$a<0$ ならば，十分大きな実数 x に対して $ax^2+bx+c<0$ となるから，命題は成立する。

ゆえに，命題が成立するための，a と c が満たすべき必要十分条件は

$c<0$ または $a<0$ ……(答)

この $(a,\ c)$ の範囲を図示すると，右図の網かけ部分（境界を含まない）となる。

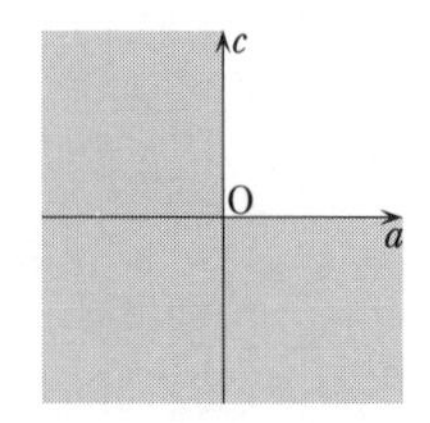

〔注〕［解法１］では

「$c<0$ または「$c\geqq 0$ かつ $a<0$」」$\Longleftrightarrow$「$c<0$ または $a<0$」としているが，必ずしも「$c<0$ または $a<0$」としなくても「$c<0$ または「$c\geqq 0$ かつ $a<0$」」のままでも可である。

（上の $\Longleftrightarrow$ はどちらで図示しても同じ図になることからもわかることである。あるいは

「$c<0$ または「$c\geqq 0$ かつ $a<0$」」$\Longleftrightarrow$「$_{(A)}$「$c<0$ かつ $a\geqq 0$」または「$c<0$ かつ $a<0$」または「$c\geqq 0$ かつ $a<0$」」$_{(B)}$

$\Longleftrightarrow$「$c<0$ または $a\geqq 0$」

（(A) $\Longleftrightarrow$ $c<0$，(B) $\Longleftrightarrow$ $a<0$ より）

と考えてもよい。）

解法 2

(i)　$a<0$ のとき

$y=ax^2+bx+c$ のグラフは b によらず上に凸な放物線なので，絶対値が十分大きな実数 x に対して $ax^2+bx+c<0$ となり命題は成り立つ。

(ii)　$a=0$ のとき

$ax^2+bx+c=bx+c$ となり，$y=bx+c$ のグラフは傾き b の直線である。

- $b>0$ のとき，十分小さな x（絶対値が大きな負数 x）で　　$bx+c<0$
- $b<0$ のとき，十分大きな x（絶対値が大きな正数 x）で　　$bx+c<0$
- $b=0$ のとき，$bx+c=c$ なので $bx+c<0$ がある実数 x で成り立つための条件は $c<0$

よって，命題が成り立つための条件は，$c<0$ である。

(iii)　$a>0$ のとき

$y=ax^2+bx+c$ のグラフは b によらず下に凸の放物線であるから，ある実数 x で $ax^2+bx+c<0$ となるための条件は，$ax^2+bx+c=0$ の判別式を D として　$D>0$ である。よって

$$D=b^2-4ac>0 \quad \text{すなわち} \quad 4ac<b^2$$

これが，すべての実数 b に対して成り立つための条件は　　$ac<0$

$a>0$ であるから　　$c<0$

よって，命題が成立する条件は，$c<0$ である。

(i)〜(iii)より，命題が成立するための，a と c が満たすべき必要十分条件は

$a<0$ または「$a\geqq 0$ かつ $c<0$」

すなわち　　$a<0$ または $c<0$　……(答)

（以下，［解法１］に同じ）

34 2016年度〔5〕 Level C

ポイント 条件(ロ)より，3つの解を α, β, $\overline{\beta}$ (α は実数，β は虚数）とおくことができる。また条件(イ)より，α^3, β^3, $(\overline{\beta})^3$ はどれも，α, β, $\overline{\beta}$ のいずれかに等しくないといけない。以後場合を尽くして考える。

解法

$f(x)=0$ は実数係数の3次方程式であるから，条件(ロ)より，$f(x)=0$ の解を $x=\alpha$, β, $\overline{\beta}$ (α は実数，β は虚数，$\overline{\beta}$ は β と共役な虚数）とおける。$f(x)=0$ の解はこれら以外にないから，条件(イ)より，α^3, β^3, $(\overline{\beta})^3$ のいずれも，α, β, $\overline{\beta}$ のいずれかに等しくないといけない。

まず，α^3 について考える。α^3 は実数だから，$\alpha^3=\alpha$ しかありえない。このとき

$$\alpha(\alpha-1)(\alpha+1)=0 \qquad よって \qquad \alpha=0,\ 1,\ -1$$

次に β^3 について考える。

(i) $\beta^3=\alpha$ のとき

(ア) $\alpha=0$ のとき，$\beta^3=0$ より $\beta=0$ となり，β が虚数であることに反する。

(イ) $\alpha=1$ のとき，$\beta^3=1$ より

$$\beta^3-1=(\beta-1)(\beta^2+\beta+1)=0$$

β は虚数だから $\quad \beta=\dfrac{-1\pm\sqrt{3}i}{2}$

(ウ) $\alpha=-1$ のとき，$\beta^3=-1$ より

$$\beta^3+1=(\beta+1)(\beta^2-\beta+1)=0$$

β は虚数だから $\quad \beta=\dfrac{1\pm\sqrt{3}i}{2}$

(ii) $\beta^3=\beta$ のとき

$$\beta^3-\beta=\beta(\beta+1)(\beta-1)=0 \qquad よって \qquad \beta=0,\ 1,\ -1$$

となり，β が虚数であることに反する。

(iii) $\beta^3=\overline{\beta}$ のとき

$$(\overline{\beta})^3=\overline{\beta^3}=\overline{\overline{\beta}}=\beta$$

となるから，この2式から $\overline{\beta}$ を消去すると

$$\beta^9=\beta$$

$\beta\neq0$ より

$$\beta^8-1=0$$

$$(\beta^4+1)(\beta^2+1)(\beta+1)(\beta-1)=0$$

$$(\beta^4+1)(\beta^2+1)=0 \quad (\beta \text{は虚数だから} \quad \beta \neq \pm 1)$$

(エ) $\beta^4+1=0$ のとき，$\beta^3=\overline{\beta}$ より

$$\beta\overline{\beta}=-1$$

ここで，$\beta=p+qi$ (p，q は実数，$q\neq 0$) とおくと

$$\beta\overline{\beta}=(p+qi)(p-qi)=p^2+q^2>0$$

であるから，$\beta\overline{\beta}=-1$ となる β は存在しない。

(オ) $\beta^2+1=0$ のとき

$$\beta^2=-1 \qquad \beta=\pm i \quad (\text{これは } \beta^3=\overline{\beta} \text{ を満たす})$$

なお，β^3 が α，β，$\overline{\beta}$ のいずれかに等しいときには，$(\overline{\beta})^3=\overline{\beta^3}$ は

$$\overline{\alpha}\,(=\alpha),\ \overline{\beta},\ \overline{\overline{\beta}}\,(=\beta)$$

のいずれかに等しくなるから，$(\overline{\beta})^3$ については，あらためて調べる必要はない。

以上より，可能な α，β，$\overline{\beta}$ の組み合わせは

$$(\alpha,\ \beta,\ \overline{\beta})=\begin{cases}\left(1,\ \dfrac{-1\pm\sqrt{3}i}{2},\ \dfrac{-1\mp\sqrt{3}i}{2}\right) \ (\text{複号同順}) & \cdots\cdots ① \\ \left(-1,\ \dfrac{1\pm\sqrt{3}i}{2},\ \dfrac{1\mp\sqrt{3}i}{2}\right) \ (\text{複号同順}) & \cdots\cdots ② \\ (0,\ \pm i,\ \mp i) \ (\text{複号同順}) & \cdots\cdots ③ \\ (1,\ \pm i,\ \mp i) \ (\text{複号同順}) & \cdots\cdots ④ \\ (-1,\ \pm i,\ \mp i) \ (\text{複号同順}) & \cdots\cdots ⑤ \end{cases}$$

また，3次方程式の解と係数の関係より

$$a=-(\alpha+\beta+\overline{\beta}),\ b=\alpha\beta+\beta\overline{\beta}+\overline{\beta}\alpha,\ c=-\alpha\beta\overline{\beta}$$

であるから

①のとき　$a=0$，$b=0$，$c=-1$

②のとき　$a=0$，$b=0$，$c=1$

③のとき　$a=0$，$b=1$，$c=0$

④のとき　$a=-1$，$b=1$，$c=-1$

⑤のとき　$a=1$，$b=1$，$c=1$

以上より，求める $f(x)$ は

$$f(x)=x^3-1,\ x^3+1,\ x^3+x,\ x^3-x^2+x-1,\ x^3+x^2+x+1 \quad \cdots\cdots(\text{答})$$

〔注1〕 $\beta^3=\overline{\beta}$ となる β を，次のように求めることもできる。

$\beta=p+qi$，$\overline{\beta}=p-qi$ (p，q は実数，$q\neq 0$) とすると

$$\beta^3=(p+qi)^3=p^3+3p^2qi-3pq^2-q^3i$$
$$=p(p^2-3q^2)+q(3p^2-q^2)i$$

よって，$\beta^3-\overline{\beta}=0$ より

$$p(p^2-3q^2)+q(3p^2-q^2)i-p+qi=0$$

$$p(p^2-3q^2-1)+q(3p^2-q^2+1)i=0$$

したがって

$$\begin{cases} p(p^2-3q^2-1)=0 & \cdots\cdots Ⓐ \\ q(3p^2-q^2+1)=0 & \text{このとき，} q\neq 0 \text{ より} \quad 3p^2-q^2+1=0 \quad \cdots\cdots Ⓑ \end{cases}$$

Ⓐにおいて

㈤ $p=0$ のとき，Ⓑに代入すると

$$q^2=1 \qquad q=\pm 1$$

よって　$\beta=\pm i$

㈥ $p^2-3q^2-1=0$ のとき，これとⒷから q^2 を消去すると

$$p^2-3(3p^2+1)-1=0 \qquad p^2=-\frac{1}{2}$$

p が実数にならないから，これは不適。

〔注2〕 複素数の絶対値とド・モアブルの定理を使うなら，$\beta^3=\overline{\beta}$ を次のように解くこともできる。この式より

$$|\beta|^3=|\overline{\beta}|=|\beta|$$

となり，これと $|\beta|>0$ より，$|\beta|=1$ となる。したがって

$$\beta=\cos\theta+i\sin\theta \quad (0<\theta<2\pi,\ \theta\neq\pi)$$

とおくことができ

$$\overline{\beta}=\cos\theta-i\sin\theta=\cos(-\theta)+i\sin(-\theta)$$

である。また，ド・モアブルの定理から

$$\beta^3=\cos 3\theta+i\sin 3\theta$$

である。ゆえに，$\beta^3=\overline{\beta}$ より

$$3\theta=-\theta+2n\pi \qquad \theta=\frac{n}{2}\pi$$

となり，$0<\theta<2\pi,\ \theta\neq\pi$ から　$\theta=\frac{\pi}{2},\ \frac{3}{2}\pi$

すなわち，$\beta=\pm i$ となる。

35 2015年度〔4〕 Level A

ポイント [解法1] 点 $(x, y, 0)$ とPを結ぶ直線が球面と交わるための x, y の条件を求める。

[解法2] $Q(p, q, r)$, $R(x, y, 0)$ とおき，p, q を x, y, r で表し，$p^2+q^2+(r-1)^2=1$ に代入した式を r の方程式とみて，これを満たす実数 r が存在するための x, y の条件を求める。

解法 1

平面 $z=0$ 上の点 $(x, y, 0)$ が点Rの動く範囲に属するための条件は，点 $(x, y, 0)$ と点 $P(1, 0, 2)$ を結ぶ直線が点 $(0, 0, 2)$ を通らず，球面 S と交わることである。点 $(x, y, 0)$ と点 $P(1, 0, 2)$ を結ぶ直線上の点は実数 t を用いて

$$((1-t)+tx,\ ty,\ 2(1-t))$$

すなわち

$$((x-1)t+1,\ yt,\ -2t+2) \quad \cdots\cdots ①$$

と表される。点①が点 $(0, 0, 2)$ に一致するような t は存在しないので，点①が球面 S 上にあるような実数 t が存在するための x, y の条件を求める。点①が球面 S 上にあるための条件は

$$\{(x-1)t+1\}^2+(yt)^2+(-2t+2-1)^2=1$$

これより

$$\{(x-1)^2+y^2+4\}t^2+2(x-3)t+1=0 \quad \cdots\cdots ②$$

任意の実数 x, y に対して，$(x-1)^2+y^2+4\neq 0$ なので，②は t の2次方程式であり，(判別式)$\geqq 0$ より

$$(x-3)^2-\{(x-1)^2+y^2+4\}\geqq 0$$

ゆえに

$$x\leqq -\frac{1}{4}y^2+1$$

これを図示すると，図の網かけ部分（境界を含む）となる。

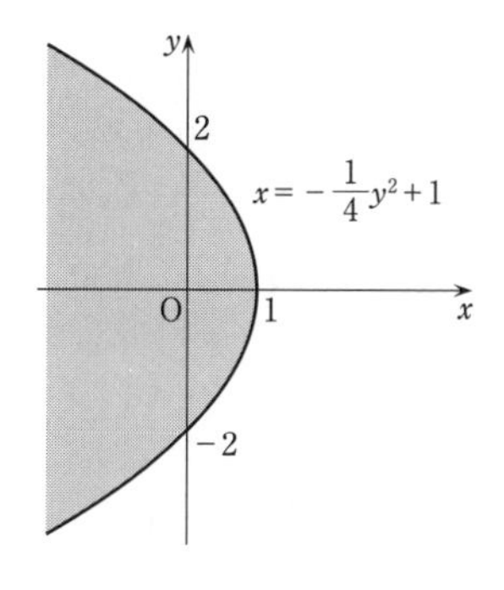

解法 2

$Q(p, q, r)$ $(0 \leqq r < 2)$ とすると，$P(1, 0, 2)$ より

$$\overrightarrow{PQ} = (p-1, q, r-2)$$

ゆえに

$$\begin{aligned}\overrightarrow{OR} &= \overrightarrow{OP} + t\overrightarrow{PQ} \quad (t\text{は実数})\\ &= (1, 0, 2) + t(p-1, q, r-2)\\ &= (1+t(p-1), tq, 2+t(r-2))\end{aligned}$$

R の z 座標は 0 だから

$$2+t(r-2)=0 \qquad \text{これより} \qquad t=\frac{2}{2-r} \quad (\because \ r \neq 2)$$

ゆえに，$R(x, y, 0)$ とすると

$$x=1+\frac{2(p-1)}{2-r} \qquad \text{よって} \qquad p=\frac{(2-r)(x-1)}{2}+1 \quad \cdots\cdots①$$

$$y=\frac{2q}{2-r} \qquad \text{よって} \qquad q=\frac{(2-r)y}{2} \quad \cdots\cdots②$$

また，Q は球面上の点だから

$$p^2+q^2+(r-1)^2=1 \quad \cdots\cdots③$$

①，②を③に代入すると

$$\left\{\frac{(2-r)(x-1)}{2}+1\right\}^2+\frac{(2-r)^2y^2}{4}+(r-1)^2=1$$

両辺に $\dfrac{4}{(2-r)^2}$ をかけて整理すると

$$\left(x+\frac{r}{2-r}\right)^2+y^2=\frac{4r}{2-r}$$

この分母を払い，r についてまとめると

$$\{(1-x)^2+y^2+4\}r^2-4\{x(x-1)+y^2+2\}r+4(x^2+y^2)=0$$

この（判別式）$\geqq 0$ より

$$4\{x(x-1)+y^2+2\}^2-4(x^2+y^2)\{(1-x)^2+y^2+4\} \geqq 0$$

これを整理すると

$$x \leqq -\frac{1}{4}y^2+1$$

となる。

（図は［解法 1］と同じ）

36　2014年度〔1〕　Level A

ポイント　2つの2次方程式に分解し，それぞれの判別式の少なくとも一方が負になることを示す。

解法

$$x^2-2(\cos\theta)x-\cos\theta+1=0 \quad \cdots\cdots①$$

$$x^2+2(\tan\theta)x+3=0 \quad \cdots\cdots②$$

①，②の判別式をそれぞれ D_1，D_2 とするとき，$0\leqq\theta<90°$ において，D_1，D_2 の少なくとも一方は必ず負になることを示せばよい。

$$\frac{D_1}{4}=\cos^2\theta+\cos\theta-1,\quad \frac{D_2}{4}=\tan^2\theta-3$$

$D_2<0$ となる θ は

$$\tan^2\theta<3 \qquad 0\leqq\tan\theta<\sqrt{3} \quad (\because\ \tan\theta\geqq0)$$

よって　$0\leqq\theta<60°$

したがって，上の範囲以外の $60°\leqq\theta<90°$ において $D_1<0$ となることを示せばよい。

$60°\leqq\theta<90°$ のとき　$0<\cos\theta\leqq\dfrac{1}{2}$

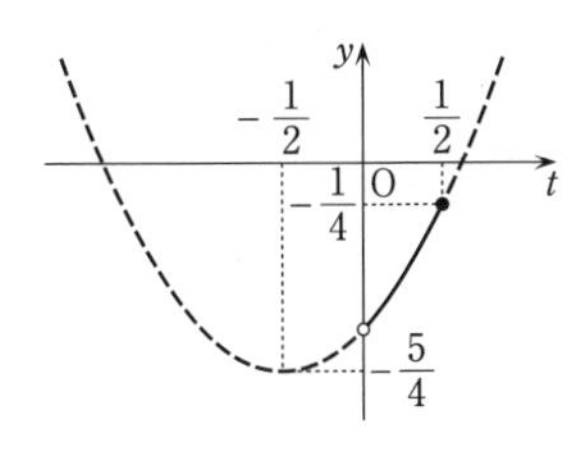

$\cos\theta=t$ とおくと，$0<t\leqq\dfrac{1}{2}$ であり

$$\frac{D_1}{4}=t^2+t-1=\left(t+\frac{1}{2}\right)^2-\frac{5}{4} \quad (=f(t)\ \text{とおく})$$

$y=f(t)$ のグラフは右図のようになり

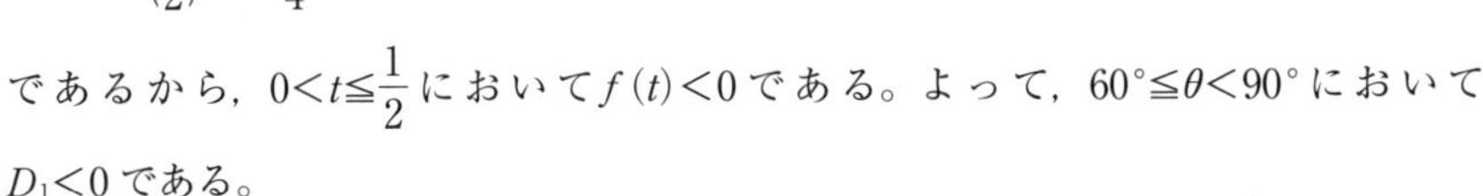

$$f\left(\frac{1}{2}\right)=-\frac{1}{4}<0$$

であるから，$0<t\leqq\dfrac{1}{2}$ において $f(t)<0$ である。よって，$60°\leqq\theta<90°$ において $D_1<0$ である。

以上より，$0\leqq\theta<90°$ であるすべての θ で D_1，D_2 の少なくとも一方は必ず負になる。ゆえに，与式は虚数解を少なくとも1つもつ。　（証明終）

37　2013年度〔1〕　Level A

ポイント　［解法 1］ $y=f(x)$ の値域が $y \geqq f\left(-\dfrac{a+2}{2}\right)$ であることから，$x \geqq f\left(-\dfrac{a+2}{2}\right)$ であるすべての x で $f(x)>0$ となるための a の条件を求める。

$y=f(x)$ のグラフを利用して考えると効率的。

［解法 2］ $f(f(x))$ が2つの2次式の積となることから，この積が常に正となるための a の条件を求める。

解法 1

$y=f(x)$ のグラフは右図のようになり，その値域は

$$y \geqq f\left(-\frac{a+2}{2}\right) \quad (=b \text{ とおく})$$

である。したがって，すべての x で

$$f(f(x))=f(y)>0$$

が成り立つための必要十分条件は，$y \geqq b$ なるすべての y で $f(y)>0$ が成り立つことである。これは，「$x \geqq b$ なるすべての x で $f(x)>0$ が成り立つこと」と言い換えられるから，その条件は，グラフより

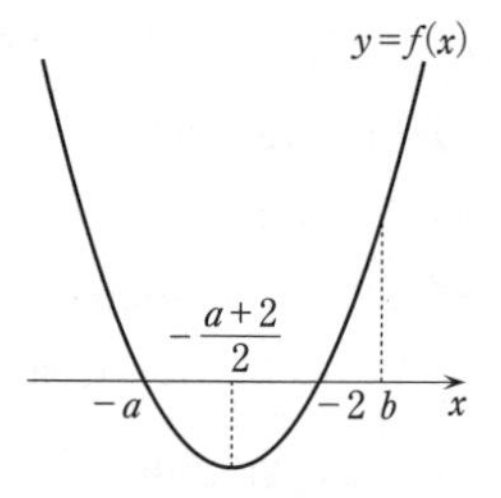

$$b>-2$$

である。そのための a の範囲を求めると

$$b=f\left(-\frac{a+2}{2}\right)=\frac{a-2}{2}\cdot\frac{-a+2}{2}=-\frac{(a-2)^2}{4}>-2$$

$$(a-2)^2<8$$

$$-2\sqrt{2}<a-2<2\sqrt{2}$$

$$2-2\sqrt{2}<a<2+2\sqrt{2}$$

ただし，$a \geqq 2$ より

$$2 \leqq a<2+2\sqrt{2} \quad \cdots\cdots(\text{答})$$

解法 2

与式より

$$f(f(x))=\{(x+a)(x+2)+a\}\{(x+a)(x+2)+2\} \quad \cdots\cdots ①$$

これが常に正となるためには，少なくとも，すべての x で

$$(x+a)(x+2)+a \neq 0 \quad \text{かつ} \quad (x+a)(x+2)+2 \neq 0 \quad \cdots\cdots ②$$

であることが必要である。

$$y=(x+a)(x+2)+a,\ \ y=(x+a)(x+2)+2$$

のグラフはともに下に凸の放物線であるから，すべての x で②が成り立つことは，すべての x で

$$(x+a)(x+2)+a>0 \quad \text{かつ} \quad (x+a)(x+2)+2>0 \quad \cdots\cdots③$$

が成り立つことと同値である。このとき，たしかに①>0 となる。

一方，$a \geqq 2$ より，常に

$$(x+a)(x+2)+a \geqq (x+a)(x+2)+2$$

であるから，③は

$$(x+a)(x+2)+2>0$$

と同値である。これがすべての x で成り立つ条件は

$$(x+a)(x+2)+2=x^2+(a+2)x+2a+2=0$$

の判別式を D とするとき，$D<0$ であることである。

$$D=(a+2)^2-4(2a+2)=a^2-4a-4<0$$

$$2-2\sqrt{2}<a<2+2\sqrt{2}$$

ただし，$a \geqq 2$ より

$$2 \leqq a<2+2\sqrt{2} \quad \cdots\cdots(\text{答})$$

38 2012年度〔3〕（文理共通） Level A

ポイント $x+y=u$とおき，条件式からxyをuで表すことで，x，yはuの式を係数とする2次方程式の2解となる。その実数解条件から，uの範囲が定まる。次いで与えられた式をuで表し，その値域を求める。

解法

$$x^2+xy+y^2=6 \iff xy=(x+y)^2-6 \quad \cdots\cdots①$$

$x^2+xy+y^2=6$を満たす実数x，yに対して，$x+y=u$ ……② とおくと，uは実数であり，uのとりうる値の範囲は①かつ②を満たす実数x，yが存在するようなuの値の範囲である。

$$\begin{cases} ① \\ ② \end{cases} \iff \begin{cases} xy=u^2-6 \\ ② \end{cases} \quad \cdots\cdots③$$

$\iff$ x，yは，tの2次方程式 $t^2-ut+u^2-6=0$ ……④ の2解

よって，実数uのとりうる値の範囲は④が実数解をもつ値の範囲であり，④の判別式を考えて

$u^2-4(u^2-6)\geqq 0$ これより $-2\sqrt{2}\leqq u\leqq 2\sqrt{2}$ ……⑤

したがって，⑤を満たす実数uに対する④の2解x，yについて，$x^2y+xy^2-x^2-2xy-y^2+x+y$のとりうる値の範囲を求めるとよい。

$$\begin{aligned}&x^2y+xy^2-x^2-2xy-y^2+x+y\\&=xy(x+y)-(x+y)^2+(x+y)\\&=(u^2-6)u-u^2+u \quad (\because ③)\\&=u^3-u^2-5u\end{aligned}$$

$f(u)=u^3-u^2-5u$とおくと，$f'(u)=3u^2-2u-5=(u+1)(3u-5)$ なので，⑤における$f(u)$の増減表は，次のようになる。

u	$-2\sqrt{2}$	$\cdots$	-1	$\cdots$	$\frac{5}{3}$	$\cdots$	$2\sqrt{2}$
$f'(u)$		$+$	0	$-$	0	$+$	
$f(u)$	$-8-6\sqrt{2}$	↗	3	↘	$-\frac{175}{27}$	↗	$-8+6\sqrt{2}$

ここで

$-\dfrac{175}{27}=-6-\dfrac{13}{27}$ であるから $-8-6\sqrt{2}<-\dfrac{175}{27}$

$3-(-8+6\sqrt{2})=11-6\sqrt{2}=\sqrt{121}-\sqrt{72}>0$ より $-8+6\sqrt{2}<3$

ゆえに

$$-8-6\sqrt{2} \leqq x^2y+xy^2-x^2-2xy-y^2+x+y \leqq 3 \quad \cdots\cdots(答)$$

〔注〕「実数 x, y が条件 $x^2+xy+y^2=6$ を満たしながら動くとき $x^2y+xy^2-x^2-2xy-y^2+x+y$ がとりうる値の範囲」の意味を正確にとらえると［解法］のような理解が望まれる。一般に複数の文字（実数）についての条件式があるとき,「そのうちの1つの文字のとりうる値の範囲とは, それらの条件式を満たす残りの文字が実数で存在するためのその文字の条件として得られる」というのが, 厳密なとらえ方である。ただし, 次のような理解の仕方でも構わない。

$x^2+xy+y^2=6 \iff xy=(x+y)^2-6$ ……(ア) より, $x^2+xy+y^2=6$ を満たす実数 x, y に対して, $x+y=u$ とおくと, $xy=u^2-6$ であり, x, y は, t の2次方程式 $t^2-ut+u^2-6=0$ ……(イ) の実数解である。よって, (イ)の判別式から, $u^2-4(u^2-6) \geqq 0$ となり, これより $-2\sqrt{2} \leqq u \leqq 2\sqrt{2}$ ……(ウ)

逆に, (ウ)のとき, (イ)の2解を x, y とおくと, 解と係数の関係から, $\begin{cases} x+y=u \\ xy=u^2-6 \end{cases}$ となり, (ア)が成り立つ。したがって, (ウ)を満たす実数 u に対する(イ)の2解 x, y について, $x^2y+xy^2-x^2-2xy-y^2+x+y$ のとりうる値の範囲を求めるとよい。(以下同様)

39 2010年度〔2〕 Level A

ポイント 領域を図示し，直線 $2x+y=k$，円 $x^2+y^2=r^2$ がその領域と共有点をもつような k および r^2 の値の範囲を求める。

解 法

直線 $4x+y=9$ ……①，$x+2y=4$ ……②，$2x-3y=-6$ ……③ を図示すると，右図のようになり，与えられた不等式が表す領域は図の斜線部分（境界を含む）である。また，交点の座標は，

A(0, 2)，B(2, 1)，C$\left(\dfrac{3}{2},\ 3\right)$ である。

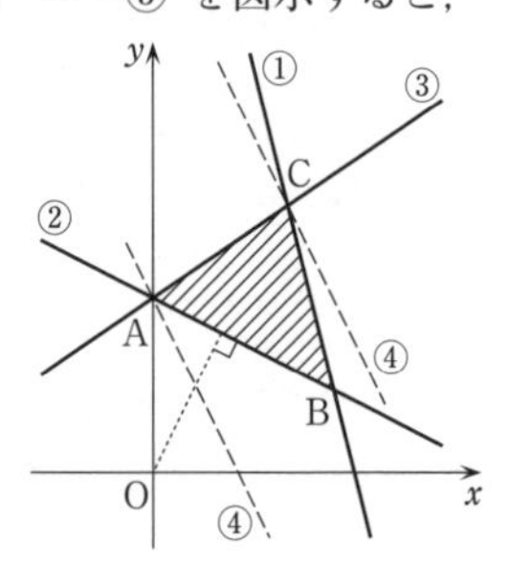

まず，$2x+y$ について考える。

$2x+y=k$ とおくと　　$y=-2x+k$ ……④

直線④が与えられた領域と共有点をもつような k の最大値と最小値が，$2x+y$ の最大値と最小値である。④の傾きは -2 であるから，k が最大になるのは，図より④が点Cを通るときである。そのとき

$$k=2\cdot\frac{3}{2}+3=6$$

k が最小になるのは，④が点Aを通るときである。そのとき

$$k=2\cdot 0+2=2$$

よって，$2x+y$ の最大値は6，最小値は2である。 ……(答)

次に，x^2+y^2 について考える。

x^2+y^2 は原点からの距離の2乗である。領域内において原点から最も遠い点は

$$\mathrm{OA}^2=4,\quad \mathrm{OB}^2=2^2+1^2=5,\quad \mathrm{OC}^2=\left(\frac{3}{2}\right)^2+3^2=\frac{45}{4}$$

より，Cである。

原点から最も近い点は，Oから直線②に引いた垂線の足である。その距離を d とすると

$$d=\frac{|0+2\cdot 0-4|}{\sqrt{1^2+2^2}}=\frac{4}{\sqrt{5}}\qquad \therefore\quad d^2=\frac{16}{5}$$

以上より，x^2+y^2 の最大値は $\dfrac{45}{4}$，最小値は $\dfrac{16}{5}$ である。 ……(答)

40 2008年度〔3〕（文理共通） Level A

ポイント 2つの2次方程式の解の判別式を考える。さらに共通解をもつ場合を検討する。

解法1

$x^2+ax+1=0$ ……① または $3x^2+ax-3=0$ ……② の異なる実数解の個数を調べる。
(②の判別式) $=a^2+36>0$ なので，②はつねに異なる2個の実数解をもつ。
(①の判別式) $=a^2-4$ なので，①の異なる実数解の個数は $|a|>2$ のとき2個，$|a|=2$ のとき1個，$|a|<2$ のとき0個である。
①，②が共通解をもつとき，その解を x_0 とすると

$$x_0{}^2+ax_0+1=0 \quad かつ \quad 3x_0{}^2+ax_0-3=0$$

辺々引くと $2x_0{}^2-4=0$ なので　　$x_0=\pm\sqrt{2}$
これを①に代入して

$$2\pm\sqrt{2}a+1=0$$

$$a=\mp\frac{3}{2}\sqrt{2}$$

$$a=\frac{3}{2}\sqrt{2}\ のとき\begin{cases}①を解いて & x=-\sqrt{2},\ -\dfrac{\sqrt{2}}{2}\\ ②を解いて & x=-\sqrt{2},\ \dfrac{\sqrt{2}}{2}\end{cases}$$

$$a=-\frac{3}{2}\sqrt{2}\ のとき\begin{cases}①を解いて & x=\sqrt{2},\ \dfrac{\sqrt{2}}{2}\\ ②を解いて & x=\sqrt{2},\ -\dfrac{\sqrt{2}}{2}\end{cases}$$

以上より

$$\left.\begin{array}{ll}|a|<2\ のとき & 2個\\ |a|=2\ または\ |a|=\dfrac{3}{2}\sqrt{2}\ のとき & 3個\\ |a|>\dfrac{3}{2}\sqrt{2}\ または\ 2<|a|<\dfrac{3}{2}\sqrt{2}\ のとき & 4個\end{array}\right\}\ \cdots\cdots(答)$$

解 法 2

＜共通解の扱いについての別な記述＞

($x_0=\pm\sqrt{2}$ を求めるところまでは［解法１］に同じ)

よって，共通解が存在するならば，それは $\sqrt{2}$ または $-\sqrt{2}$ でなければならない。

$\sqrt{2}$ が共通解であるための条件は①（または②）に $x=\sqrt{2}$ を代入して $a=\frac{3}{2}\sqrt{2}$ であり，

$-\sqrt{2}$ が共通解であるための条件は同様にして，$a=-\frac{3}{2}\sqrt{2}$ である。

よって，$\sqrt{2}$ と $-\sqrt{2}$ が同時に共通解となることはなく，また $\pm\frac{3}{2}\sqrt{2}\neq 2$ であるから，

どちらの共通解も①の重解とはならない。

以上より

$$\left.\begin{array}{ll} |a|<2 \text{ のとき} & 2\text{個} \\ |a|=2 \text{ または } |a|=\frac{3}{2}\sqrt{2} \text{ のとき} & 3\text{個} \\ |a|>\frac{3}{2}\sqrt{2} \text{ または } 2<|a|<\frac{3}{2}\sqrt{2} \text{ のとき} & 4\text{個} \end{array}\right\} \cdots\cdots(\text{答})$$

〔注〕 ①，②が同時に２つの共通解をもつ場合，および，１つの共通解が①の重解である場合は異なる実数解の個数は２となるので，このようなことがあり得ないことを確認したのが［解法２］の記述である。［解法１］のように共通解をもつときの①，②の残りの解をすべて求めれば，この確認は不要となる。

41　2006年度〔1〕　Level A

ポイント　C, l_1, l_2 の3つの式の連立方程式が実数解をもつための p の条件を求める。

解法

連立方程式

$$\begin{cases} y=px-1 & \cdots\cdots① \\ y=-x-p+4 & \cdots\cdots② \\ y=x^2 & \cdots\cdots③ \end{cases}$$

が実数解をもつための実数 p の条件を求める。

①, ②より

$$px-1=-x-p+4$$

$$(p+1)x=-p+5$$

$p=-1$ のとき，$0\cdot x=6$ となり，これを満たす x は存在しない。

よって，$p\neq-1$ であり，このとき

$$x=\frac{-p+5}{p+1},\quad y=p\cdot\frac{-p+5}{p+1}-1=\frac{-p^2+4p-1}{p+1}$$

これが③を満たすための p の条件は，$p\neq-1$ のもとで

$$\frac{-p^2+4p-1}{p+1}=\left(\frac{-p+5}{p+1}\right)^2$$

すなわち

$$p^3-2p^2-13p+26=0$$

$$(p-2)(p^2-13)=0$$

$$p=2,\quad \pm\sqrt{13}$$

よって，求める p の値は　　$2,\ \pm\sqrt{13}$　……(答)

42 2006年度〔3〕(文理共通) Level A

ポイント $Q(x)=0$ が重解をもたないと仮定して矛盾を導く。

$Q(x)=a(x-\alpha)(x-\beta)$ $(a\neq 0,\ \alpha\neq\beta)$ とおけること，因数定理を用いることで解決する。

[解法1] 上記の方針による。

[解法2] $\{P(x)\}^2=(x-\alpha)(x-\beta)R(x)$ とおき，右辺の1次の因数がそれぞれ偶数個あることを用いる。

[解法3] $P(x)$ を $Q(x)$ で割った余りを $ax+b$ $(a\neq 0$ または $b\neq 0)$ とおき，$(ax+b)^2=cQ(x)$ となることを導く。

解法1

$Q(x)=0$ が重解をもたないと仮定すると，$Q(x)=0$ は異なる2解 α，β をもち

$$Q(x)=a(x-\alpha)(x-\beta),\quad a\neq 0$$

とおける。

$\{P(x)\}^2$ が $Q(x)$ で割り切れることから，適当な整式 $R(x)$ を用いて

$$\{P(x)\}^2=Q(x)R(x)$$

とおける。このとき

$$\begin{cases}\{P(\alpha)\}^2=Q(\alpha)R(\alpha)=0\\ \{P(\beta)\}^2=Q(\beta)R(\beta)=0\end{cases}$$

よって，$P(\alpha)=P(\beta)=0$ となり，因数定理と $\alpha\neq\beta$ であることから，適当な整式 $S(x)$ を用いて

$$P(x)=(x-\alpha)(x-\beta)S(x)$$

とおける。

したがって

$$\begin{aligned}P(x)&=a(x-\alpha)(x-\beta)\cdot\frac{1}{a}S(x)\quad(a\neq 0)\\ &=Q(x)\cdot\frac{1}{a}S(x)\end{aligned}$$

よって，$P(x)$ は $Q(x)$ で割り切れることになり，条件に反する。ゆえに $Q(x)=0$ は重解をもたなければならない。 (証明終)

解法 2

$Q(x)=a(x-\alpha)(x-\beta)$ とする（ただし，$a\neq 0$）。
$\{P(x)\}^2$ は $Q(x)$ で割り切れるから

$$\{P(x)\}^2=(x-\alpha)(x-\beta)R(x)\quad (R(x)\text{ は整式})\quad \cdots\cdots(*)$$

とおける。
ここで，もし $\alpha\neq\beta$ とすると，左辺は整式の 2 乗であるから，右辺は $(x-\alpha)^2(x-\beta)^2$ を因数にもたなければならない。よって

$$\{P(x)\}^2=(x-\alpha)^2(x-\beta)^2\{S(x)\}^2\quad (S(x)\text{ は整式})$$

となり，$(*)$ より

$$R(x)=(x-\alpha)(x-\beta)\{S(x)\}^2$$

よって，$(*)$ より

$$P(x)=\pm(x-\alpha)(x-\beta)S(x)=\pm\frac{1}{a}Q(x)S(x)$$

これは，$P(x)$ が $Q(x)$ で割り切れないことに反する。ゆえに，$\alpha=\beta$ である。
すなわち　　$Q(x)=a(x-\alpha)^2$
よって，$Q(x)=0$ は重解をもつ。　（証明終）

解法 3

$P(x)$ は 2 次式 $Q(x)$ で割り切れないことから

$$P(x)=Q(x)R(x)+ax+b$$

（$R(x)$ は整式，a，b は定数で，$a\neq 0$ または $b\neq 0$　$\cdots\cdots(*)$）

とおける。よって

$$\{P(x)\}^2=\{Q(x)R(x)\}^2+2(ax+b)Q(x)R(x)+(ax+b)^2$$
$$=Q(x)\left[Q(x)\{R(x)\}^2+2(ax+b)R(x)\right]+(ax+b)^2$$

$\{P(x)\}^2$ が $Q(x)$ で割り切れることから

$$(ax+b)^2=cQ(x)\quad (c\text{ は定数})$$

とおける。ここで $c=0$ とすると，$a=b=0$ となり，$(*)$ に反する。よって $c\neq 0$ となり，右辺の次数は 2 である。したがって，$a\neq 0$ であり

$$Q(x)=\frac{a^2}{c}\left(x+\frac{b}{a}\right)^2$$

ゆえに，$Q(x)=0$ は重解をもつ。　（証明終）

43 2005 年度〔1〕(文理共通) Level A

ポイント 方程式$y=x^2+ax+b$と，２点を結ぶ直線の方程式とからyを消去し，得られるxの２次方程式が，$0\leqq x\leqq 1$の範囲に実数解をもつためのa，bの条件を求める。

[解法１] $0\leqq x\leqq 1$に１つの解をもつ場合と２つの解をもつ場合に分けて考える。

[解法２] $0\leqq x\leqq 1$での最小値m，最大値Mについて，$m\leqq 0\leqq M$となる条件を軸の位置で場合分けして考える。

解法１

原点と点$(1,\ 2)$を結ぶ線分は

$$y=2x\quad(0\leqq x\leqq 1)$$

この線分と放物線$y=x^2+ax+b$が共有点をもつための条件は

$$x^2+ax+b=2x\quad すなわち\quad x^2+(a-2)x+b=0$$

が$0\leqq x\leqq 1$に少なくとも１つの実数解をもつことである。そのための条件は，$f(x)=x^2+(a-2)x+b$とおいたとき，次の(i)または(ii)となることである。

(i) $y=f(x)$のグラフが下図のいずれかになるとき

$$f(0)f(1)=b(a+b-1)\leqq 0$$

$$\Longleftrightarrow「b\leqq 0\quad かつ\quad b\geqq -a+1」\quad または\quad「b\geqq 0\quad かつ\quad b\leqq -a+1」$$

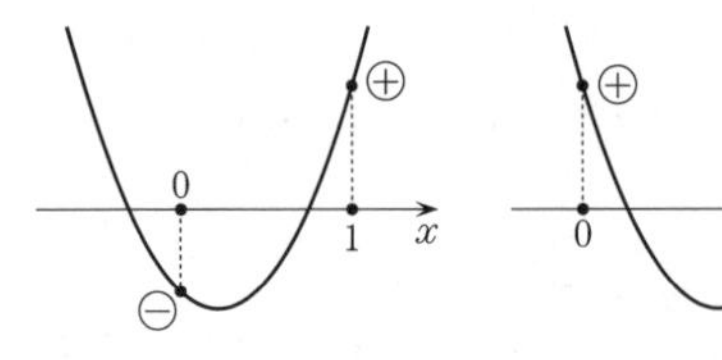

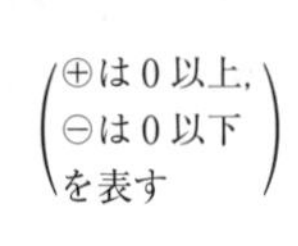

(⊕は０以上，⊖は０以下を表す)

(ii) $y=f(x)$のグラフが右図のようになるとき

$$\begin{cases} 軸の条件：0\leqq \dfrac{-a+2}{2}\leqq 1 \\ f(0)=b\geqq 0 \\ f(1)=a+b-1\geqq 0 \\ 判別式 D=(a-2)^2-4b\geqq 0 \end{cases}$$

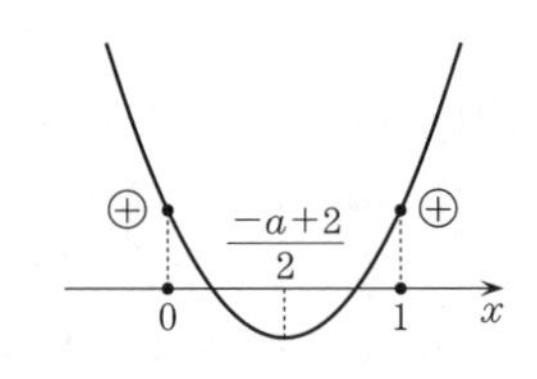

よって

$$0\leqq a\leqq 2\quad かつ\quad b\geqq 0\quad かつ\quad b\geqq -a+1\quad かつ\quad b\leqq \frac{1}{4}(a-2)^2$$

以上，(i)，(ii)それぞれの領域の和集合が求める領域である。
これを図示すると右図斜線部分（境界を含む）となる$\left(\text{直線 } b=-a+1 \text{ と放物線 } b=\frac{1}{4}(a-2)^2 \text{ は点 } (0,\ 1) \text{ で接する}\right)$。

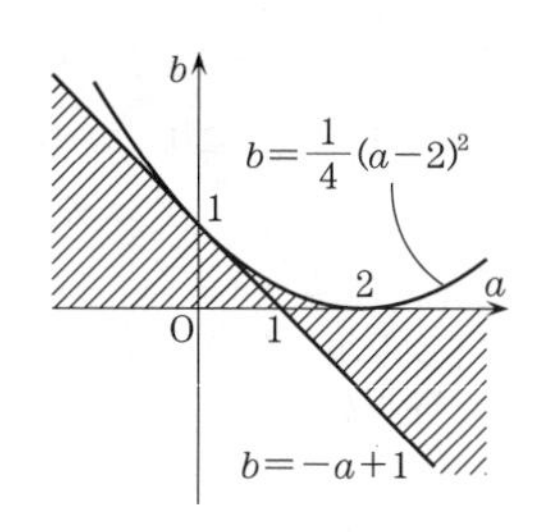

解法 2

（$f(x)=x^2+(a-2)x+b$ とおくところまでは［解法1］に同じ）
$0\leqq x\leqq 1$ における $f(x)$ の最小値を m，最大値を M とおくと，求める条件は

$$m\leqq 0\leqq M$$

放物線 $y=f(x)$ の軸 $x=\dfrac{2-a}{2}$（$=\alpha$ とおく）の位置で場合分けして考える。

(i)　$\dfrac{2-a}{2}\leqq 0$　すなわち　$a\geqq 2$ のとき

$m=f(0)=b$，$M=f(1)=a+b-1$ より

$$b\leqq 0\leqq a+b-1$$

よって　　$b\leqq 0$　かつ　$b\geqq -a+1$

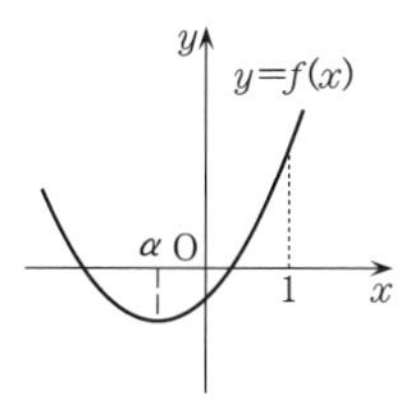

(ii)　$0<\dfrac{2-a}{2}\leqq\dfrac{1}{2}$　すなわち　$1\leqq a<2$ のとき

$m=f(\alpha)=b-\dfrac{1}{4}(a-2)^2$，$M=f(1)$ より

$$b-\frac{1}{4}(a-2)^2\leqq 0\leqq a+b-1$$

よって　　$b\leqq\dfrac{1}{4}(a-2)^2$　かつ　$b\geqq -a+1$

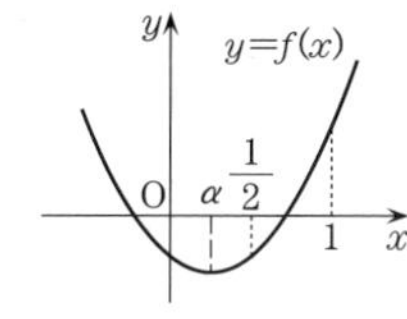

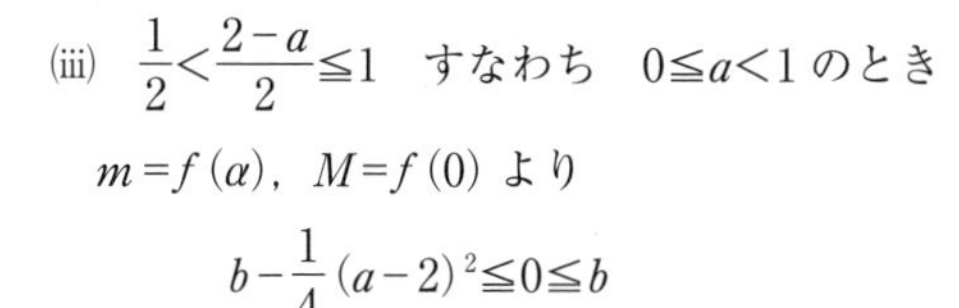

(iii)　$\dfrac{1}{2}<\dfrac{2-a}{2}\leqq 1$　すなわち　$0\leqq a<1$ のとき

$m=f(\alpha)$，$M=f(0)$ より

$$b-\frac{1}{4}(a-2)^2\leqq 0\leqq b$$

よって　　$b\leqq\dfrac{1}{4}(a-2)^2$　かつ　$b\geqq 0$

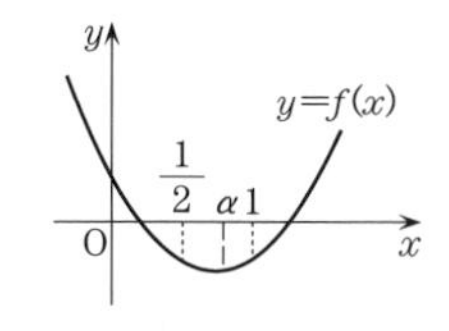

(iv)　$1<\dfrac{2-a}{2}$　すなわち　$a<0$ のとき

$m=f(1)$，$M=f(0)$ より

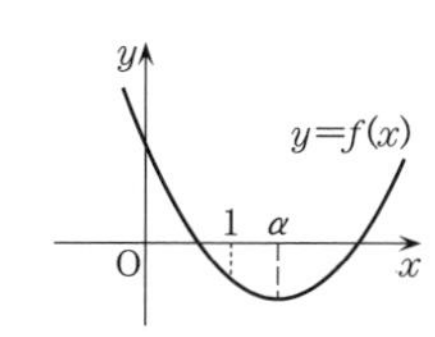

$$a+b-1 \leqq 0 \leqq b$$

よって　　$b \geqq 0$　かつ　$b \leqq -a+1$

以上(i)〜(iv)より，［解法 1］と同じ図を得る。

〔注〕［解法 1］における(i)，(ii)の場合分けは，排反な場合分けになっていない。たとえば，右図の 3 つのグラフはいずれも，(i)，(ii)の両方の場合に含まれている。しかし，求める条件は，「(i)と(ii)の和集合」であるから，両者の間に重なりがあってもよいのである。

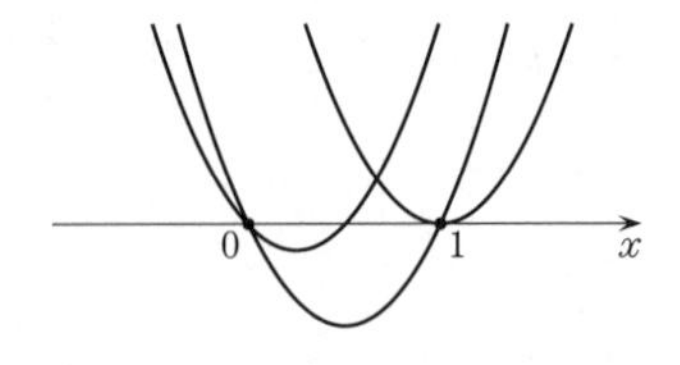

［解法 2］のように放物線の軸の位置での場合分けによって，$f(x)$ の最小値・最大値に注目すると排反な場合に分けられた領域が得られる。

44 2002年度〔3〕(文理共通) Level A

ポイント 整数解は1または-1であることの根拠を述べ，場合を分けて考える。整式 $f(x)$ について，$f(x)=0$ が $x=\alpha$ を重解にもつための必要十分条件 $f(\alpha)=f'(\alpha)=0$ を利用するとよい。

解法

整数の解を n とすると　$n^4+an^3+bn^2+cn=-1$
この左辺は n で割り切れるので，n は1の約数であり　$n=\pm1$

(I) 2つの整数解がともに1であるための条件は　$f(1)=f'(1)=0$
$f(x)=x^4+ax^3+bx^2+cx+1$，$f'(x)=4x^3+3ax^2+2bx+c$ より
　$0=f(1)=a+b+c+2$ ……①，$0=f'(1)=3a+2b+c+4$ ……②
①，②より　$b=-2a-2$，$c=a$ ……③
このとき　$f(x)=(x-1)^2\{x^2+(a+2)x+1\}$
$x^2+(a+2)x+1$ が虚数解をもつための条件は　$(a+2)^2-4<0$
すなわち　$a=-3,\ -2,\ -1$
これと③より
　$(a,\ b,\ c)=(-3,\ 4,\ -3),\ (-2,\ 2,\ -2),\ (-1,\ 0,\ -1)$

(II) 2つの整数解がともに-1であるための条件は　$f(-1)=f'(-1)=0$
これは，$b=2a-2$，$c=a$ と同値であり，このとき
　$f(x)=(x+1)^2\{x^2+(a-2)x+1\}$
(I)と同様にして
　$(a,\ b,\ c)=(1,\ 0,\ 1),\ (2,\ 2,\ 2),\ (3,\ 4,\ 3)$

(III) 2つの整数解が1と-1であるための条件は　$f(1)=f(-1)=0$
すなわち　$a+b+c+2=0$ かつ $-a+b-c+2=0$
ゆえに　$b=-2$，$c=-a$
このとき　$f(x)=(x+1)(x-1)(x^2+ax-1)$
$a^2+4>0$ より，$x^2+ax-1=0$ は虚数解をもたない。よって，条件を満たす整数 a，b，c は存在しない。

以上(I)～(III)より，求める a，b，c の値は
　$(a,\ b,\ c)=(\pm1,\ 0,\ \pm1),\ (\pm2,\ 2,\ \pm2),\ (\pm3,\ 4,\ \pm3)$（複号同順）
……(答)

〔注〕［解法］では $x=\alpha$ の重解条件 $f(\alpha)=f'(\alpha)=0$ を利用したが，これを用いずに組み立て除法（割り算）を2回用いるなどして①，②を導くこともできる。

研究 一般に，整数係数の n 次方程式

$$a_nx^n+a_{n-1}x^{n-1}+\cdots+a_1x+a_0=0 \quad (a_n \neq 0)$$

が有理数解をもつときには，その有理数解（既約分数）は必ず，$\dfrac{a_0\text{の約数}}{a_n\text{の約数}}$ の形をしていなければならない。

（証明）

（左辺を $f(x)$ とおく）

有理数解を既約分数で表して $\dfrac{q}{p}$ とする。

$f\left(\dfrac{q}{p}\right)=0$ より

$$\frac{a_nq^n}{p^n}+\frac{a_{n-1}q^{n-1}}{p^{n-1}}+\cdots+\frac{a_1q}{p}+a_0=0$$

分母を払うと

$$a_nq^n+a_{n-1}pq^{n-1}+\cdots+a_1p^{n-1}q+a_0p^n=0$$

これはさらに，次の2通りの形に表すことができる。

$$q\,(a_nq^{n-1}+a_{n-1}pq^{n-2}+\cdots+a_1p^{n-1})=-a_0p^n \quad \cdots\cdots①$$

$$p\,(a_{n-1}q^{n-1}+\cdots+a_1p^{n-2}q+a_0p^{n-1})=-a_nq^n \quad \cdots\cdots②$$

①より a_0p^n は q で割り切れるが，p と q は互いに素であるから a_0 が q で割り切れる。よって，q は a_0 の約数でなければならない。同様に，②より，p は a_n の約数でなければならない。（証明終）

このことから，最高次の係数が1であるような整数係数の n 次方程式においては，有理数解は必ず整数解になり，しかもそれは定数項の約数になることがわかる。

45 2002年度〔5〕 Level A

ポイント $1+a<1+b<1+c<a+c<b+c$ と $1+b<a+b<a+c$ から $a+b<1+c$ または $a+b=1+c$ または $1+c<a+b$ の各場合が考えられる。

解法

$1<a<b<c$ より

$$1+a<1+b<1+c<a+c<b+c \quad \cdots\cdots ①$$

4個から2個を取り出して作られる和で，①に含まれていない形のものは $a+b$ である。

$$1+b<a+b<a+c$$

であるから，次の3通りが考えられる。

(ア) $1+b<a+b<1+c$　(イ) $a+b=1+c$　(ウ) $1+c<a+b<a+c$

各場合に a，b，c が満たすべき条件は次のようになる。

(ア)のとき，$1+a$ から $b+c$ までに6個の異なる整数が存在するので

$$(1+a)+1=1+b,\ (1+b)+1=a+b,\ (a+b)+1=1+c,$$
$$(1+c)+1=a+c,\ (a+c)+1=b+c$$

$\therefore\ (a,\ b,\ c)=(2,\ 3,\ 5)$

(イ)のとき，$1+a$ から $b+c$ までに5個の異なる整数が存在するので

$$(1+a)+1=1+b,\ (1+b)+1=a+b=1+c,$$
$$(1+c)+1=a+c,\ (a+c)+1=b+c$$

$\therefore\ (a,\ b,\ c)=(2,\ 3,\ 4)$

(ウ)のとき，(ア)と同様にして

$$(1+a)+1=1+b,\ (1+b)+1=1+c,\ (1+c)+1=a+b,$$
$$(a+b)+1=a+c,\ (a+c)+1=b+c$$

$\therefore\ (a,\ b,\ c)=(3,\ 4,\ 5)$

よって，求める a，b，c は

$$(a,\ b,\ c)=(2,\ 3,\ 4),\ (2,\ 3,\ 5),\ (3,\ 4,\ 5) \quad \cdots\cdots(答)$$

〔注〕 異なる和のとりうる値は6個ではなく，たかだか6個，すなわち6個以下である。本問の場合は6個または5個となる。

46 2001年度〔1〕 Level A

ポイント $x=ti$ が解となるような実数 t が存在するための実数 a の条件を求める。

[解法1] $x=ti$ を与式に代入する。

[解法2] $t=0$ と $t\neq 0$ の場合分けを行い，$t\neq 0$ の場合には与式の左辺が $(x+ti)(x-ti)$ で割り切れることが必要十分な条件であることを利用する。

解法1

虚軸上の複素数は実数 t を用いて ti とかけることから

$$(ti)^4-(ti)^3+(ti)^2-(a+2)ti-a-3=0 \quad \cdots\cdots ①$$

を満たす実数 t が存在するための実数 a の値を求める。

①より

$$t^4-t^2-a-3+(t^2-a-2)ti=0$$

よって

$$\begin{cases} t^4-t^2-a-3=0 & \cdots\cdots ② \\ (t^2-a-2)t=0 \end{cases} \quad (\because \ a,\ t\text{は実数})$$

これより

$$(\mathrm{i})\begin{cases} ② \\ t=0 \end{cases} \quad \text{または} \quad (\mathrm{ii})\begin{cases} ② \\ t^2=a+2 \end{cases}$$

であればよい。

(i)より $\begin{cases} a=-3 \\ t=0 \end{cases}$

(ii)より $\begin{cases} (a+2)^2-(a+2)-a-3=0 & \cdots\cdots ③ \\ t^2=a+2 \end{cases}$

③より $a^2+2a-1=0 \quad \therefore \quad a=-1\pm\sqrt{2}$

よって，(ii)を満たす実数 t が存在するための a の値は

$$a=-1+\sqrt{2} \quad (\because \ a+2>0)$$

以上より，①を満たす実数 t が存在するための a の値は，-3 または $-1+\sqrt{2}$ である。 ……(答)

解法2

虚軸上の複素数は，0 または純虚数である。

(i) $x=0$ が解になるための a の値は $a=-3$

(ii) $x=ti$（t は 0 でない実数）が解になる場合，与式は実数係数であるから，その共

役複素数である $x=-ti$ も解になる。よって，与式が ti を解にもつための条件は，与式の左辺が

$$(x-ti)(x+ti)=x^2+t^2$$

で割り切れることである。実際に割り算をすると，余りは

$$(t^2-a-2)x+t^4-t^2-a-3$$

となるから，求める a の条件は

$$\begin{cases} t^2-a-2=0 \\ t^4-t^2-a-3=0 \end{cases}$$

を満たす実数 $t\neq 0$ が存在することである。

(以下，［解法１］の(ii)に同じ)

47 2001年度〔4〕 Level B

ポイント 条件式を辺々加えて得られる S についての不等式を利用する。

［解法 1］ $a_n-a_1<2$ と背理法を用いて $a_1>-2$，$a_n<2$ を導く。

［解法 2］ $0\leqq a_1$，$a_n\leqq 0$，$a_1<0<a_n$ の場合分けによる。

解法 1

n 個の不等式 $-1<S-a_k<1$（$k=1, 2, \cdots, n$）を辺々加えて

$$-n<nS-S<n$$

$$\therefore \quad -\frac{n}{n-1}<S<\frac{n}{n-1} \quad (\because \quad n-1>0)$$

$$-2<S<2 \quad \cdots\cdots ① \quad (\because \quad n\geqq 2)$$

また，$S-a_1<1$ と $-S+a_n<1$ を辺々加えて

$$a_n-a_1<2 \quad \cdots\cdots ②$$

$a_1\leqq -2$ とすると，②と $a_n-a_1<2$ と辺々加えて $a_n<0$ となる。

よって，a_k はすべて負となり

$$S=a_1+a_2+\cdots+a_n<a_1\leqq -2$$

これは①に矛盾する。ゆえに

$$a_1>-2 \quad \cdots\cdots ③$$

また，$a_n\geqq 2$ とすると同様に $S\geqq 2$ となり，①に矛盾することから

$$a_n<2 \quad \cdots\cdots ④$$

③，④より

$$-2<a_1\leqq a_2\leqq \cdots \leqq a_n<2$$

ゆえに，すべての k について $|a_k|<2$ が成り立つ。 （証明終）

解法 2

(i) $0\leqq a_1\leqq a_2\leqq \cdots \leqq a_n$ のとき，$a_n\geqq 2$ とすると

$$S-a_1=a_2+a_3+\cdots+a_n\geqq a_n\geqq 2$$

となって，$-1<S-a_1<1$ に反する。よって

$$0\leqq a_1\leqq a_2\leqq \cdots \leqq a_n<2$$

でなければならず，すべての k で $|a_k|<2$ が成り立つ。

(ii) $a_1\leqq a_2\leqq \cdots \leqq a_n\leqq 0$ のとき，$a_1\leqq -2$ とすると

$$S-a_n=a_1+a_2+\cdots+a_{n-1}\leqq a_1\leqq -2$$

となって，$-1<S-a_n<1$ に反する。よって

$$-2<a_1\leqq a_2\leqq \cdots \leqq a_n\leqq 0$$

でなければならず，すべての k で $|a_k|<2$ が成り立つ。

(iii)　$a_1<0$，$a_n>0$ のとき，$a_n \geqq 2$ とすると，$-1<S-a_n$ より

$$S>a_n-1 \geqq 1$$

$-a_1>0$ より

$$S-a_1>1$$

となり，$-1<S-a_1<1$ に反する。また，$a_1 \leqq -2$ とすると，$S-a_1<1$ より

$$S<a_1+1 \leqq -1$$

$-a_n<0$ より

$$S-a_n<-1$$

となり，$-1<S-a_n<1$ に反する。以上より

$$-2<a_1 \leqq a_2 \leqq \cdots \leqq a_n<2$$

となるから，すべての k について $|a_k|<2$ が成り立つ。

以上，(i)，(ii)，(iii)より，a_1，a_2，…，a_n の符号にかかわらず，すべての k について $|a_k|<2$ が成り立つ。　　　　（証明終）

〔注〕　すべての k について $S-1<a_k<S+1$ であることから $a_n-a_1<2$ であるとしてもよい。［解法１］の考え方に気付かない場合には，この種の問題に対して有効な場合分け（［解法２］による考察）を試みることを勧める。

48 2001年度〔5〕 Level A

ポイント $y \geqq 0$ のときの範囲を求め，これと x 軸に関して対称な範囲を加える。

解 法

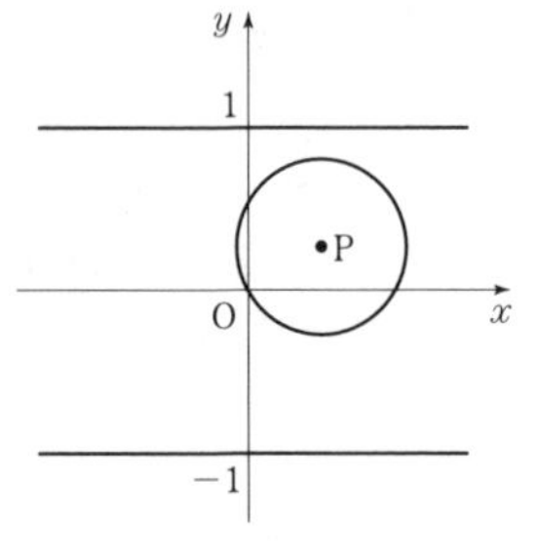

$\mathrm{P}(x,\ y)$ とし，Pの動きうる範囲を E とする。E は明らかに x 軸に関して対称である。
よって，$0 \leqq y$ の場合のPの動きうる範囲を E' とし，x 軸に関して E' と対称な範囲を E'' とすると，$E=E' \cup E''$ である。
$0 \leqq y$ のとき，C が D に含まれるための $\mathrm{P}(x,\ y)$ の条件は，$y+\mathrm{OP} \leqq 1$ である。
$\mathrm{OP}=\sqrt{x^2+y^2}>0$ であるから，これは

$$0<\sqrt{x^2+y^2} \leqq 1-y \iff \begin{cases} 0<x^2+y^2 \leqq (1-y)^2 \\ 0<1-y \end{cases}$$

よって，E' は　$y \leqq -\dfrac{1}{2}x^2+\dfrac{1}{2}$ ……①，$x^2+y^2 \neq 0$，$0 \leqq y<1$

また，E'' は　$y \geqq \dfrac{1}{2}x^2-\dfrac{1}{2}$ ……②，$x^2+y^2 \neq 0$，$-1<y \leqq 0$

ゆえに，E を図示すると右図斜線部分（境界①，②を含み，原点を除く）となる。
求める面積を S とすると

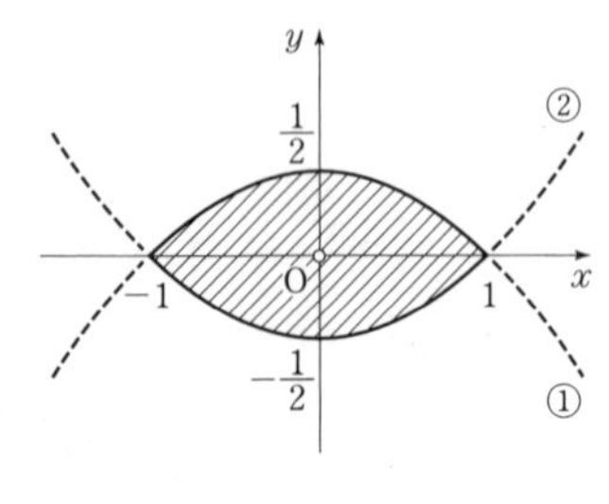

$$S=2\int_{-1}^{1}\left(-\frac{1}{2}x^2+\frac{1}{2}\right)dx$$

$$=-\int_{-1}^{1}(x+1)(x-1)\,dx$$

$$=\frac{1}{6}(1+1)^3=\frac{4}{3} \quad \cdots\cdots(\text{答})$$

〔注〕「PがOに一致するときは，半径0の円と考える」という文言を加えて考えると［解法］の条件 $x^2+y^2 \neq 0$ は不要となり，図から原点を除く必要はなくなる。

49 2000年度〔2〕 Level B

ポイント $x_k-x_{k-1}<x_{k+1}-x_k$ である。

$x_1\leqq x_2$, $x_n\leqq x_{n-1}$, $x_1>x_2$ かつ $x_n>x_{n-1}$ の3つの場合分けにより検討する。

[解法1] 上に述べた場合分けによる。

[解法2] 背理法による（3個以上あるとして矛盾を導く)。

解法 1

条件式より，$x_k-x_{k-1}<x_{k+1}-x_k$ であるから

$$x_2-x_1<x_3-x_2<\cdots<x_n-x_{n-1} \quad \cdots\cdots①$$

(i) $x_1\leqq x_2$ のとき

$0\leqq x_2-x_1$ と①から

$$x_1\leqq x_2<x_3<\cdots<x_{n-1}<x_n$$

となり，$x_l=m$ となる l は，$x_1<x_2$ のときは $l=1$ の1個，$x_1=x_2$ のときは $l=1$, 2 の2個である。

(ii) $x_n\leqq x_{n-1}$ のとき

$x_n-x_{n-1}\leqq 0$ と①から

$$x_n\leqq x_{n-1}<\cdots<x_2<x_1$$

となり，$x_l=m$ となる l は，$x_n<x_{n-1}$ のときは $l=n$ の1個，$x_n=x_{n-1}$ のときは $l=n$, $n-1$ の2個である。

(iii) $x_1>x_2$ かつ $x_n>x_{n-1}$ のとき

$x_2-x_1<0<x_n-x_{n-1}$ と①から，$x_i-x_{i-1}\leqq 0<x_{i+1}-x_i$ となる i $(2\leqq i\leqq n-1)$ がただ1つ存在し

$$x_2-x_1<x_3-x_2<\cdots<x_i-x_{i-1}\leqq 0<x_{i+1}-x_i<\cdots<x_n-x_{n-1}$$

よって　$x_1>x_2>\cdots>x_{i-1}\geqq x_i$,　$x_n>x_{n-1}>\cdots>x_{i+1}>x_i$

となり，$x_l=m$ となる l は，$x_i<x_{i-1}$ のときは $l=i$ の1個，$x_i=x_{i-1}$ のときは $l=i$, $i-1$ の2個である。

以上で場合は尽くされているから，$x_l=m$ となる l の個数は1または2である。

(証明終)

解法 2

条件式より

$$x_2-x_1<x_3-x_2<\cdots<x_n-x_{n-1} \quad \cdots\cdots①$$

また，x_1，x_2，$\cdots$，x_n の最小値が m であることより，$x_l=m$ となる l は少なくとも 1 つ存在する。もしそのような l が 3 個以上あるとすると，そのような l の最小値を L，最大値を M とするとき

$$L<L+1\leqq M-1<M$$

が成立する。これと①より

$$x_{L+1}-x_L<x_M-x_{M-1} \quad \cdots\cdots②$$

一方，x_L と x_M は最小値 m に等しいから

$$x_{L+1}-x_L\geqq 0,\ x_M-x_{M-1}\leqq 0 \quad \cdots\cdots③$$

②と③は両立しない。よって，$x_l=m$ となる l が 3 個以上存在することはない。すなわち，そのような l は 1 個または 2 個である。 (証明終)

50　1998年度〔3〕　Level C

ポイント　(左辺)－(右辺) を通分し，x^2 についての不等式を考える。$ab>0$, $ab<0$ の各場合について，さらに $|a|>|b|$, $|a|<|b|$, $|a|=|b|$ の場合分けを必要に応じて行う。

解法

$$(\text{左辺})=\frac{x^2-b^2-(x^2-a^2)}{(x+a)(x+b)}=\frac{a^2-b^2}{(x+a)(x+b)}$$

$$(\text{右辺})=\frac{x^2-a^2-(x^2-b^2)}{(x-a)(x-b)}=\frac{-(a^2-b^2)}{(x-a)(x-b)}$$

であるから

$$(\text{左辺})-(\text{右辺})=\frac{(a^2-b^2)\{x^2+(a+b)x+ab+x^2-(a+b)x+ab\}}{(x+a)(x-a)(x+b)(x-b)}$$

$$=\frac{2(a^2-b^2)(x^2+ab)}{(x^2-a^2)(x^2-b^2)}$$

よって

$$\frac{x-b}{x+a}-\frac{x-a}{x+b}>\frac{x+a}{x-b}-\frac{x+b}{x-a}$$

$$\frac{2(a^2-b^2)(x^2+ab)}{(x^2-a^2)(x^2-b^2)}>0$$

$$(a^2-b^2)(x^2+ab)(x^2-a^2)(x^2-b^2)>0 \quad \cdots\cdots①$$

(i)　$|a|>|b|$, $ab>0$ のとき

$a^2-b^2>0$, $x^2+ab>0$ となるから，①より

$$(x^2-a^2)(x^2-b^2)>0$$

$$x^2<b^2,\ a^2<x^2$$

$$\therefore\quad x<-|a|,\ -|b|<x<|b|,\ |a|<x$$

(ii)　$|a|<|b|$, $ab>0$ のとき，①より

$$(x^2-a^2)(x^2-b^2)<0$$

$$a^2<x^2<b^2$$

$$\therefore\quad -|b|<x<-|a|,\ |a|<x<|b|$$

(iii)　$|a|>|b|$, $ab<0$ のとき，①より

$$(x^2+ab)(x^2-a^2)(x^2-b^2)>0 \quad \cdots\cdots②$$

ここで，$a\neq0$, $b\neq0$, $|a|>|b|$, $ab<0$ より

$$a^2-(-ab)=|a|^2-|ab|=|a|(|a|-|b|)>0$$

$$-ab-b^2=|ab|-|b^2|=|b|(|a|-|b|)>0$$

$\therefore\quad b^2<-ab<a^2$

よって，②より　　$b^2<x^2<-ab,\ a^2<x^2$

$\therefore\quad x<-|a|,\ -\sqrt{-ab}<x<-|b|,\ |b|<x<\sqrt{-ab},\ |a|<x$

(iv)　$|a|<|b|,\ ab<0$ のとき，①より

$$(x^2+ab)(x^2-a^2)(x^2-b^2)<0 \quad \cdots\cdots③$$

(iii)と同様に，$a^2<-ab<b^2$ だから，③より

$$x^2<a^2,\ 0<-ab<x^2<b^2$$

$\therefore\quad -|b|<x<-\sqrt{-ab},\ -|a|<x<|a|,\ \sqrt{-ab}<x<|b|$

(v)　$|a|=|b|,\ ab<0$ のとき

①の左辺は常に0になるから，どのような実数 x に対しても①は不成立。

以上をまとめると，求める x の範囲は

$a,\ b$ が同符号で $|a|>|b|$ のとき

　　$x<-|a|,\ -|b|<x<|b|,\ |a|<x$

$a,\ b$ が同符号で $|a|<|b|$ のとき

　　$-|b|<x<-|a|,\ |a|<x<|b|$

$a,\ b$ が異符号で $|a|>|b|$ のとき

　　$x<-|a|,\ -\sqrt{-ab}<x<-|b|,\ |b|<x<\sqrt{-ab},\ |a|<x$

$a,\ b$ が異符号で $|a|<|b|$ のとき

　　$-|b|<x<-\sqrt{-ab},\ -|a|<x<|a|,\ \sqrt{-ab}<x<|b|$

$a,\ b$ が異符号で $|a|=|b|$ のとき，解なし

……(答)

§4 三角関数・対数関数

51 2022年度〔1〕（文理共通） Level A

ポイント $2000=2\cdot 10^3<2022<2048=2^{11}$ を利用する。

解法

$$
\begin{aligned}
\log_4 2022 &< \log_4 2048\\
&=\log_4 2^{11}\\
&=11\log_4 2\\
&=11\cdot\frac{\log_{10}2}{\log_{10}4}\\
&=11\cdot\frac{\log_{10}2}{2\log_{10}2}\\
&=11\cdot\frac{1}{2}\\
&=5.5
\end{aligned}
$$

$$
\begin{aligned}
\log_4 2022 &> \log_4 2000\\
&=\frac{\log_{10}2\cdot 10^3}{\log_{10}4}\\
&=\frac{\log_{10}2+3}{2\log_{10}2}\\
&=\frac{1}{2}+\frac{3}{2\log_{10}2}\\
&>0.5+\frac{3}{0.6022}\quad (\log_{10}2<0.3011\ \text{より})\\
&>0.5+4.9\quad \left(\frac{3}{0.6022}=4.98\cdots\ \text{より}\right)\\
&=5.4
\end{aligned}
$$

以上から，$5.4<\log_4 2022<5.5$ である。 （証明終）

§4

52　2019年度〔1〕問2　Level B

ポイント　8.94^{18} の整数部分が n 桁とすると，$10^{n-1} \leqq 8.94^{18} < 10^n$ である。これと常用対数表からの $\log_{10} 8.94$ についての不等式を用いて n を求める。

最高位からの2桁の数字を m とすると，$m \leqq \dfrac{8.94^{18}}{10^{n-2}} < m+1$ である。これから得られる $\log_{10} m$ と $\log_{10}(m+1)$ についての不等式と常用対数表からの不等式を用いて m を求める。

解　法

8.94^{18} の整数部分が n 桁とすると，$10^{n-1} \leqq 8.94^{18} < 10^n$ より

$$n-1 \leqq 18\log_{10} 8.94 < n \quad \cdots\cdots ①$$

一方，常用対数表から，$0.95125 \leqq \log_{10} 8.94 < 0.95135$ なので

$$17.1225 \leqq 18\log_{10} 8.94 < 17.1243 \quad \cdots\cdots ②$$

①，②から

$$\begin{cases} n-1 < 17.1243 \\ 17.1225 < n \end{cases} \quad \text{すなわち} \quad 17.1225 < n < 18.1243$$

これを満たす整数 n は18なので，8.94^{18} の整数部分の桁数は　　18　……(答)

8.94^{18} の最高位からの2桁の数字を m とすると，$m \leqq \dfrac{8.94^{18}}{10^{16}} < m+1$ から

$$16 + \log_{10} m \leqq 18\log_{10} 8.94 < 16 + \log_{10}(m+1)$$

これと②から

$$\begin{cases} 16 + \log_{10} m < 17.1243 \\ 17.1225 < 16 + \log_{10}(m+1) \end{cases} \quad \text{すなわち} \quad \begin{cases} \log_{10} m < 1.1243 \\ 1.1225 < \log_{10}(m+1) \end{cases} \quad \cdots\cdots ③$$

一方，常用対数表から　$\begin{cases} 1.1243 < \log_{10} 13.4 \\ 1.1225 > \log_{10} 13.2 \end{cases}$　……④

③，④から

$$\begin{cases} \log_{10} m < \log_{10} 13.4 \\ \log_{10}(m+1) > \log_{10} 13.2 \end{cases} \quad \text{すなわち} \quad 12.2 < m < 13.4$$

これを満たす整数 m は13なので，8.94^{18} の最高位からの2桁の数字は

13　……(答)

〔注1〕　本問は次のような記述でも可である。

$$\log_{10}8.94^{18}=18\log_{10}8.94$$

常用対数表より，$0.95125\leqq\log_{10}8.94<0.95135$ であるから

$$18\times0.95125\leqq\log_{10}8.94^{18}<18\times0.95135$$

すなわち

$$17.1225\leqq\log_{10}8.94^{18}<17.1243$$

よって

$$10^{17.1225}\leqq8.94^{18}<10^{17.1243}\quad より\quad 10^{0.1225}\times10^{17}\leqq8.94^{18}<10^{0.1243}\times10^{17}$$

常用対数表より，$\log_{10}1.32<0.1225$，$0.1243<\log_{10}1.34$ であるから

$$1.32<10^{0.1225},\ 10^{0.1243}<1.34$$

したがって

$$1.32\times10^{17}<8.94^{18}<1.34\times10^{17}$$

ゆえに，8.94^{18} の整数部分は　18 桁

また最高位からの 2 桁の数字は　13

〔注2〕　$0.951<\log_{10}8.94<0.952$ より $17.118<\log_{10}8.94^{18}<17.136$ としても

$$10^{0.118}\times10^{17}<8.94^{18}<10^{0.136}\times10^{17}$$

$\log_{10}1.3<0.118$，$0.136<\log_{10}1.4$ であるから

$$1.3\times10^{17}<8.94^{18}<1.4\times10^{17}$$

となり，正答を導くことができる。

53　2012年度〔5〕　Level B

ポイント　$\cos\alpha=\cos\beta \iff \beta=2n\pi\pm\alpha$　（n は整数）であることを用いて，θ を a, b, n で表し，それらの大小関係から，$0<\theta\leqq\pi$ を満たす θ がただ１つであるための条件を不等式で表すことができる。

解法

$a=b$ のときは，任意の θ で $\cos a\theta=\cos b\theta$ が成り立つから，条件を満たさないので，以下 $a\neq b$ とする。

$\cos a\theta=\cos b\theta$　　より　　$b\theta=2n\pi\pm a\theta$　（n は整数）

(i)　$b\theta=2n\pi-a\theta$ のとき

$a>0$, $b>0$ より　　$\theta=\dfrac{2n\pi}{a+b}$

$\theta>0$ より $n>0$ であり

$$\theta=\frac{2}{a+b}\pi,\ \frac{4}{a+b}\pi,\ \cdots\cdots \qquad \cdots\cdots①$$

(ii)　$b\theta=2n\pi+a\theta$ のとき

$b\neq a$ より　　$\theta=\dfrac{2n\pi}{b-a}$

$\theta>0$ より

$$\theta=\frac{2}{|b-a|}\pi,\ \frac{4}{|b-a|}\pi,\ \cdots\cdots \qquad \cdots\cdots②$$

また，a, b は正だから，$a+b>|b-a|$ である。すなわち

$$\frac{2}{a+b}\pi<\frac{2}{|b-a|}\pi \quad \cdots\cdots③$$

である。

①，②，③より，$0<\theta\leqq\pi$ の範囲に θ がただ１つ存在する条件は，$b\neq a$ のもとで

$$\begin{cases} 0<\dfrac{2}{a+b}\pi\leqq\pi & \cdots\cdots④ \\ \pi<\dfrac{4}{a+b}\pi & \cdots\cdots⑤ \\ \pi<\dfrac{2}{|b-a|}\pi & \cdots\cdots⑥ \end{cases}$$

である。

④より

$$\frac{2}{a+b}\leqq1 \qquad a+b\geqq2 \qquad よって \qquad b\geqq-a+2 \quad \cdots\cdots④'$$

⑤より

$$\frac{4}{a+b}>1 \qquad a+b<4 \qquad \text{よって} \qquad b<-a+4 \quad \cdots\cdots⑤'$$

⑥より

$$\frac{2}{|b-a|}>1 \qquad |b-a|<2$$

$$-2<b-a<2 \qquad \text{よって} \qquad a-2<b<a+2 \quad \cdots\cdots⑥'$$

④′かつ⑤′かつ⑥′かつ $a \neq b$ を図示すると，右図の斜線部分となる（境界のうちの破線および $b=a$ 上を含まない）。

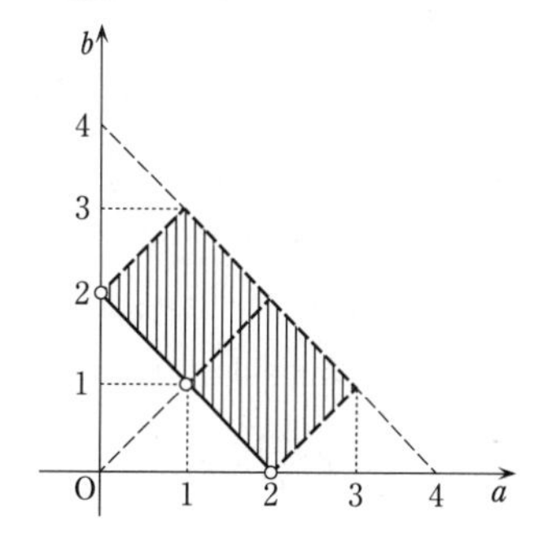

54 2009年度〔3〕(文理共通) Level A

ポイント 底を2として与式を変形し，$\log_2 x \cdot \log_2 y$ の正負で場合分けを行う。

解法

底を2にそろえて与式を整理すると次のようになる。

$$\frac{\log_2 y}{\log_2 x}+\frac{\log_2 x}{\log_2 y}>2+\frac{1}{\log_2 x}\cdot\frac{1}{\log_2 y}$$

(i) $\log_2 x \cdot \log_2 y>0$ のとき

つまり「$x>1$ かつ $y>1$」または「$0<x<1$ かつ $0<y<1$」のとき

$$(\log_2 y)^2+(\log_2 x)^2>2\log_2 x\cdot\log_2 y+1$$

$$(\log_2 x-\log_2 y)^2>1$$

$$\left(\log_2\frac{x}{y}\right)^2>1$$

$$\log_2\frac{x}{y}<-1 \quad \text{または} \quad 1<\log_2\frac{x}{y}$$

$$\frac{x}{y}<\frac{1}{2} \quad \text{または} \quad \frac{x}{y}>2$$

よって　　$y>2x$　または　$y<\dfrac{x}{2}$

(ii) $\log_2 x \cdot \log_2 y<0$ のとき

つまり「$x>1$ かつ $0<y<1$」または「$0<x<1$ かつ $y>1$」のとき

(i)と不等号の向きが逆転するから

$$\left(\log_2\frac{x}{y}\right)^2<1$$

$$-1<\log_2\frac{x}{y}<1$$

$$\frac{1}{2}<\frac{x}{y}<2$$

よって　　$y<2x$　かつ　$y>\dfrac{x}{2}$

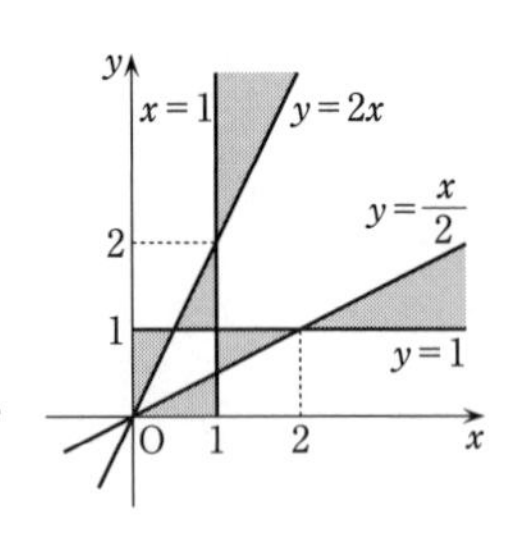

以上(i)，(ii)より，$(x,\ y)$ の範囲を図示すると，右図の網かけ部分となる（境界は含まない）。

55 2008年度〔4〕 Level A

ポイント $t=\sin x+\cos x$ とおき，与式の左辺を t の多項式で表しその増減を調べ，0となる t の値の個数を求める。1つの t の値に対応する x の値の個数に注意する。

解法

$\sin x+\cos x=t$ とおくと

$$t^2=\sin^2 x+\cos^2 x+2\sin x\cos x=1+2\sin x\cos x$$

$$\sin x\cos x=\frac{t^2-1}{2}$$

ゆえに，与式の左辺は

$$2\sqrt{2}\,(\sin^3 x+\cos^3 x)+3\sin x\cos x$$
$$=2\sqrt{2}\,\{(\sin x+\cos x)^3-3\sin x\cos x\,(\sin x+\cos x)\}+3\sin x\cos x$$
$$=2\sqrt{2}\left(t^3-3\cdot\frac{t^2-1}{2}\cdot t\right)+3\cdot\frac{t^2-1}{2}$$
$$=-\frac{1}{2}\,(2\sqrt{2}\,t^3-3t^2-6\sqrt{2}\,t+3)$$

また　$t=\sin x+\cos x=\sqrt{2}\sin\left(x+\frac{\pi}{4}\right)$　$(0\leqq x<2\pi)$

より，t のとりうる値の範囲は $-\sqrt{2}\leqq t\leqq\sqrt{2}$ であり

$-\sqrt{2}<t<\sqrt{2}$ なる t に対しては，1個の t に x は2個対応し，

$t=-\sqrt{2}$，$\sqrt{2}$ に対しては，1個の t に x は1個対応する。

$f(t)=2\sqrt{2}\,t^3-3t^2-6\sqrt{2}\,t+3$ とおくと

$$f'(t)=6\sqrt{2}\,t^2-6t-6\sqrt{2}$$
$$=6\,(\sqrt{2}\,t+1)\,(t-\sqrt{2})$$

$-\sqrt{2}\leqq t\leqq\sqrt{2}$ における $f(t)$ の増減表と $y=f(t)$ のグラフは次のようになる。

t	$-\sqrt{2}$	$\cdots$	$-\frac{1}{\sqrt{2}}$	$\cdots$	$\sqrt{2}$
$f'(t)$		+	0	−	0
$f(t)$	1	↗	$\frac{13}{2}$	↘	−7

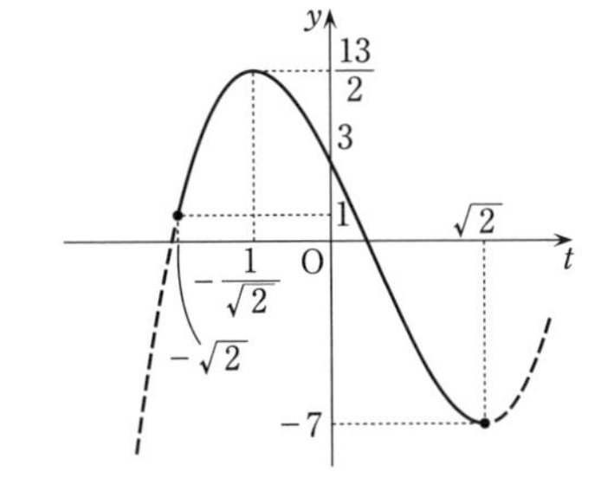

よって，$f(t)=0$ の $-\sqrt{2} \leqq t \leqq \sqrt{2}$ における解は，1 個のみであり，その値は $\pm\sqrt{2}$ とは異なる。
ゆえに，与式を満たす x は 2 個である。……(答)

56　2005年度〔2〕（文理共通）　Level A

ポイント 対数をとって n を上下から評価する。その評価式から，関数 $\dfrac{x}{1-3x}$ を考察する必要が生じる。

解法

与えられた不等式から

$$10\log_{10}2<n\log_{10}\frac{5}{4}<20\log_{10}2 \quad \cdots\cdots①$$

ここで

$$\log_{10}\frac{5}{4}=\log_{10}\frac{10}{8}=1-3\log_{10}2 \quad (>0)$$

よって，①より

$$\frac{10\log_{10}2}{1-3\log_{10}2}<n<\frac{20\log_{10}2}{1-3\log_{10}2} \quad \cdots\cdots②$$

x の関数 $\dfrac{x}{1-3x}$ $\left(0<x<\dfrac{1}{3}\right)$ を考えると，これは $0<x<\dfrac{1}{3}$ で単調増加である（分母，分子とも正で，x が増加すると分母は減少し，分子は増加するから）。

よって

$$\frac{0.301}{1-3\times0.301}<\frac{\log_{10}2}{1-3\log_{10}2}<\frac{0.3011}{1-3\times0.3011}$$

$$\therefore \quad 3.1030\cdots<\frac{\log_{10}2}{1-3\log_{10}2}<3.1137\cdots$$

ゆえに

$$31.03<\frac{10\log_{10}2}{1-3\log_{10}2}<31.14 \qquad 62.06<\frac{20\log_{10}2}{1-3\log_{10}2}<62.28$$

したがって，②を満たす自然数 n は，$32\leqq n\leqq 62$ の 31 個である。 ……(答)

〔注〕 ②で単に $\log_{10}2$ に 0.301 と 0.3011 を代入しただけで n の評価を行ったのでは論理的に不十分となる。関数 $\dfrac{x}{1-3x}$ の単調増加性 $\left(0<x<\dfrac{1}{3}\text{ において}\right)$ に言及しなければならない。

57 2004年度〔1〕(文理共通(一部)) Level A

ポイント $f(\theta)$ を $\cos 2\theta$ についての2次式の形に変形する。

解法

$$f(\theta)=2\cos^2 2\theta-1-4\cdot\frac{1-\cos 2\theta}{2}$$
$$=2\cos^2 2\theta+2\cos 2\theta-3$$
$$=2\left(\cos 2\theta+\frac{1}{2}\right)^2-\frac{7}{2}$$

$0^\circ \leqq \theta \leqq 90^\circ$ より

$$0^\circ \leqq 2\theta \leqq 180^\circ \qquad \therefore \quad -1 \leqq \cos 2\theta \leqq 1$$

よって，$f(\theta)$ は

$\cos 2\theta=-\frac{1}{2}$ すなわち $2\theta=120^\circ$ $(\theta=60^\circ)$ のとき最小値 $-\frac{7}{2}$ をとり，

$\cos 2\theta=1$ すなわち $2\theta=0^\circ$ $(\theta=0^\circ)$ のとき最大値1をとる。

ゆえに　最大値1，最小値 $-\frac{7}{2}$ ……(答)

58　2002年度〔4〕　Level A

ポイント　$\cos\theta° = x$ とおき，左辺を x の3次式で表して，そのグラフを考える。

解法

与式より

$$4\cos^3\theta° - 3\cos\theta° - (2\cos^2\theta° - 1) + 3\cos\theta° - 1 = a$$

$$\therefore\quad 4\cos^3\theta° - 2\cos^2\theta° = a$$

$\cos\theta° = x$ とおくと

$$4x^3 - 2x^2 = a \quad (-1 \leqq x \leqq 1)$$

$f(x) = 4x^3 - 2x^2$ とおいて，$-1 \leqq x \leqq 1$ における $y = f(x)$ のグラフを調べる。

$$f'(x) = 12x^2 - 4x = 4x(3x-1)$$

よって，$f(x)$ の増減表は次のようになる。

x	-1	$\cdots$	0	$\cdots$	$\frac{1}{3}$	$\cdots$	1
$f'(x)$		$+$	0	$-$	0	$+$	
$f(x)$	-6	↗	0	↘	$-\frac{2}{27}$	↗	2

グラフは右図のようになる。このグラフと直線 $y = a$ の交点の x 座標が $f(x) = a$ の解であり，また，$x = \pm 1$ に対しては x の値1個に θ が1個，$-1 < x < 1$ に対しては x の値1個に θ が2個対応する。よって，θ の個数は次のようになる。

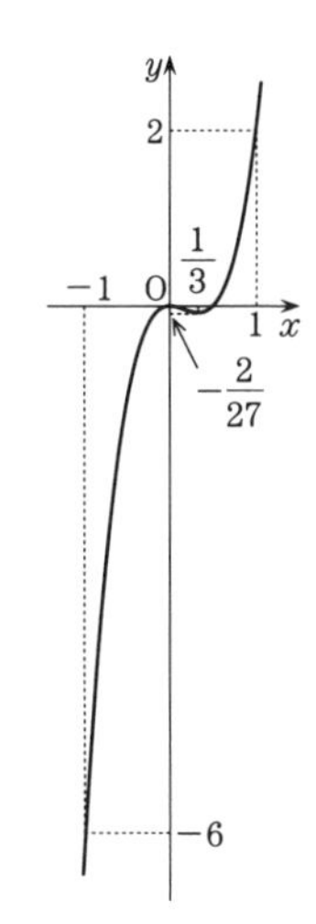

$a < -6$，または $2 < a$ のとき　　0個
$a = -6$，または2のとき　　1個
$-6 < a < -\frac{2}{27}$，または $0 < a < 2$ のとき　　2個
$a = -\frac{2}{27}$，または0のとき　　4個
$-\frac{2}{27} < a < 0$ のとき　　6個

……(答)

§5 平面図形・平面ベクトル

59　2021 年度〔1〕問 2　Level A

ポイント　[解法 1]　点 A から直線 OB に垂線 AC，点 B から直線 OA に垂線 BD を下ろし，30°，60°，90° の直角三角形の辺の比を利用して，BH：HD を求める。

[解法 2]　$\overrightarrow{OH}=s\overrightarrow{OA}+t\overrightarrow{OB}$（$s$，$t$ は実数）とおき，$\overrightarrow{AH}\cdot\overrightarrow{OB}=0$ かつ $\overrightarrow{BH}\cdot\overrightarrow{OA}=0$ から，s，t を求める。

解法 1

点 A から直線 OB に垂線 AC，点 B から直線 OA に垂線 BD を下ろす。

30°，60°，90° の直角三角形の辺の比から，$OC=\frac{3}{2}$，$OD=1$ となり，これより

$$BC=\frac{1}{2},\quad AD=2$$

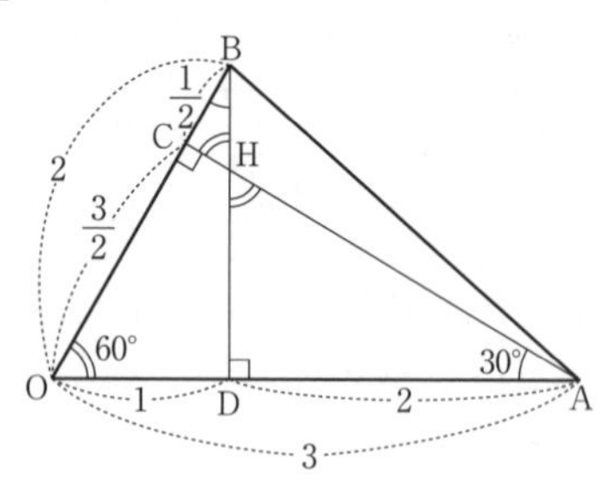

よって

$$BH=\frac{1}{\sqrt{3}},\quad DH=\frac{2}{\sqrt{3}}$$

したがって，H は線分 BD を 1：2 に内分するので

$$\overrightarrow{OH}=\frac{2\overrightarrow{OB}+\overrightarrow{OD}}{1+2}=\frac{\frac{\overrightarrow{OA}}{3}+2\overrightarrow{OB}}{3}$$

$$=\frac{1}{9}\overrightarrow{OA}+\frac{2}{3}\overrightarrow{OB}\quad\cdots\cdots(答)$$

〔注〕　$OC=\frac{3}{2}$，$BC=\frac{1}{2}$，$OD=1$，$AD=2$ を得た後，メネラウスの定理から BH：HD を求めてもよい。

解法 2

$\overrightarrow{OH}=s\overrightarrow{OA}+t\overrightarrow{OB}$（$s$，$t$ は実数）とおくと，$\begin{cases}\overrightarrow{AH}\cdot\overrightarrow{OB}=0\\ \overrightarrow{BH}\cdot\overrightarrow{OA}=0\end{cases}$ から

$$\begin{cases}(\overrightarrow{OH}-\overrightarrow{OA})\cdot\overrightarrow{OB}=0\\ (\overrightarrow{OH}-\overrightarrow{OB})\cdot\overrightarrow{OA}=0\end{cases}$$

$$\begin{cases} \{(s-1)\overrightarrow{OA}+t\overrightarrow{OB}\}\cdot\overrightarrow{OB}=0 \\ \{s\overrightarrow{OA}+(t-1)\overrightarrow{OB}\}\cdot\overrightarrow{OA}=0 \end{cases}$$

$$\begin{cases} (s-1)\overrightarrow{OA}\cdot\overrightarrow{OB}+t|\overrightarrow{OB}|^2=0 \\ s|\overrightarrow{OA}|^2+(t-1)\overrightarrow{OA}\cdot\overrightarrow{OB}=0 \end{cases}$$

ここで，$\overrightarrow{OA}\cdot\overrightarrow{OB}=3\cdot 2\cdot\cos 60^\circ=3$，$|\overrightarrow{OA}|^2=9$，$|\overrightarrow{OB}|^2=4$ なので

$$\begin{cases} 3(s-1)+4t=0 \\ 9s+3(t-1)=0 \end{cases}$$

すなわち　$\begin{cases} 3s+4t=3 \\ 3s+t=1 \end{cases}$

これより，$s=\dfrac{1}{9}$，$t=\dfrac{2}{3}$ となり

$$\overrightarrow{OH}=\frac{1}{9}\overrightarrow{OA}+\frac{2}{3}\overrightarrow{OB} \quad \cdots\cdots(\text{答})$$

§5

60 2013年度〔2〕（文理共通） Level A

ポイント EP：PC$=t:1-t$，FP：PG$=u:1-u$とおき，$\overrightarrow{\mathrm{AP}}$を$\overrightarrow{\mathrm{AB}}$と$\overrightarrow{\mathrm{AD}}$の線形和で2通りに表現し，$t$ (u) を決定する。次いで，AP：AQ$=1:k$，BQ：BC$=1:l$とおき，$\overrightarrow{\mathrm{AQ}}$を$\overrightarrow{\mathrm{AB}}$と$\overrightarrow{\mathrm{AD}}$の線形和で2通りに表現し，$k$ (l) を決定する。

解 法

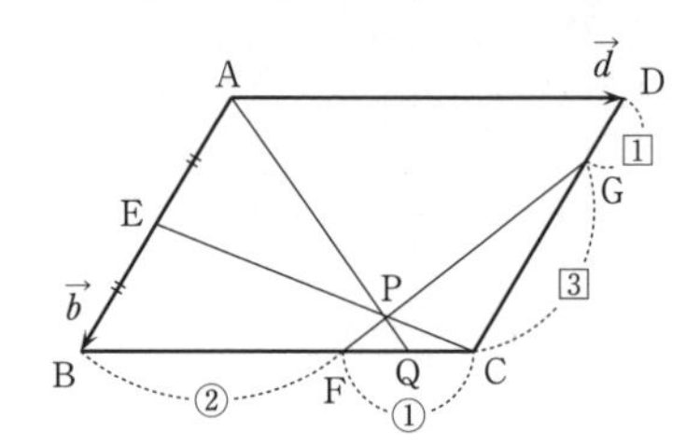

$\overrightarrow{\mathrm{AB}}=\vec{b}$，$\overrightarrow{\mathrm{AD}}=\vec{d}$とおくと

$$\overrightarrow{\mathrm{AC}}=\vec{b}+\vec{d},\ \overrightarrow{\mathrm{AE}}=\frac{1}{2}\vec{b}$$

$$\overrightarrow{\mathrm{AF}}=\vec{b}+\frac{2}{3}\vec{d},\ \overrightarrow{\mathrm{AG}}=\frac{1}{4}\vec{b}+\vec{d}$$

である。

EP：PC$=t:1-t$，FP：PG$=u:1-u$とおくと

$$\begin{aligned}\overrightarrow{\mathrm{AP}}&=(1-t)\overrightarrow{\mathrm{AE}}+t\overrightarrow{\mathrm{AC}}\\&=(1-t)\frac{1}{2}\vec{b}+t(\vec{b}+\vec{d})\\&=\left(\frac{1}{2}+\frac{1}{2}t\right)\vec{b}+t\vec{d}\quad\cdots\cdots①\end{aligned}$$

$$\begin{aligned}\overrightarrow{\mathrm{AP}}&=(1-u)\overrightarrow{\mathrm{AF}}+u\overrightarrow{\mathrm{AG}}\\&=(1-u)\left(\vec{b}+\frac{2}{3}\vec{d}\right)+u\left(\frac{1}{4}\vec{b}+\vec{d}\right)\\&=\left(1-\frac{3}{4}u\right)\vec{b}+\left(\frac{2}{3}+\frac{1}{3}u\right)\vec{d}\quad\cdots\cdots②\end{aligned}$$

$\vec{b}$，$\vec{d}$は1次独立であるから，①，②より

$$\begin{cases}\dfrac{1}{2}+\dfrac{1}{2}t=1-\dfrac{3}{4}u\\[2mm] t=\dfrac{2}{3}+\dfrac{1}{3}u\end{cases}$$

これより，$t=\frac{8}{11}$，$u=\frac{2}{11}$となり，①より

$$\overrightarrow{\mathrm{AP}}=\frac{19}{22}\vec{b}+\frac{8}{11}\vec{d}\quad\cdots\cdots③$$

Qは直線AP上にあるから，$\overrightarrow{\mathrm{AQ}}=k\overrightarrow{\mathrm{AP}}$ （kは実数）とかけて，③より

$$\overrightarrow{\mathrm{AQ}}=\frac{19}{22}k\vec{b}+\frac{8}{11}k\vec{d}\quad\cdots\cdots④$$

Qは辺BC上にあるから，$\overrightarrow{\mathrm{AQ}}=\vec{b}+l\vec{d}$　$(0\leqq l\leqq 1)$　……⑤　とかけて，④，⑤より

$$\begin{cases} \dfrac{19}{22}k=1 \\ \dfrac{8}{11}k=l \end{cases}$$

これより，$k=\dfrac{22}{19}$，$l=\dfrac{16}{19}$ となり　　$\overrightarrow{\mathrm{AQ}}=\dfrac{22}{19}\overrightarrow{\mathrm{AP}}$

ゆえに　　AP：PQ＝19：3　……(答)

61 2004年度〔3〕 Level A

ポイント $\overrightarrow{\mathrm{OP}}=k\left(\dfrac{\vec{a}}{|\vec{a}|}+\dfrac{\vec{b}}{|\vec{b}|}\right)$ と表される。

解法

交点をPとすると，Pは∠AOBの二等分線上の点だから，実数kを用いて $\overrightarrow{\mathrm{OP}}=k\left(\dfrac{\vec{a}}{3}+\dfrac{\vec{b}}{5}\right)$ とおける。

このとき

$$\overrightarrow{\mathrm{BP}}=\overrightarrow{\mathrm{OP}}-\overrightarrow{\mathrm{OB}}=k\left(\frac{\vec{a}}{3}+\frac{\vec{b}}{5}\right)-\vec{b}=\frac{k}{3}\vec{a}+\left(\frac{k}{5}-1\right)\vec{b}$$

$$|\overrightarrow{\mathrm{BP}}|^2=\left|\frac{k}{3}\vec{a}+\left(\frac{k}{5}-1\right)\vec{b}\right|^2=\frac{k^2}{9}|\vec{a}|^2+2\cdot\frac{k}{3}\left(\frac{k}{5}-1\right)\vec{a}\cdot\vec{b}+\left(\frac{k}{5}-1\right)^2|\vec{b}|^2$$

ここで，条件より

$$|\vec{a}|^2=3^2=9,\ |\vec{b}|^2=5^2=25,\ \vec{a}\cdot\vec{b}=|\vec{a}||\vec{b}|\cos\angle\mathrm{AOB}=3\cdot5\cdot\frac{3}{5}=9$$

したがって

$$|\overrightarrow{\mathrm{BP}}|^2=\frac{k^2}{9}\cdot9+2\cdot\frac{k}{3}\left(\frac{k}{5}-1\right)\cdot9+\left(\frac{k}{5}-1\right)^2\cdot25=\frac{16}{5}k^2-16k+25$$

$\mathrm{BP}=\sqrt{10}$ であるから

$$\frac{16}{5}k^2-16k+25=10 \qquad 16k^2-80k+75=0$$

$$(4k-5)(4k-15)=0 \qquad \therefore\ \ k=\frac{5}{4},\ \frac{15}{4}$$

ゆえに

$$\left.\begin{aligned}\overrightarrow{\mathrm{OP}}&=\frac{5}{4}\left(\frac{\vec{a}}{3}+\frac{\vec{b}}{5}\right)=\frac{5}{12}\vec{a}+\frac{1}{4}\vec{b}\\ \overrightarrow{\mathrm{OP}}&=\frac{15}{4}\left(\frac{\vec{a}}{3}+\frac{\vec{b}}{5}\right)=\frac{5}{4}\vec{a}+\frac{3}{4}\vec{b}\end{aligned}\right\}\ \cdots\cdots(答)$$

62　2001年度〔2〕　Level B

ポイント　[解法1]　背理法による。

[解法2]　$\max\{\overrightarrow{P_1P_l}\cdot\vec{v}\mid l=2,\ 3,\ 4\}$ を考える。

[解法3]　$\vec{v}=\overrightarrow{OP}$ として，P が x 軸の正の部分にくるように $\overrightarrow{OP_i}$ $(i=1,\ 2,\ 3,\ 4)$ を原点のまわりに回転して考える。点の座標を利用する。

解法1

このような P_k が存在しないと仮定すると，与えられた条件から，任意の k に対して

$$\overrightarrow{P_kP_{k'}}\cdot\vec{v}>0 \quad \cdots\cdots ①$$

となるような $P_{k'}$ が存在する。

$k_1=1$ として，$k=k_1$ に対する k' を k_2，$k=k_2$ に対する k' を k_3，$k=k_3$ に対する k' を k_4，$k=k_4$ に対する k' を k_5 とする。

$k_1,\ k_2,\ k_3,\ k_4,\ k_5\in\{1,\ 2,\ 3,\ 4\}$ であるから，$k_i=k_j$ となる i と j $(1\leqq i<j\leqq 5)$ が存在する。このとき，$\overrightarrow{P_{k_i}P_{k_j}}=\vec{0}$ であるから

$$\overrightarrow{P_{k_i}P_{k_j}}\cdot\vec{v}=0 \quad \cdots\cdots ②$$

一方　$\overrightarrow{P_{k_i}P_{k_j}}=\overrightarrow{P_{k_i}P_{k_{i+1}}}+\cdots+\overrightarrow{P_{k_{j-1}}P_{k_j}}$

であるから

$$\overrightarrow{P_{k_i}P_{k_j}}\cdot\vec{v}>0 \quad \cdots\cdots ③ \quad (\because\ ①)$$

②と③は矛盾する。

ゆえに，問題の条件を満たす P_k が存在する。　（証明終）

解法2

$2\leqq i<j\leqq 4$ なる任意の自然数 i と j について

$$\overrightarrow{P_1P_j}\cdot\vec{v}-\overrightarrow{P_1P_i}\cdot\vec{v}=\overrightarrow{P_iP_j}\cdot\vec{v}\neq 0$$

であるから

$$\max\{\overrightarrow{P_1P_l}\cdot\vec{v}\mid l=2,\ 3,\ 4\}=\overrightarrow{P_1P_k}\cdot\vec{v}$$

となる自然数 k $(2\leqq k\leqq 4)$ がただ1つ存在する。

この k に注目すると，k と異なる任意の m に対して

$$\overrightarrow{P_kP_m}\cdot\vec{v}=\overrightarrow{P_1P_m}\cdot\vec{v}-\overrightarrow{P_1P_k}\cdot\vec{v}<0$$　（証明終）

解法 3

$\overrightarrow{P_kP_m}\cdot\vec{v}\neq 0$ より $\vec{v}\neq\vec{0}$ である。よって，$\vec{v}$ の向きが x 軸の正の向きと一致するように xy 座標系を設定しても一般性は失われない。そのように xy 座標を設定したときの4点の座標と，$\vec{v}$ の成分をそれぞれ

$$P_1(x_1,\ y_1),\ P_2(x_2,\ y_2),\ P_3(x_3,\ y_3),\ P_4(x_4,\ y_4),$$

$$\vec{v}=(p,\ 0)\quad (p>0)$$

とする。このとき，$k\neq m$ なる任意の k, m に対して

$$\overrightarrow{P_kP_m}\cdot\vec{v}=(x_m-x_k,\ y_m-y_k)\cdot(p,\ 0)=p\,(x_m-x_k)$$

x_1, x_2, x_3, x_4 のうちの最大の値を x_k とすると，$k\neq m$ となるすべての m に対して

$$\overrightarrow{P_kP_m}\cdot\vec{v}=p\,(x_m-x_k)\leqq 0$$

となり，しかも $\overrightarrow{P_kP_m}\cdot\vec{v}\neq 0$ より，上式の等号は成立しない。

以上より，4点のうちで x 座標が最大になる点を P_k とすると，k と異なるすべての m に対して

$$\overrightarrow{P_kP_m}\cdot\vec{v}<0$$

が成り立つ。　　　　　　　　　　　　　　　　　　　　　　　　　　　(証明終)

〔注〕 上記の内容を図形的なイメージでとらえれば，次のようになる。

$\vec{v}$ の向きに x 軸を設定したとして，4点中 x 座標が最大である点を P_k とすると，P_k 以外の任意の点 P_m に対して，$\overrightarrow{P_kP_m}$ と x 軸の正の向き（つまり $\vec{v}$ の向き）とのなす角は必ず鈍角になる。一方

$$\overrightarrow{P_kP_m}\text{ と }\vec{v}\text{ のなす角が鈍角}\iff\overrightarrow{P_kP_m}\cdot\vec{v}<0$$

であるから，P_k は条件を満たすことになる。

なお，この問題では，点の個数が4であることは，問題の本質とは何ら関係ない。点の個数が一般に n 個であるとしても，まったく同じ論理が成立する。さらには，xy 平面上に限定しなくても，xyz 空間の n 個の点としても，まったく同様である（$\vec{v}$ の向きを x 軸の正の向きとすれば，内積の成分計算を用いても，図形的な意味でとらえても，平面の場合と考え方に違いはない)。ただし，解法の糸口が気付きにくく，実際の正答率は低かったようである。

63 2000年度〔1〕（文理共通） Level A

ポイント $\dfrac{\mathrm{AP}}{\mathrm{AQ}}$ の値を求める。

[解法1] 方べきの定理と余弦定理による。

[解法2] BC に垂直な直径 AD と BC の交点を利用し，三平方の定理から AQ を求め，相似比から $\dfrac{\mathrm{AP}}{\mathrm{AQ}}$ を求める。

[解法3] $\overrightarrow{\mathrm{AP}}=t\overrightarrow{\mathrm{AQ}}$ とおき，$|\overrightarrow{\mathrm{OP}}|$（O は外接円の中心）の大きさに注目して t を求める。

[解法4] 座標設定により，$\dfrac{\mathrm{AP}}{\mathrm{AQ}}$ の値を求める。他の座標設定も可能。

解法 1

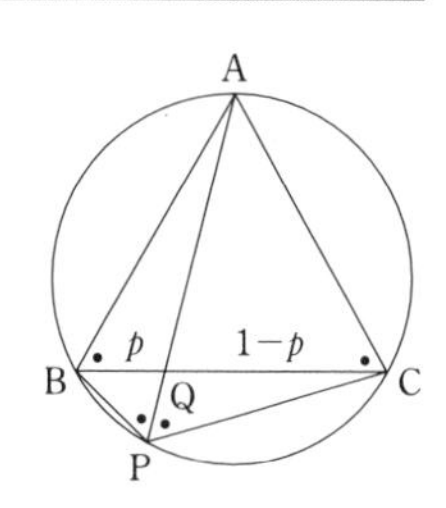

正三角形の1辺の長さを a とし，AP と BC の交点を Q とする。BQ：CQ$=p:1-p$ より

$$\overrightarrow{\mathrm{AQ}}=(1-p)\overrightarrow{\mathrm{AB}}+p\overrightarrow{\mathrm{AC}} \quad \cdots\cdots①$$

方べきの定理から

$$\mathrm{AQ}\cdot\mathrm{PQ}=\mathrm{BQ}\cdot\mathrm{CQ}=ap\cdot a(1-p)$$

$$\therefore \quad \mathrm{PQ}=\frac{a^2p(1-p)}{\mathrm{AQ}} \quad \cdots\cdots②$$

また，△ABQ に余弦定理を適用して

$$\mathrm{AQ}^2=\mathrm{AB}^2+\mathrm{BQ}^2-2\mathrm{AB}\cdot\mathrm{BQ}\cos 60°$$

$$=a^2+(pa)^2-2a\cdot pa\cdot\frac{1}{2}$$

$$=(p^2-p+1)a^2 \quad \cdots\cdots③$$

②，③より

$$\frac{\mathrm{PQ}}{\mathrm{AQ}}=\frac{a^2p(1-p)}{\mathrm{AQ}^2}=\frac{-p^2+p}{p^2-p+1}$$

$$\therefore \quad \frac{\mathrm{AP}}{\mathrm{AQ}}=\frac{\mathrm{AQ}+\mathrm{QP}}{\mathrm{AQ}}$$

$$=1+\frac{-p^2+p}{p^2-p+1}=\frac{1}{p^2-p+1}$$

ゆえに

$$\overrightarrow{AP}=\frac{AP}{AQ}\overrightarrow{AQ}$$
$$=\frac{1}{p^2-p+1}\{(1-p)\overrightarrow{AB}+p\overrightarrow{AC}\}\quad (①より)$$
$$=\frac{1-p}{p^2-p+1}\overrightarrow{AB}+\frac{p}{p^2-p+1}\overrightarrow{AC}\quad \cdots\cdots(答)$$

解法 2

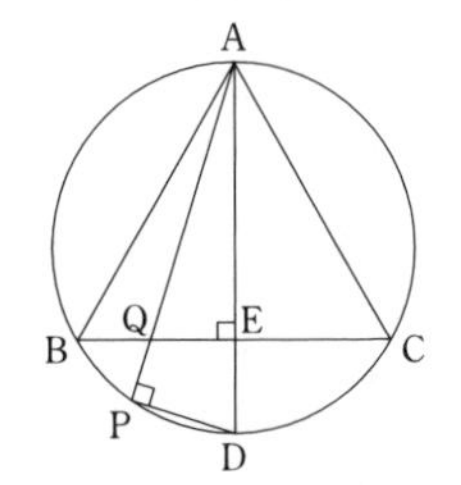

外接円の半径を r とし，点 A を一端とする外接円の直径を AD とする。また，AD および AP が BC と交わる点をそれぞれ E，Q とする。E は弦 BC の中点であり，AE⊥BC である。円の半径が r であることより，正三角形の一辺の長さは $\sqrt{3}r$ であり

$$AE=\frac{3}{2}r$$

また，$BQ=pBC=\sqrt{3}pr$ だから

$$QE=|BE-BQ|=\left|\frac{\sqrt{3}}{2}r-\sqrt{3}pr\right|=\frac{\sqrt{3}}{2}r|1-2p|$$

よって

$$AQ=\sqrt{AE^2+QE^2}=\sqrt{\frac{9}{4}r^2+\frac{3}{4}r^2(1-2p)^2}=r\sqrt{3(p^2-p+1)}$$

また，AD が直径であることより $\angle APD=90°$（ここではとりあえず，P と D が一致しないときを考える）だから

$\triangle AQE \backsim \triangle ADP$（$\angle A$ が共通な 2 つの直角三角形）

となり

$$\frac{AE}{AQ}=\frac{AP}{AD}\quad（これは，P と D が一致するときにも成り立つ。）$$

$$\therefore\quad AP=\frac{AE\cdot AD}{AQ}=\frac{\frac{3}{2}r\cdot 2r}{r\sqrt{3(p^2-p+1)}}=\frac{\sqrt{3}r}{\sqrt{p^2-p+1}}$$

ゆえに $$\frac{AP}{AQ}=\frac{\frac{\sqrt{3}r}{\sqrt{p^2-p+1}}}{r\sqrt{3(p^2-p+1)}}=\frac{1}{p^2-p+1}$$

（以下，［解法 1］に同じ）

解法 3

外接円の中心をO，半径をrとし，APとBCの交点をQとする。
BQ：CQ$=p:1-p$ より

$$\overrightarrow{AQ}=(1-p)\overrightarrow{AB}+p\overrightarrow{AC}$$

また，$\overrightarrow{AP}=t\overrightarrow{AQ}\quad(t>1)$ とすると

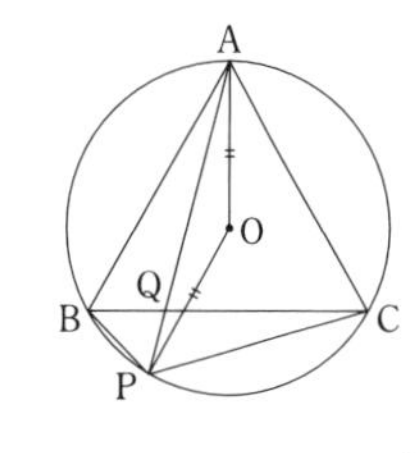

$$\begin{aligned}\overrightarrow{OP}&=\overrightarrow{AP}-\overrightarrow{AO}\\&=t\overrightarrow{AQ}-\frac{1}{3}(\overrightarrow{AB}+\overrightarrow{AC})\\&=t\{(1-p)\overrightarrow{AB}+p\overrightarrow{AC}\}-\frac{1}{3}(\overrightarrow{AB}+\overrightarrow{AC})\\&=\left\{t(1-p)-\frac{1}{3}\right\}\overrightarrow{AB}+\left(tp-\frac{1}{3}\right)\overrightarrow{AC}\end{aligned}$$

ここで

$$|\overrightarrow{AB}|=|\overrightarrow{AC}|=\sqrt{3}\,r,\quad \overrightarrow{AB}\cdot\overrightarrow{AC}=\sqrt{3}\,r\cdot\sqrt{3}\,r\cos60^\circ=\frac{3}{2}r^2$$

よって

$$\begin{aligned}&|\overrightarrow{OP}|^2\\&=\left\{t(1-p)-\frac{1}{3}\right\}^2|\overrightarrow{AB}|^2+2\left\{t(1-p)-\frac{1}{3}\right\}\left(tp-\frac{1}{3}\right)\overrightarrow{AB}\cdot\overrightarrow{AC}+\left(tp-\frac{1}{3}\right)^2|\overrightarrow{AC}|^2\\&=3r^2\left\{t(1-p)-\frac{1}{3}\right\}^2+3r^2\left\{t(1-p)-\frac{1}{3}\right\}\left(tp-\frac{1}{3}\right)+3r^2\left(tp-\frac{1}{3}\right)^2\\&=3r^2\left\{(p^2-p+1)t^2-t+\frac{1}{3}\right\}\end{aligned}$$

一方，$|\overrightarrow{OP}|=r$ であるから

$$3r^2\left\{(p^2-p+1)t^2-t+\frac{1}{3}\right\}=r^2$$

$r\neq0$ より　　$t\{(p^2-p+1)t-1\}=0$

$t>1$ より，$t\neq0$ だから

$$(p^2-p+1)t-1=0\qquad\therefore\quad t=\frac{1}{p^2-p+1}$$

ゆえに

$$\begin{aligned}\overrightarrow{AP}&=\frac{1}{p^2-p+1}\overrightarrow{AQ}\\&=\frac{1-p}{p^2-p+1}\overrightarrow{AB}+\frac{p}{p^2-p+1}\overrightarrow{AC}\quad\cdots\cdots(答)\end{aligned}$$

解法 4

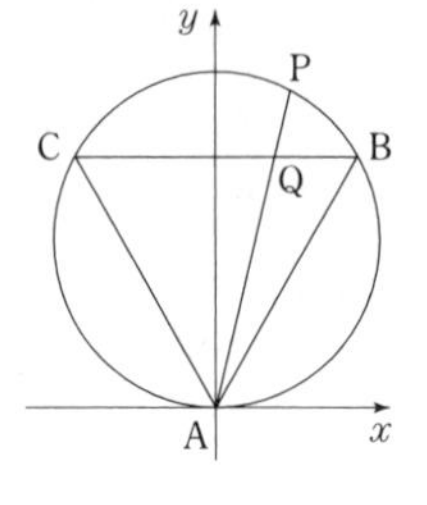

右図のように，A を原点にとり，B，C の y 座標が正で互いに等しくなるようにする。
正三角形の一辺の長さを a とすると，B，C の座標は

$$\mathrm{B}\left(\frac{a}{2},\ \frac{\sqrt{3}}{2}a\right),\ \mathrm{C}\left(-\frac{a}{2},\ \frac{\sqrt{3}}{2}a\right)$$

また，AP と BC の交点を Q とすると，BQ：CQ＝p：$1-p$ より，Q の x 座標は

$$x=(1-p)\cdot\frac{a}{2}+p\cdot\left(-\frac{a}{2}\right)=\frac{a}{2}(1-2p)$$

すなわち，$\mathrm{Q}\left(\frac{a}{2}(1-2p),\ \frac{\sqrt{3}}{2}a\right)$ である。

よって，直線 AQ の方程式は

$$\frac{\sqrt{3}}{2}ax=\frac{a}{2}(1-2p)y$$

$$\therefore\quad x=\frac{1-2p}{\sqrt{3}}y \quad \cdots\cdots①'$$

また，外接円の中心は $\left(0,\ \frac{\sqrt{3}}{3}a\right)$，半径は $\frac{\sqrt{3}}{3}a$ となるから，その方程式は

$$x^2+\left(y-\frac{\sqrt{3}}{3}a\right)^2=\frac{a^2}{3} \quad \cdots\cdots②'$$

①′，②′ の交点のうち A(0，0) でない方の点が P である。①′ を②′ に代入すると

$$\frac{(1-2p)^2}{3}y^2+\left(y-\frac{\sqrt{3}}{3}a\right)^2=\frac{a^2}{3}$$

$$y\{2(p^2-p+1)y-\sqrt{3}a\}=0$$

P は A でない方の点だから $y\neq0$ である。よって

$$y=\frac{\sqrt{3}a}{2(p^2-p+1)}$$

これが P の y 座標だから

$$\frac{\mathrm{AP}}{\mathrm{AQ}}=\frac{\dfrac{\sqrt{3}a}{2(p^2-p+1)}}{\dfrac{\sqrt{3}}{2}a}=\frac{1}{p^2-p+1}$$

（以下，［解法 1］に同じ）

§6 空間図形・空間ベクトル

64　2022 年度〔5〕（文理共通）　Level A

ポイント　［解法 1］，［解法 2］では(1)を用いずに(2)を示す。［解法 3］では(1)を用いて(2)を示す。

［解法 1］　$\overrightarrow{OP}=(1-t)\overrightarrow{OB}+t\overrightarrow{OC}$　$(0\leqq t\leqq 1)$　とおく。また，一般に，△OAB において，$\overrightarrow{OA}\cdot\overrightarrow{OB}=\dfrac{OA^2+OB^2-AB^2}{2}$ であることを用いる。

(1)　$\overrightarrow{PG}\cdot\overrightarrow{OA}=0$ を示す。

(2)　$|\overrightarrow{PG}|^2$ を計算する。

［解法 2］　(1)　三角形の合同を用いて，△OAP が AP＝OP の二等辺三角形であることを示す。

(2)　$PG=\dfrac{2}{3}PM$ から，PM が最小のときを考える。PM が最小となるのは，BC⊥PM のときである。このとき，△BCM で PM^2 を 2 通りに計算する。

［解法 3］　(1)　幾何を用いて，(平面 BCM)⊥OA となることを示す。

(2)　(1)から，$PM=\sqrt{OP^2-OM^2}=\sqrt{OP^2-4}$ となるので，OP が最小のときを考える。OP が最小となるのは，BC⊥OP のときである。このとき，△OBC で OP^2 を 2 通りに計算する。

解法 1

$\overrightarrow{OA}\cdot\overrightarrow{OB}=\dfrac{16+9-9}{2}=8$，$\overrightarrow{OB}\cdot\overrightarrow{OC}=\dfrac{9+12-9}{2}=6$，$\overrightarrow{OC}\cdot\overrightarrow{OA}=\dfrac{12+16-12}{2}=8$ である。

(1)　$\overrightarrow{OP}=(1-t)\overrightarrow{OB}+t\overrightarrow{OC}$　$(0\leqq t\leqq 1)$　とおく。

$$\begin{aligned}\overrightarrow{OG}&=\frac{1}{3}(\overrightarrow{OA}+\overrightarrow{OP})\\&=\frac{1}{3}\{\overrightarrow{OA}+(1-t)\overrightarrow{OB}+t\overrightarrow{OC}\}\end{aligned}$$

$$\begin{aligned}\overrightarrow{PG}&=\overrightarrow{OG}-\overrightarrow{OP}\\&=\frac{1}{3}\{\overrightarrow{OA}+(1-t)\overrightarrow{OB}+t\overrightarrow{OC}\}-(1-t)\overrightarrow{OB}-t\overrightarrow{OC}\\&=\frac{1}{3}\{\overrightarrow{OA}-2(1-t)\overrightarrow{OB}-2t\overrightarrow{OC}\}\end{aligned}$$

§6

よって

$$
\begin{aligned}
3\overrightarrow{PG}\cdot\overrightarrow{OA} &= \{\overrightarrow{OA}-2(1-t)\overrightarrow{OB}-2t\overrightarrow{OC}\}\cdot\overrightarrow{OA}\\
&= |\overrightarrow{OA}|^2-2(1-t)\overrightarrow{OA}\cdot\overrightarrow{OB}-2t\overrightarrow{OC}\cdot\overrightarrow{OA}\\
&= 16-16(1-t)-16t\\
&= 0
\end{aligned}
$$

ゆえに，$\overrightarrow{PG}\cdot\overrightarrow{OA}=0$ となる。$\overrightarrow{PG}\neq\vec{0}$，$\overrightarrow{OA}\neq\vec{0}$ であるから，$\overrightarrow{PG}\perp\overrightarrow{OA}$ である。

（証明終）

(2)　$\overrightarrow{PG}=\dfrac{1}{3}\{\overrightarrow{OA}-2(1-t)\overrightarrow{OB}-2t\overrightarrow{OC}\}$ から

$$
\begin{aligned}
9|\overrightarrow{PG}|^2 &= |\overrightarrow{OA}-2(1-t)\overrightarrow{OB}-2t\overrightarrow{OC}|^2\\
&= |\overrightarrow{OA}|^2+4(1-t)^2|\overrightarrow{OB}|^2+4t^2|\overrightarrow{OC}|^2-4(1-t)\overrightarrow{OA}\cdot\overrightarrow{OB}\\
&\qquad +8t(1-t)\overrightarrow{OB}\cdot\overrightarrow{OC}-4t\overrightarrow{OC}\cdot\overrightarrow{OA}\\
&= 16+36(1-t)^2+48t^2-32(1-t)+48t(1-t)-32t\\
&= 36t^2-24t+20\\
&= 4(3t-1)^2+16
\end{aligned}
$$

よって，$|\overrightarrow{PG}|^2$ は $t=\dfrac{1}{3}$ のとき，最小値 $\dfrac{16}{9}$ をとる。

ゆえに，PG の最小値は　$\dfrac{4}{3}$　……(答)

〔注1〕 一般に，△OAB において，

$\overrightarrow{OA}\cdot\overrightarrow{OB}=\dfrac{OA^2+OB^2-AB^2}{2}$ である。$\overrightarrow{OB}\cdot\overrightarrow{OC}$，$\overrightarrow{OC}\cdot\overrightarrow{OA}$ も同様である。これは，余弦定理の

$AB^2=OA^2+OB^2-2OA\cdot OB\cos\theta=OA^2+OB^2-2\overrightarrow{OA}\cdot\overrightarrow{OB}$

から，得られる。

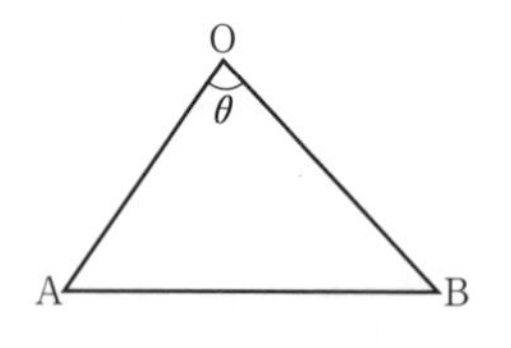

〔注2〕 ［解法1］からわかるように，(1)と(2)は独立の設問である。

解法 2

(1)　△ABC≡△OBC（三辺相等）であり

∠ACB＝∠OCB

これと，AC＝OC，CP＝CP から

△ACP≡△OCP（二辺挟角相等）

よって，AP＝OP となり，△OAP は AP＝OP の二等辺三角形である。したがって，辺 OA の中点をMとすると

OA⊥PM

G は△OAP の中線 PM 上にあるから，PG⊥OA すなわち

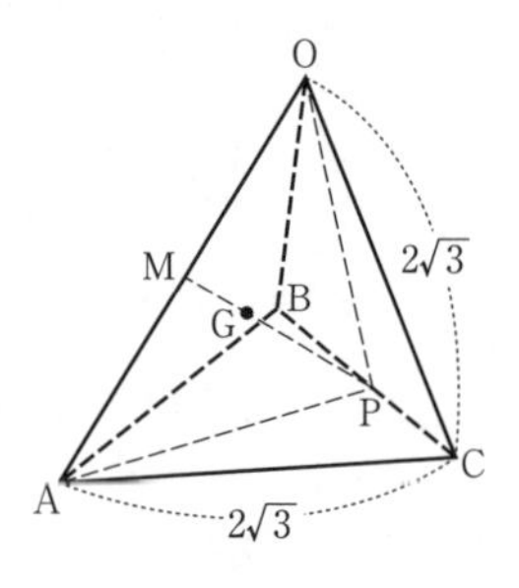

$\overrightarrow{\mathrm{PG}} \perp \overrightarrow{\mathrm{OA}}$ である。　　　　　　　　　　　　　　　　　　　　（証明終）

(2)　$\mathrm{PG}=\dfrac{2}{3}\mathrm{PM}$ であるから，PM が最小のときに PG は最小となる。

いま，△OAB は OA を底辺とする二等辺三角形なので

$$\mathrm{BM}=\sqrt{\mathrm{OB}^2-\mathrm{OM}^2}=\sqrt{3^2-2^2}=\sqrt{5}$$

同様に，$\mathrm{CM}=2\sqrt{2}$ である。

ここで，BC＝3 であるから，BC は△BCM の最大辺である。

よって，辺 BC 上の点 P について，PM が最小となるのは，

BC⊥PM のときである。

このとき，△BCM で PM^2 を 2 通りに計算して

$$\mathrm{BM}^2-\mathrm{BP}^2=\mathrm{CM}^2-\mathrm{CP}^2 \quad \cdots\cdots①$$

$\mathrm{BP}=t$ $(0<t<3)$ とおくと，$\mathrm{CP}=3-t$ であり，①から

$$5-t^2=8-(3-t)^2$$

$$t=1$$

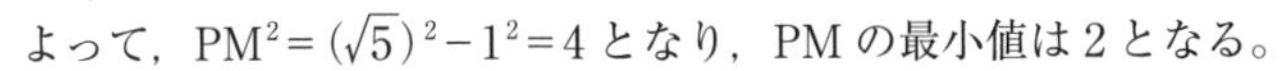

よって，$\mathrm{PM}^2=(\sqrt{5})^2-1^2=4$ となり，PM の最小値は 2 となる。

ゆえに，$\mathrm{PG}\left(=\dfrac{2}{3}\mathrm{PM}\right)$ の最小値は　$\dfrac{4}{3}$　……（答）

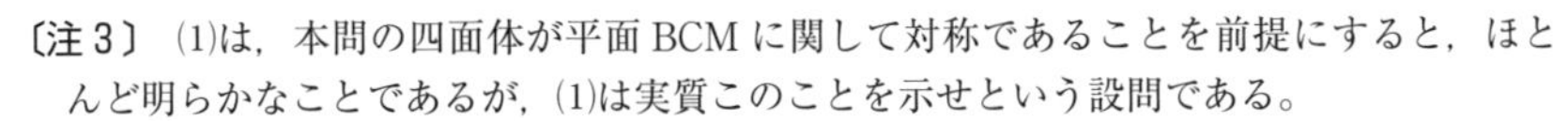

〔注 3〕 (1)は，本問の四面体が平面 BCM に関して対称であることを前提にすると，ほとんど明らかなことであるが，(1)は実質このことを示せという設問である。

〔注 4〕［解法 2］も［解法 1］と同様に(2)を(1)を利用せずに考えている。
ただし，問題を「点 P が辺 BC 上を動き，点 Q が辺 OA 上を動くとき，線分 PQ の最小値を求めよ」とすると，PQ⊥OA かつ PQ⊥BC となるときの PQ が求めるものであるから，(1)により，Q＝M のときを考えればよいこととなり，(1)が効果を発揮することに注意したい。

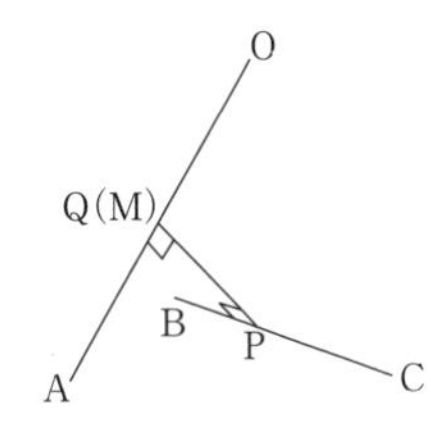

解 法 3

(1)　M を辺 OA の中点とすると，G は△OAP の中線 PM 上にある。

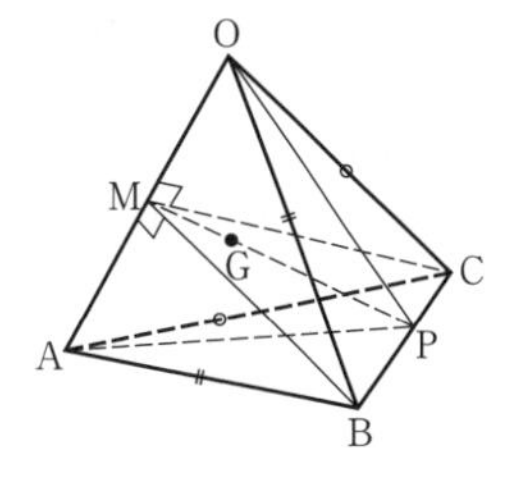

いま，△OAB は OB＝AB（＝3）の二等辺三角形なので

$$\mathrm{BM}\perp\mathrm{OA} \quad \cdots\cdots①$$

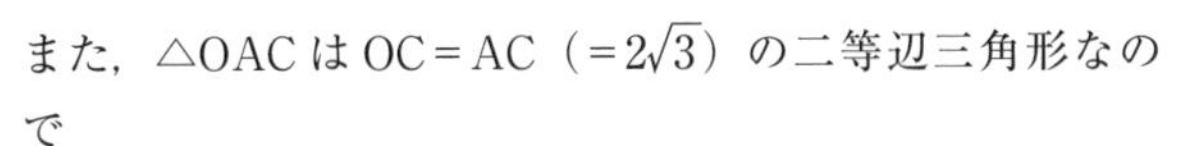

また，△OAC は $\mathrm{OC}=\mathrm{AC}$ $(=2\sqrt{3})$ の二等辺三角形なので

$$\mathrm{CM}\perp\mathrm{OA} \quad \cdots\cdots②$$

①，②から，(平面 BCM)⊥OA となり，PM⊥OA すなわち $\overrightarrow{\mathrm{PG}} \perp \overrightarrow{\mathrm{OA}}$ である。

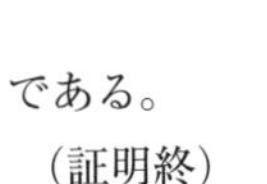

（証明終）

(2)　$PG=\frac{2}{3}PM$ であるから，PM が最小のときに PG は最小となる。

(1)から，△OMP は OP を斜辺とする直角三角形なので

$$PM=\sqrt{OP^2-OM^2}$$
$$=\sqrt{OP^2-4}\quad \cdots\cdots ③$$

よって，OP が最小となるとき，PM も最小となる。

ここで，$OC=2\sqrt{3}$，$OB=BC=3$ から，△OBC の最大辺 OC に関して

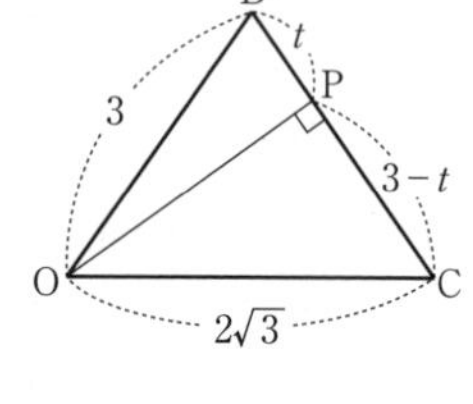

$$OC^2<OB^2+BC^2$$

となり，△OBC は鋭角三角形である。

したがって，OP が最小となるのは，OP⊥BC のときである。

このとき，OP^2 を 2 通りに計算して

$$OB^2-BP^2=OC^2-CP^2$$

よって，$BP=t$ $(0<t<3)$ とおくと，$CP=3-t$ であることから

$$9-t^2=12-(3-t)^2$$
$$t=1$$

したがって，OP の最小値は，$2\sqrt{2}$ となり，③から，PM の最小値は 2 となる。

ゆえに，$PG\left(=\frac{2}{3}PM\right)$ の最小値は　$\frac{4}{3}$　……(答)

〔注5〕［解法3］は，(1)を利用して(2)を考える解法である。

〔注6〕［解法3］(2)の「OP が最小となるのは，OP⊥BC のときである」以降を次のように考えてもよい。

△OBC は OB＝BC（＝3）の二等辺三角形なので，辺 OC の中点を N とすると，BN⊥OC である。

そこで，△OBC の面積を 2 通りに計算すると

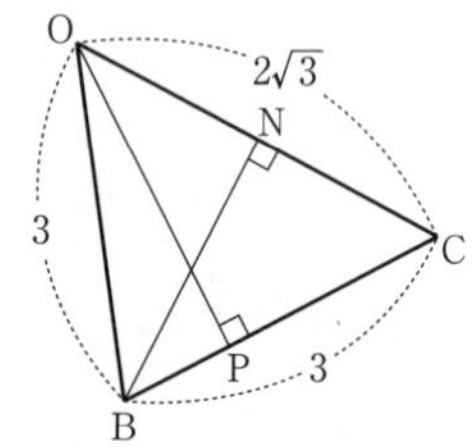

$$\frac{1}{2}OC\cdot BN=\frac{1}{2}BC\cdot OP$$

となり

$$OP=\frac{OC\cdot BN}{BC}=\frac{2\sqrt{3}BN}{3}$$

ここで，$ON=\sqrt{3}$ なので

$$BN=\sqrt{OB^2-ON^2}=\sqrt{9-3}=\sqrt{6}$$

よって

$$OP=\frac{2\sqrt{3}\cdot\sqrt{6}}{3}=2\sqrt{2}\quad（以下，同様）$$

〔注7〕［解法3］のように，(1)を利用して(2)を考えようとすると，かえって難しくなる。

65 2021年度〔4〕 Level A

ポイント 四角形 OPFQ が平行四辺形であることをつかみ，P$(1,\ 0,\ p)$，Q$(0,\ 2,\ q)$ として，q を p で表す。また，$S=\sqrt{|\overrightarrow{OP}|^2|\overrightarrow{OQ}|^2-(\overrightarrow{OP}\cdot\overrightarrow{OQ})^2}$ を用いる。

解法

(平面OAED)∥(平面CBFG)，(平面ABFE)∥(平面OCGD) であるから，これらと平面 OPFQ の交線を考えて

$$\mathrm{OP}\parallel\mathrm{QF},\quad \mathrm{PF}\parallel\mathrm{OQ}$$

である。よって，四角形 OPFQ は平行四辺形である。

P$(1,\ 0,\ p)$ $(0\leqq p\leqq 3)$，Q$(0,\ 2,\ q)$ $(0\leqq q\leqq 3)$ とおく。

$$\overrightarrow{QF}=\overrightarrow{OP}$$

から

$$(1,\ 0,\ 3-q)=(1,\ 0,\ p)$$

となり

$$q=3-p \quad \cdots\cdots①$$

また

$$\begin{aligned}S&=2\triangle\mathrm{OPQ}\\&=2\cdot\frac{1}{2}\sqrt{|\overrightarrow{OP}|^2|\overrightarrow{OQ}|^2-(\overrightarrow{OP}\cdot\overrightarrow{OQ})^2}\\&=\sqrt{(1+p^2)(4+q^2)-p^2q^2}\\&=\sqrt{4p^2+q^2+4}\end{aligned}$$

ここで，①から

$$\begin{aligned}4p^2+q^2+4&=4p^2+(3-p)^2+4\\&=5p^2-6p+13\\&=5\left(p-\frac{3}{5}\right)^2+\frac{56}{5}\end{aligned}$$

$0\leqq p\leqq 3$ であるから，S が最小となるのは $p=\dfrac{3}{5}$ のときであり，このとき，①から

$$q=\frac{12}{5}$$

ゆえに，S を最小にする P，Q の座標は

$$\mathrm{P}\left(1,\ 0,\ \frac{3}{5}\right),\ \mathrm{Q}\left(0,\ 2,\ \frac{12}{5}\right)\quad\cdots\cdots(\text{答})$$

Sの最小値は　　$\sqrt{\dfrac{56}{5}}=\dfrac{2\sqrt{70}}{5}$　……(答)

〔注〕 一般に空間の平行な 2 平面 α, β と交わる平面 γ に対して, α と γ の交線と, β と γ の交線は平行となる。

66 2020年度〔4〕（文理共通） Level B

ポイント ［解法1］ △OABが正三角形となることから，座標空間で平面OABをxy平面にとり，$A\left(\frac{1}{2},\ \frac{\sqrt{3}}{2},\ 0\right)$，$B\left(-\frac{1}{2},\ \frac{\sqrt{3}}{2},\ 0\right)$とおく。条件からCの座標を決定し，次いでDの座標を考えて，kの値を求める。

［解法2］ $\overrightarrow{OM}\perp\overrightarrow{AB}$（Mは辺ABの中点），$\overrightarrow{OC}\perp\overrightarrow{AB}$，$\overrightarrow{OD}\perp\overrightarrow{AB}$を導き，M，C，DがOを通りABに垂直な平面上にあることを用いる。条件から∠MOC，∠CODの値が決定し，∠MODが2通り考えられる。$k=\overrightarrow{OM}\cdot\overrightarrow{OD}$を導き，$\overrightarrow{OM}\cdot\overrightarrow{OD}=\frac{\sqrt{3}}{2}\cdot1\cdot\cos\angle MOD$により$k$を求める。

解法1

$|\overrightarrow{OA}|=|\overrightarrow{OB}|=1$，$\overrightarrow{OA}\cdot\overrightarrow{OB}=\frac{1}{2}$から

$$\cos\angle AOB=\frac{\overrightarrow{OA}\cdot\overrightarrow{OB}}{|\overrightarrow{OA}||\overrightarrow{OB}|}=\frac{1}{2}$$

$0\leqq\angle AOB\leqq\pi$より，$\angle AOB=\frac{\pi}{3}$であるから，△OABは一辺の長さが1の正三角形である。これより辺ABの中点をMとすると，OM⊥ABである。したがって，原点Oを通り直線ABに平行な直線をx軸，直線OMをy軸，原点Oを通りx軸とy軸に垂直な直線をz軸とし，$A\left(\frac{1}{2},\ \frac{\sqrt{3}}{2},\ 0\right)$，$B\left(-\frac{1}{2},\ \frac{\sqrt{3}}{2},\ 0\right)$とおいても一般性は失わない。

よって，$\overrightarrow{OA}=\left(\frac{1}{2},\ \frac{\sqrt{3}}{2},\ 0\right)$，$\overrightarrow{OB}=\left(-\frac{1}{2},\ \frac{\sqrt{3}}{2},\ 0\right)$で，$\overrightarrow{OC}=(c_1,\ c_2,\ c_3)$とすると，

$\overrightarrow{OA}\cdot\overrightarrow{OC}=-\frac{\sqrt{6}}{4}$，$\overrightarrow{OB}\cdot\overrightarrow{OC}=-\frac{\sqrt{6}}{4}$，$|\overrightarrow{OC}|^2=1$より

$$\begin{cases}\frac{1}{2}c_1+\frac{\sqrt{3}}{2}c_2=-\frac{\sqrt{6}}{4} & \cdots\cdots①\\ -\frac{1}{2}c_1+\frac{\sqrt{3}}{2}c_2=-\frac{\sqrt{6}}{4} & \cdots\cdots②\\ c_1^2+c_2^2+c_3^2=1 & \cdots\cdots③\end{cases}$$

①，②より　　$c_1=0$，$c_2=-\frac{\sqrt{2}}{2}$

これと③より　　$c_3=\pm\frac{\sqrt{2}}{2}$

$\overrightarrow{OD}=(d_1,\ d_2,\ d_3)$ とすると，$\overrightarrow{OC}\cdot\overrightarrow{OD}=\dfrac{1}{2}$，$\overrightarrow{OA}\cdot\overrightarrow{OD}=\overrightarrow{OB}\cdot\overrightarrow{OD}$，$\overrightarrow{OA}\cdot\overrightarrow{OD}=k>0$，$|\overrightarrow{OD}|^2=1$ より

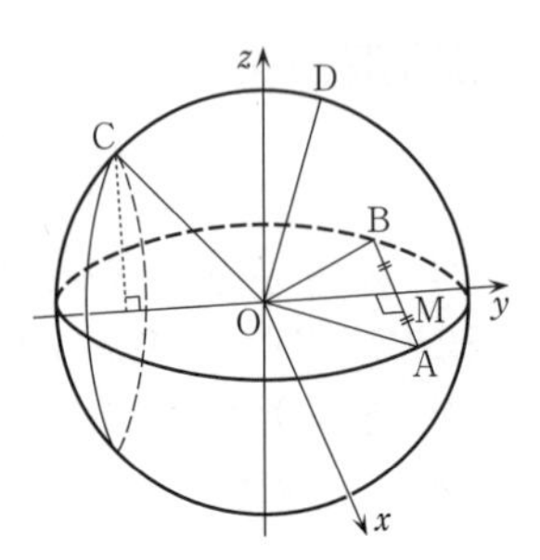

$$\begin{cases} -\dfrac{\sqrt{2}}{2}d_2\pm\dfrac{\sqrt{2}}{2}d_3=\dfrac{1}{2} & \cdots\cdots④ \\ \dfrac{1}{2}d_1+\dfrac{\sqrt{3}}{2}d_2=-\dfrac{1}{2}d_1+\dfrac{\sqrt{3}}{2}d_2 & \cdots\cdots⑤ \\ \dfrac{1}{2}d_1+\dfrac{\sqrt{3}}{2}d_2=k>0 & \cdots\cdots⑥ \\ {d_1}^2+{d_2}^2+{d_3}^2=1 & \cdots\cdots⑦ \end{cases}$$

⑤より　　$d_1=0$

これと⑥より　　$k=\dfrac{\sqrt{3}}{2}d_2$　……⑧

ここで，$k>0$ より　　$d_2>0$

④より　　$d_3=\pm\left(d_2+\dfrac{\sqrt{2}}{2}\right)$

これと $d_1=0$ を⑦に代入して

$$ {d_2}^2+\left(d_2+\frac{\sqrt{2}}{2}\right)^2=1 \quad \text{すなわち} \quad 4{d_2}^2+2\sqrt{2}d_2-1=0 $$

$d_2>0$ であるから　　$d_2=\dfrac{-\sqrt{2}+\sqrt{6}}{4}$

これと⑧より

$$ k=\frac{\sqrt{3}}{2}\cdot\frac{-\sqrt{2}+\sqrt{6}}{4}=\frac{3\sqrt{2}-\sqrt{6}}{8} \quad \cdots\cdots(答) $$

解 法 2

(「△OABは一辺の長さが1の正三角形である」までは［解法1］に同じ)
したがって，辺ABの中点をMとすると

$$ \overrightarrow{AB}\perp\overrightarrow{OM} \quad \cdots\cdots⑨ $$

$$ |\overrightarrow{OM}|=\left|\frac{\sqrt{3}}{2}\overrightarrow{OA}\right|=\frac{\sqrt{3}}{2} $$

$\overrightarrow{OA}\cdot\overrightarrow{OC}=\overrightarrow{OB}\cdot\overrightarrow{OC}=-\dfrac{\sqrt{6}}{4}$，$\overrightarrow{OA}\cdot\overrightarrow{OD}=\overrightarrow{OB}\cdot\overrightarrow{OD}=k>0$ より，$\overrightarrow{OC}\neq\vec{0}$，$\overrightarrow{OD}\neq\vec{0}$ で

$$ \overrightarrow{AB}\cdot\overrightarrow{OC}=(\overrightarrow{OB}-\overrightarrow{OA})\cdot\overrightarrow{OC}=\overrightarrow{OB}\cdot\overrightarrow{OC}-\overrightarrow{OA}\cdot\overrightarrow{OC}=0 $$

$$ \overrightarrow{AB}\cdot\overrightarrow{OD}=(\overrightarrow{OB}-\overrightarrow{OA})\cdot\overrightarrow{OD}=\overrightarrow{OB}\cdot\overrightarrow{OD}-\overrightarrow{OA}\cdot\overrightarrow{OD}=0 $$

であるから，$\overrightarrow{AB}\perp\overrightarrow{OC}$，$\overrightarrow{AB}\perp\overrightarrow{OD}$ である。

これと⑨より，3点M，C，Dは，点Oを通り直線ABに垂直な平面上にある。また

$$\overrightarrow{OM}\cdot\overrightarrow{OC}=\frac{\overrightarrow{OA}+\overrightarrow{OB}}{2}\cdot\overrightarrow{OC}=\frac{1}{2}(\overrightarrow{OA}\cdot\overrightarrow{OC}+\overrightarrow{OB}\cdot\overrightarrow{OC})=-\frac{\sqrt{6}}{4}$$

であるから

$$\cos\angle MOC=\frac{\overrightarrow{OM}\cdot\overrightarrow{OC}}{|\overrightarrow{OM}||\overrightarrow{OC}|}=\frac{-\frac{\sqrt{6}}{4}}{\frac{\sqrt{3}}{2}\cdot 1}=-\frac{\sqrt{2}}{2}$$

$0\leqq\angle MOC\leqq\pi$ より　　$\angle MOC=\frac{3}{4}\pi$

$|\overrightarrow{OC}|=|\overrightarrow{OD}|=1$，$\overrightarrow{OC}\cdot\overrightarrow{OD}=\frac{1}{2}$ から

$$\cos\angle COD=\frac{\overrightarrow{OC}\cdot\overrightarrow{OD}}{|\overrightarrow{OC}||\overrightarrow{OD}|}=\frac{1}{2}$$

$0\leqq\angle COD\leqq\pi$ より　　$\angle COD=\frac{\pi}{3}$

よって，次の(i)，(ii)の2つの場合が考えられる。

(i)　$\angle MOD=\angle MOC-\angle COD=\frac{3}{4}\pi-\frac{\pi}{3}$ のとき

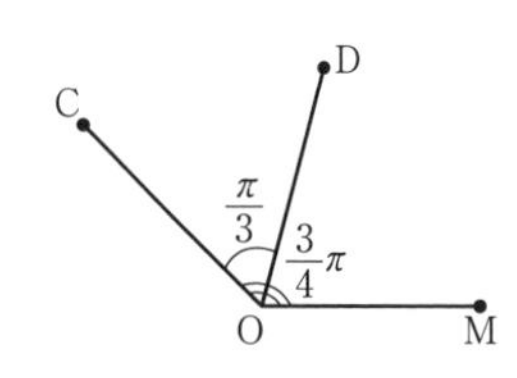

$$\cos\angle MOD=\cos\frac{3}{4}\pi\cos\frac{\pi}{3}+\sin\frac{3}{4}\pi\sin\frac{\pi}{3}$$

$$=\frac{-\sqrt{2}+\sqrt{6}}{4}$$

$$\overrightarrow{OM}\cdot\overrightarrow{OD}=\frac{\sqrt{3}}{2}\cdot 1\cdot\frac{-\sqrt{2}+\sqrt{6}}{4}=\frac{3\sqrt{2}-\sqrt{6}}{8}>0$$

(ii)　$\angle MOD=2\pi-(\angle MOC+\angle COD)=2\pi-\left(\frac{3}{4}\pi+\frac{\pi}{3}\right)$ のとき

$$\cos\angle MOD=\cos\left(\frac{3}{4}\pi+\frac{\pi}{3}\right)$$

$$=\cos\frac{3}{4}\pi\cos\frac{\pi}{3}-\sin\frac{3}{4}\pi\sin\frac{\pi}{3}$$

$$=\frac{-\sqrt{2}-\sqrt{6}}{4}$$

$$\overrightarrow{OM}\cdot\overrightarrow{OD}=\frac{\sqrt{3}}{2}\cdot 1\cdot\frac{-\sqrt{2}-\sqrt{6}}{4}=\frac{-3\sqrt{2}-\sqrt{6}}{8}<0$$

また

$$\overrightarrow{OM}\cdot\overrightarrow{OD}=\frac{1}{2}(\overrightarrow{OA}+\overrightarrow{OB})\cdot\overrightarrow{OD}=\frac{1}{2}(\overrightarrow{OA}\cdot\overrightarrow{OD}+\overrightarrow{OB}\cdot\overrightarrow{OD})=k$$

で，$k>0$ であるから，(i)，(ii) より

$$k=\frac{3\sqrt{2}-\sqrt{6}}{8} \quad \cdots\cdots(答)$$

67　2019年度〔5〕（文理共通）　Level A

ポイント　［解法１］　座標空間で球面の方程式を $x^2+y^2+z^2=1$，底面を含む平面の方程式を $z=-t$ $(0\leqq t<1)$ 等とおいて考える。体積を t で表し，増減表を考える。
［解法２］　球面の中心Oから底面に垂線 OH を下ろし，半直線 HO 上にAがくるときを考える。このときの AH の長さを x として，体積を x で表し，増減表を考える。

解法１

半径1の球面を S，正方形 $B_1B_2B_3B_4$ を含む平面を α とする。S の方程式を $x^2+y^2+z^2=1$，α の方程式を $z=-t$ $(0\leqq t<1)$ としても一般性を失わない。
S と α が交わってできる円を C とすると，C の方程式は $x^2+y^2=1-t^2$，$z=-t$ であるから，C の半径は $\sqrt{1-t^2}$ である。
正方形 $B_1B_2B_3B_4$ は C に内接するから，面積は

$$4\cdot\frac{1}{2}(\sqrt{1-t^2})^2=2(1-t^2)$$

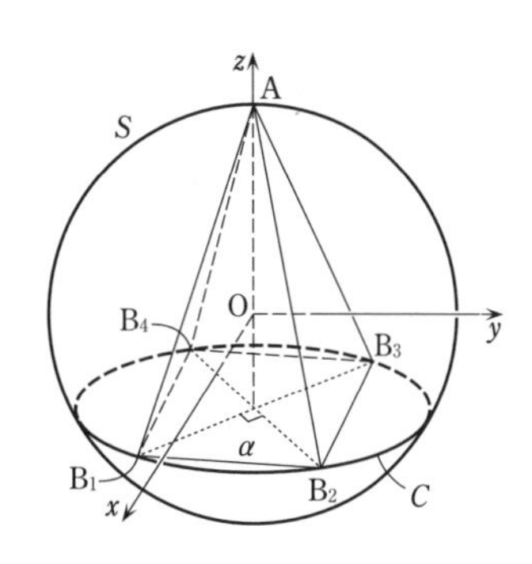

点Aの z 座標を a とすると，$-1\leqq a\leqq 1$ $(a\neq -t)$ で，四角錐の高さは $|a+t|$ であるから，t を固定して考えると，$t\geqq 0$ より，$|a+t|$ は $a=1$ のとき最大値 $1+t$ をとる。
このとき，四角錐の体積を $f(t)$ とすると

$$f(t)=\frac{1}{3}\cdot 2(1-t^2)(1+t)$$
$$=-\frac{2}{3}(t^3+t^2-t-1)$$

求める最大値は，$0\leqq t<1$ における $f(t)$ の最大値である。

$$f'(t)=-\frac{2}{3}(3t^2+2t-1)$$
$$=-\frac{2}{3}(t+1)(3t-1)$$

よって，$0\leqq t<1$ における $f(t)$ の増減表は右のようになるから，求める最大値は

t	0	$\cdots$	$\frac{1}{3}$	$\cdots$	(1)
$f'(t)$		+	0	−	
$f(t)$		↗	$\frac{64}{81}$	↘	

$$f\left(\frac{1}{3}\right)=\frac{64}{81}\quad\cdots\cdots(答)$$

解 法 2

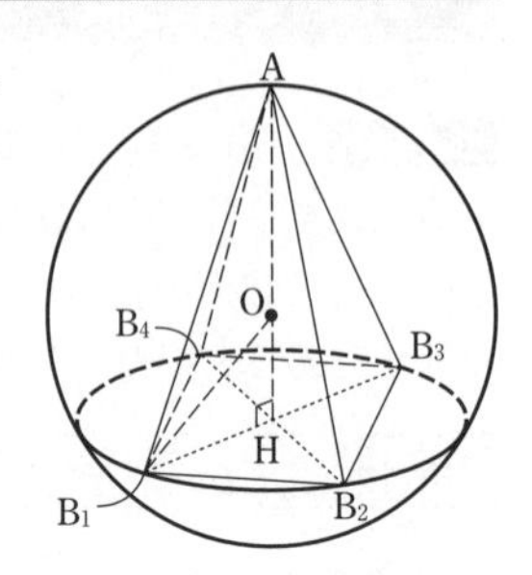

球面の中心をO，正方形 $B_1B_2B_3B_4$ を含む平面を α とし，まず，Oが α 上にないときを考える。
Oから α に垂線 OH を下ろすと，$OB_1=OB_2=OB_3=OB_4$ から，$\triangle OHB_1\equiv\triangle OHB_2\equiv\triangle OHB_3\equiv\triangle OHB_4$ となる。したがって $B_1H=B_2H=B_3H=B_4H$ となり，H は線分 B_1B_3 の中点かつ線分 B_2B_4 の中点，すなわち正方形 $B_1B_2B_3B_4$ の2本の対角線の交点である。

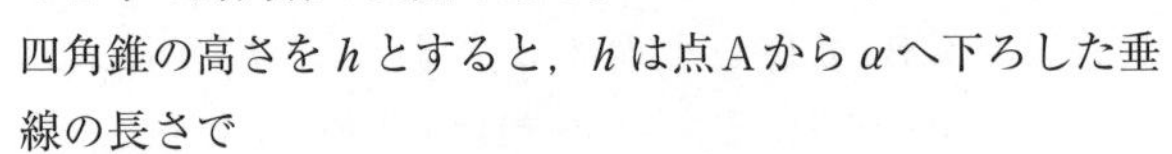

四角錐の高さを h とすると，h は点Aから α へ下ろした垂線の長さで

$$h\leqq OA+OH=1+OH$$

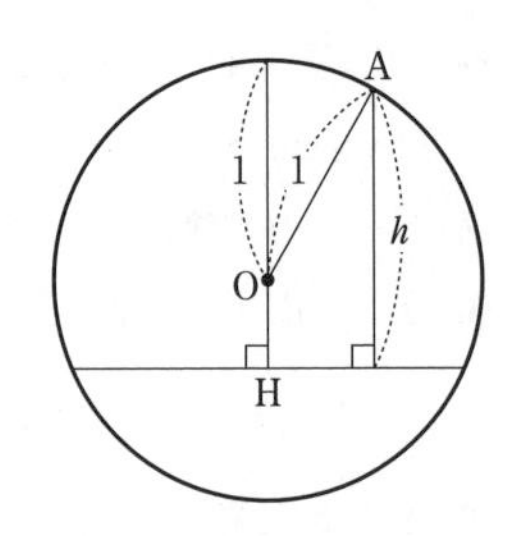

が成り立つ。ここで等号が成り立つのは，半直線 HO 上にAがあるときで，そのとき，h は最大値 $1+OH$ をとる。
このとき，$AH=x$ とおくと，$1<x<2$ で

$$B_1H^2=OB_1{}^2-OH^2=1^2-(x-1)^2=2x-x^2$$

であるから，正方形 $B_1B_2B_3B_4$ の面積は

$$4\cdot\frac{1}{2}B_1H^2=2(2x-x^2)$$

四角錐の体積を $V(x)$ とおくと

$$V(x)=\frac{1}{3}\cdot2(2x-x^2)x=-\frac{2}{3}(x^3-2x^2)\quad\cdots\cdots①$$

である。
Oが α 上にあるときは，$OH=0$，$x=1$ として①が成り立つ。
よって，$1\leqq x<2$ の範囲で $V(x)$ を考えてよく

$$V'(x)=-\frac{2}{3}(3x^2-4x)=-2x\left(x-\frac{4}{3}\right)$$

$V(x)$ の増減表は右のようになるから，求める最大値は

x	1	$\cdots$	$\frac{4}{3}$	$\cdots$	(2)
$V'(x)$		+	0	−	
$V(x)$		↗	$\frac{64}{81}$	↘	

$$V\left(\frac{4}{3}\right)=\frac{64}{81}\quad\cdots\cdots(答)$$

68 2018年度〔4〕(文理共通) Level C

ポイント ［解法1］ (1) $\overrightarrow{AB}=\vec{b}$，$\overrightarrow{AC}=\vec{c}$，$\overrightarrow{AD}=\vec{d}$ とおき，$\overrightarrow{AB}\cdot\overrightarrow{PQ}=0$ を示す。

(2) $0\leqq s+t\leqq 1$，$s\geqq 0$，$t\geqq 0$ を満たす任意の実数 s，t に対して，$\overrightarrow{AE}=s\overrightarrow{AC}+t\overrightarrow{AD}=s\vec{c}+t\vec{d}$，$\overrightarrow{BF}=s\overrightarrow{BD}+t\overrightarrow{BC}=s(\vec{d}-\vec{b})+t(\vec{c}-\vec{b})$ で定まる面 ACD 上の点 E と面 BDC 上の点 F について，EF と PQ が EF の中点で直交することを導き，このことから四面体 ABCD を PQ のまわりに 180° 回転すると自分自身に重なることを示す。これにより α で分けられた2つの部分の体積が等しいことを結論する。

［解法2］ (1) 三角形の合同を用いて AB⊥PQ を示す。

(2) α が辺 AC，BD と交わるときを考え，それぞれの交点を S，T とし，AS＝BT を示し，四面体 ADST と四面体 BCTS が合同であることを示す。また，A，B と α の距離は等しく，C，D と α の距離は等しいことから四面体 APST と四面体 BPTS が等積，四面体 DQST と四面体 CQTS が等積であることを用いる。

解法 1

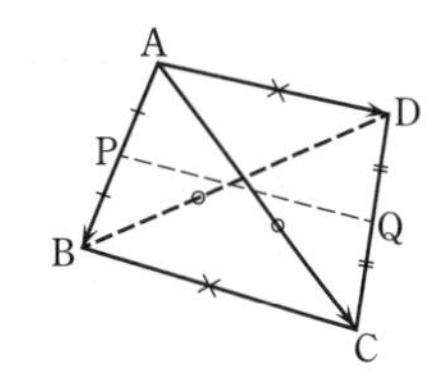

(1) $\overrightarrow{AB}=\vec{b}$，$\overrightarrow{AC}=\vec{c}$，$\overrightarrow{AD}=\vec{d}$ とおく。

AC＝BD から

$$|\vec{c}|^2=|\vec{d}-\vec{b}|^2$$

$$|\vec{b}|^2-|\vec{c}|^2+|\vec{d}|^2=2\vec{b}\cdot\vec{d}\quad\cdots\cdots①$$

AD＝BC から，同様に

$$|\vec{b}|^2+|\vec{c}|^2-|\vec{d}|^2=2\vec{b}\cdot\vec{c}\quad\cdots\cdots②$$

$\dfrac{①+②}{2}$ から

$$|\vec{b}|^2=\vec{b}\cdot\vec{c}+\vec{b}\cdot\vec{d}\quad\cdots\cdots③$$

$\overrightarrow{PQ}=\dfrac{\vec{c}+\vec{d}}{2}-\dfrac{\vec{b}}{2}$ なので

$$\begin{aligned}2\overrightarrow{AB}\cdot\overrightarrow{PQ}&=\vec{b}\cdot(\vec{c}+\vec{d}-\vec{b})\\&=\vec{b}\cdot\vec{c}+\vec{b}\cdot\vec{d}-|\vec{b}|^2\\&=0\quad(③より)\end{aligned}$$

$\overrightarrow{AB}\neq\vec{0}$，$\overrightarrow{PQ}\neq\vec{0}$ なので，$\overrightarrow{AB}\perp\overrightarrow{PQ}$ である。 (証明終)

(2)　$0 \leqq s+t \leqq 1$，$s \geqq 0$，$t \geqq 0$ を満たす任意の実数 s，t に対して

$$\overrightarrow{\mathrm{AE}}=s\overrightarrow{\mathrm{AC}}+t\overrightarrow{\mathrm{AD}}=s\vec{c}+t\vec{d} \quad \cdots\cdots ④$$

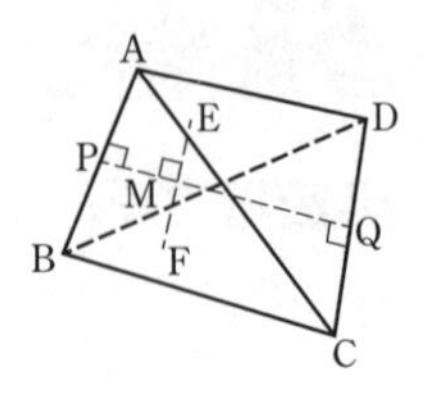

で定まる面 ACD 上の点Eと

$$\overrightarrow{\mathrm{BF}}=s\overrightarrow{\mathrm{BD}}+t\overrightarrow{\mathrm{BC}}=s(\vec{d}-\vec{b})+t(\vec{c}-\vec{b})$$

で定まる面 BDC 上の点Fをとると

$$\overrightarrow{\mathrm{AF}}=\vec{b}+s(\vec{d}-\vec{b})+t(\vec{c}-\vec{b}) \quad \cdots\cdots ⑤$$

線分 EF の中点をMとすると，④，⑤から

$$\overrightarrow{\mathrm{AM}}=\frac{\overrightarrow{\mathrm{AE}}+\overrightarrow{\mathrm{AF}}}{2}=\frac{\vec{b}+s(\vec{c}+\vec{d}-\vec{b})+t(\vec{c}+\vec{d}-\vec{b})}{2}$$

$$=(1-s-t)\frac{\vec{b}}{2}+(s+t)\frac{\vec{c}+\vec{d}}{2}$$

$u=s+t$ とおくと

$$\overrightarrow{\mathrm{AM}}=(1-u)\overrightarrow{\mathrm{AP}}+u\overrightarrow{\mathrm{AQ}}$$

$0 \leqq u \leqq 1$ であるから，Mは線分 PQ を $u:1-u$ に内分する点であり，線分 PQ 上の点である。ただし，$s=t=\dfrac{1}{2}$ のときは $\mathrm{E}=\mathrm{F}=\mathrm{Q}$ であり，$\mathrm{M}=\mathrm{Q}$ と考える。以下，$s \neq \dfrac{1}{2}$ または $t \neq \dfrac{1}{2}$ のときを考える。このとき $\mathrm{E} \neq \mathrm{F}$ であり $\overrightarrow{\mathrm{EF}} \neq \vec{0}$ である。

④，⑤から

$$\overrightarrow{\mathrm{EF}}=\overrightarrow{\mathrm{AF}}-\overrightarrow{\mathrm{AE}}=\vec{b}+s(\vec{d}-\vec{b}-\vec{c})+t(\vec{c}-\vec{b}-\vec{d})$$

$$2\overrightarrow{\mathrm{PQ}}\cdot\overrightarrow{\mathrm{EF}}=\{(\vec{c}+\vec{d})-\vec{b}\}\cdot\{\vec{b}+s(\vec{d}-\vec{b}-\vec{c})+t(\vec{c}-\vec{b}-\vec{d})\}$$

$$=(\vec{b}\cdot\vec{c}+\vec{b}\cdot\vec{d}-|\vec{b}|^2)+s(|\vec{d}|^2-|\vec{c}|^2+|\vec{b}|^2-2\vec{b}\cdot\vec{d})$$

$$+t(|\vec{c}|^2-|\vec{d}|^2+|\vec{b}|^2-2\vec{b}\cdot\vec{c})$$

$$=0 \quad (①，②，③より)$$

これと $\overrightarrow{\mathrm{PQ}} \neq \vec{0}$，$\overrightarrow{\mathrm{EF}} \neq \vec{0}$ から，$\overrightarrow{\mathrm{PQ}} \perp \overrightarrow{\mathrm{EF}}$ である。

以上から，線分 PQ と線分 EF は線分 EF の中点Mで垂直に交わる。

全く同様に，$\overrightarrow{\mathrm{CE'}}=s\overrightarrow{\mathrm{CA}}+t\overrightarrow{\mathrm{CB}}$ で定まる面 CAB 上の点 E′ と $\overrightarrow{\mathrm{DF'}}=s\overrightarrow{\mathrm{DB}}+t\overrightarrow{\mathrm{DA}}$ で定まる面 DBA 上の点 F′ について，線分 PQ と線分 E′F′ は線分 E′F′ の中点で垂直に交わる。

四面体の面上および内部の点を通り，線分 PQ に垂直な直線は四面体のいずれかの面と交わるので，以上のことから

　　四面体 ABCD は線分 PQ に関して対称である。　……(＊)

また，線分 PQ 上の任意の点Hを通り PQ に垂直な平面による四面体の断面を β とすると，α と β の交線はHを通る直線となり，β はこの直線で２つの部分に分けられる。

（＊）から，この2つの部分はHに関して対称であり，面積は等しいので，βはαで面積が2等分される。

ゆえに，線分PQを含む平面αで四面体ABCDを切って得られる2つの部分の体積は等しい。 （証明終）

〔注1〕「(1)と同様に$CD\perp PQ$が成り立つ。よって，A，B，C，Dを直線PQのまわりに180°回転させるとそれぞれB，A，D，Cに移る。このとき，辺AB，CD，AC，ADがそれぞれ辺BA，DC，BD，BCに移り，このことから四面体全体が直線PQのまわりに180°回転して自分自身に移るので，四面体ABCDは直線PQに関して対称である」ということが本問の背景である。試験場での解答としてはそのような程度の記述で許されるかもしれないが，辺AB，CDそれぞれが直線PQに関して対称であることから四面体全体が線分PQに関して対称であることを結論するところは少し厳密性に欠けるともいえる。そこで［解法1］では対称性の意味を明快に捉えた記述を行っている。ここで［解法1］の最後の「2つの部分の体積は等しい」ことは，それぞれの体積がβによる断面積を積分して得られることを根拠にしていることにも注意したい。

解法 2

(1) $\triangle ACD$と$\triangle BDC$において

$AC=BD,\ AD=BC,\ CD=DC$

であるから，3辺相等より $\triangle ACD\equiv\triangle BDC$

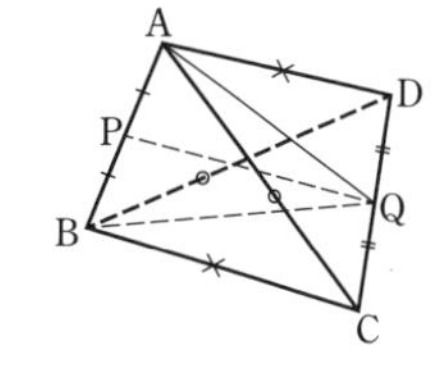

よって $\angle ACD=\angle BDC$

$\triangle ACQ$と$\triangle BDQ$において

$AC=BD,\ CQ=DQ$ （∵ Qは辺CDの中点）

$\angle ACQ=\angle BDQ$ （∵ $\angle ACD=\angle BDC$）

であるから，2辺夾角相等より $\triangle ACQ\equiv\triangle BDQ$

よって $AQ=BQ$

したがって，$\triangle QAB$は$QA=QB$の二等辺三角形で，Pは辺ABの中点であるから，$AB\perp PQ$である。 （証明終）

(2) (1)と同様に$CD\perp PQ$となる。したがって

A，Bとαの距離は等しく，C，Dとαの距離は等しい。 ……（＊）

αがC（D）を含むなら，αは平面PQC（平面PQD）すなわち平面PCDとなる。

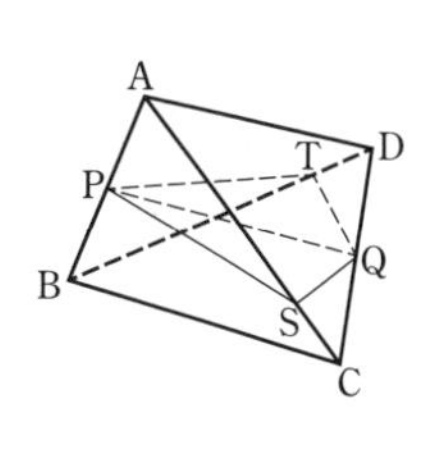

このとき，（＊）によってαで分けられた2つの部分の体積は等しい。

同様に，αがA（B）を含むなら，αは平面QABとなる。

このときも，（＊）によってαで分けられた2つの部分の体積は等しい。

以下，αがA，B，C，Dを含まないときを考える。

α と平面 ABC の交線はＰを通る直線となり，その直線は辺 AC（A，Ｃを除く）または辺 BC（B，Ｃを除く）と交わる。どちらの場合も同様なので，α が辺 AC と交わるときを考える。

α と辺 AC の交点をＳとする。α と平面 ABD の交線はＰを通る直線となるが，その直線は辺 AD と交わることはない。なぜなら，辺 AD と交わるとすると，交点をＴとして，α は同一直線上にない３点Ｓ，Ｔ，Ｑを含み，したがって α は平面 STQ すなわち平面 ACD と一致するが，これはＰを含まないので不適であるからである。よって，α と平面 ABD の交線は辺 BD と交わる。これをＴとする。

$\overrightarrow{AB}=\vec{b}$，$\overrightarrow{AC}=\vec{c}$，$\overrightarrow{AD}=\vec{d}$ とし，$AS:AC=s:1$ $(s\neq 0,\ 1)$，
$BT:BD=t:1$ $(t\neq 0,\ 1)$ とすると

$$\overrightarrow{AS}=s\vec{c},\quad \overrightarrow{AT}=(1-t)\vec{b}+t\vec{d}\quad \cdots\cdots①$$

Ｐ，Ｑ，Ｓ，Ｔは同一平面 α 上にあり，適当な実数 l，m を用いて

$$\overrightarrow{PQ}=l\overrightarrow{PS}+m\overrightarrow{PT}\quad \cdots\cdots②$$

と表すことができる。

②から

$$\overrightarrow{AQ}-\overrightarrow{AP}=l(\overrightarrow{AS}-\overrightarrow{AP})+m(\overrightarrow{AT}-\overrightarrow{AP})$$

$$(1-l-m)\overrightarrow{AP}-\overrightarrow{AQ}+l\overrightarrow{AS}+m\overrightarrow{AT}=\vec{0}$$

①と $\overrightarrow{AP}=\dfrac{\vec{b}}{2}$，$\overrightarrow{AQ}=\dfrac{\vec{c}+\vec{d}}{2}$ から

$$\frac{1-l-m}{2}\vec{b}-\frac{\vec{c}+\vec{d}}{2}+ls\vec{c}+m(1-t)\vec{b}+mt\vec{d}=\vec{0}$$

$$(1-l+m-2mt)\vec{b}+(2ls-1)\vec{c}+(2mt-1)\vec{d}=\vec{0}$$

$\vec{b}$，$\vec{c}$，$\vec{d}$ は１次独立なので

$$\begin{cases}1-l+m-2mt=0 & \cdots\cdots③\\ 2ls-1=0 & \cdots\cdots④\\ 2mt-1=0 & \cdots\cdots⑤\end{cases}$$

③，⑤から $l=m$ であり，これと④，⑤から $s=t\left(=\dfrac{1}{2l}\right)$ となる。

これと $AC=BD$ から

$$AS=BT\quad \cdots\cdots⑥,\quad DT=CS\quad \cdots\cdots⑦$$

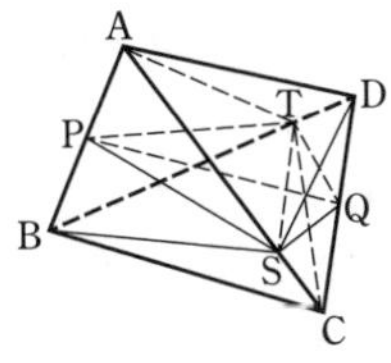

また，$\triangle ACD\equiv\triangle BDC$ から

$$\angle ACD=\angle BDC\quad \cdots\cdots⑧$$

⑦，⑧，$DC=CD$ から $\triangle DSC\equiv\triangle CTD$ となり

$$DS=CT\quad \cdots\cdots⑨$$

さらに，$\triangle BAC\equiv\triangle ABD$（$AC=BD$，$BC=AD$，$BA=AB$ より）から

$\angle BAC = \angle ABD$　……⑩

⑥，⑩，$AB = BA$ から $\triangle BAS \equiv \triangle ABT$ となり

$AT = BS$　……⑪

⑥，⑦，⑨，⑪，$AD = BC$，$ST = TS$ から

四面体 ADST と四面体 BCTS は合同なので体積は等しい。　……⑫

（＊）から

四面体 APST と四面体 BPTS の体積は等しい。　……⑬

四面体 DQST と四面体 CQTS の体積は等しい。　……⑭

α で分けられた四面体 ABCD の 2 つの部分のうち，A を含む部分の体積は四面体 ADST，APST，DQST の体積の和であり，B を含む部分の体積は四面体 BCTS，BPTS，CQTS の体積の和である。

⑫，⑬，⑭によりこれらはそれぞれ等しいので，α で分けられた 2 つの部分の体積は等しい。　（証明終）

〔注 2〕［解法 2］(2)では P，Q，S，T が同一平面上にあることをどう用いるかが重要である。ここではベクトルを用いて解法中の s，t について $s=t$ を導くところで P，Q，S，T が同一平面上にあることを用いており，これから $AS=BT$，$DT=CS$ を導き，その後，幾何を用いて四面体 ADST と四面体 BCTS が合同であることを示すという流れとなっている。

69 2017年度〔3〕 Level B

ポイント △PQRは正三角形であるから，辺PQの中点をMとすると，△PQRの面積が最小となる条件は，線分MRの長さが最小になることである。まず $\overrightarrow{OM}=s\overrightarrow{OA}$，$\overrightarrow{OR}=\overrightarrow{OB}+t\overrightarrow{BC}$ とおく。

［解法1］ MR⊥l すなわち，$\overrightarrow{OA}\cdot\overrightarrow{MR}=0$ から $|\overrightarrow{MR}|^2$ を t で表し，その最小値を求める。

［解法2］ MR⊥l かつ MR⊥m，すなわち $\overrightarrow{OA}\cdot\overrightarrow{MR}=0$ かつ $\overrightarrow{BC}\cdot\overrightarrow{MR}=0$ から s，t を求め，$|\overrightarrow{MR}|$ の最小値を求める。

解法1

△PQRは正三角形であるから，辺PQの中点をMとすると，△PQRの面積が最小になる条件は，線分MRの長さが最小になることである。

$$\overrightarrow{OA}=(0,\ -1,\ 1),\ \overrightarrow{OB}=(0,\ 2,\ 1),\ \overrightarrow{BC}=(-2,\ 0,\ -4)$$

点Mは直線 l 上，点Rは直線 m 上にあるから，s，t を実数として

$$\overrightarrow{OM}=s\overrightarrow{OA}=(0,\ -s,\ s)$$

$$\overrightarrow{OR}=\overrightarrow{OB}+t\overrightarrow{BC}=(-2t,\ 2,\ 1-4t)$$

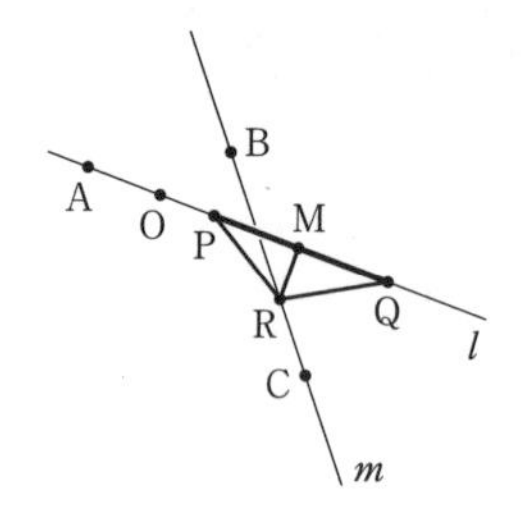

と表される。これより

$$\overrightarrow{MR}=\overrightarrow{OR}-\overrightarrow{OM}=(-2t,\ 2+s,\ 1-s-4t)$$

△PQRは正三角形であるから，$l\perp\overrightarrow{MR}$ より

$$\overrightarrow{OA}\cdot\overrightarrow{MR}=0$$

$$-(2+s)+(1-s-4t)=0$$

すなわち　$s=-2t-\dfrac{1}{2}$ ……①

よって

$$\overrightarrow{MR}=\left(-2t,\ -2t+\frac{3}{2},\ -2t+\frac{3}{2}\right)$$

$$|\overrightarrow{MR}|^2=(-2t)^2+\left(-2t+\frac{3}{2}\right)^2+\left(-2t+\frac{3}{2}\right)^2$$

$$=12t^2-12t+\frac{9}{2}$$

$$=12\left(t-\frac{1}{2}\right)^2+\frac{3}{2}$$

したがって，$|\overrightarrow{\mathrm{MR}}|^2$ は $t=\dfrac{1}{2}$ で最小値 $\dfrac{3}{2}$ をとるから，$|\overrightarrow{\mathrm{MR}}|$ は $t=\dfrac{1}{2}$ で最小値 $\dfrac{\sqrt{6}}{2}$ をとる。

このとき，①より $s=-\dfrac{3}{2}$ であるから　　$\overrightarrow{\mathrm{OM}}=\left(0,\ \dfrac{3}{2},\ -\dfrac{3}{2}\right)$

$t=\dfrac{1}{2}$ であるから　　$\overrightarrow{\mathrm{OR}}=(-1,\ 2,\ -1)$

△PQR は正三角形で，Mは辺 PQ の中点であるから

$$\mathrm{MP}=\mathrm{MQ}=\frac{1}{\sqrt{3}}\mathrm{MR}=\frac{\sqrt{2}}{2}$$

直線 l 上の点で，$\mathrm{MX}=\dfrac{\sqrt{2}}{2}$　……② を満たす点をXとし

$$\overrightarrow{\mathrm{OX}}=x\overrightarrow{\mathrm{OA}}=(0,\ -x,\ x)\quad (x\text{は実数})$$

とすると，$\overrightarrow{\mathrm{MX}}=\overrightarrow{\mathrm{OX}}-\overrightarrow{\mathrm{OM}}=\left(0,\ -x-\dfrac{3}{2},\ x+\dfrac{3}{2}\right)$ より

$$|\overrightarrow{\mathrm{MX}}|^2=\left(-x-\frac{3}{2}\right)^2+\left(x+\frac{3}{2}\right)^2=2\left(x+\frac{3}{2}\right)^2$$

これと②より

$$2\left(x+\frac{3}{2}\right)^2=\left(\frac{\sqrt{2}}{2}\right)^2$$

よって　　$x=-\dfrac{3}{2}\pm\dfrac{1}{2}=-1,\ -2$

したがって　　$\overrightarrow{\mathrm{OX}}=(0,\ 1,\ -1),\ (0,\ 2,\ -2)$

これが，$\overrightarrow{\mathrm{OP}}$ と $\overrightarrow{\mathrm{OQ}}$ である。

以上より

P$(0,\ 1,\ -1)$，Q$(0,\ 2,\ -2)$，R$(-1,\ 2,\ -1)$

または　　……(答)

P$(0,\ 2,\ -2)$，Q$(0,\ 1,\ -1)$，R$(-1,\ 2,\ -1)$

解法 2

($\overrightarrow{\mathrm{MR}}=(-2t,\ 2+s,\ 1-s-4t)$ までは［解法1］に同じ)

線分 MR の長さが最小になるとき，$l\perp\mathrm{MR}$ かつ $m\perp\mathrm{MR}$ であるから

$$\overrightarrow{\mathrm{OA}}\cdot\overrightarrow{\mathrm{MR}}=0\quad\text{かつ}\quad\overrightarrow{\mathrm{BC}}\cdot\overrightarrow{\mathrm{MR}}=0$$

よって

$$\begin{cases}-(2+s)+(1-s-4t)=0\\-2(-2t)-4(1-s-4t)=0\end{cases}$$

すなわち

$$\begin{cases} 2s+4t=-1 \\ s+5t=1 \end{cases}$$

これを解いて　　$s=-\dfrac{3}{2}$，$t=\dfrac{1}{2}$

したがって，$\overrightarrow{\mathrm{OM}}=\left(0,\ \dfrac{3}{2},\ -\dfrac{3}{2}\right)$，$\overrightarrow{\mathrm{OR}}=(-1,\ 2,\ -1)$ で，このとき

$$\overrightarrow{\mathrm{MR}}=\left(-1,\ \frac{1}{2},\ \frac{1}{2}\right),\ |\overrightarrow{\mathrm{MR}}|=\sqrt{(-1)^2+\left(\frac{1}{2}\right)^2+\left(\frac{1}{2}\right)^2}=\frac{\sqrt{6}}{2}$$

（以下，［解法１］に同じ）

〔注〕 $\overrightarrow{\mathrm{MR}}$ を s，t で表した後，$\overrightarrow{\mathrm{MR}}\perp l$ や $\overrightarrow{\mathrm{MR}}\perp m$ を用いず，次のような式処理により解くこともできる。

$\overrightarrow{\mathrm{MR}}=(-2t,\ 2+s,\ 1-s-4t)$ より

$$\begin{aligned} |\overrightarrow{\mathrm{MR}}|^2 &= (-2t)^2+(2+s)^2+(1-s-4t)^2 \\ &= 2s^2+2(4t+1)s+20t^2-8t+5 \\ &= 2\left(s+\frac{4t+1}{2}\right)^2+12t^2-12t+\frac{9}{2} \\ &= 2\left(s+\frac{4t+1}{2}\right)^2+12\left(t-\frac{1}{2}\right)^2+\frac{3}{2} \end{aligned}$$

よって，$|\overrightarrow{\mathrm{MR}}|^2$ は，$t=\dfrac{1}{2}$ かつ $s=-\dfrac{4t+1}{2}$，すなわち $t=\dfrac{1}{2}$，$s=-\dfrac{3}{2}$ で最小値 $\dfrac{3}{2}$ をとる。

70 2016年度〔4〕 Level B

ポイント ［解法1］ 初等幾何による。たとえば辺COの中点をMとし，平面ABM⊥COであることを導き，AO＝ACかつBO＝BCを示す。

［解法2］ ベクトルによる。$\overrightarrow{OA}=\vec{a}$，$\overrightarrow{OB}=\vec{b}$，$\overrightarrow{OC}=\vec{c}$とおき，$\overrightarrow{AG}\cdot\overrightarrow{OB}=0$，$\overrightarrow{AG}\cdot\overrightarrow{OC}=0$など6つの関係式から$\vec{a}\cdot\vec{b}=\vec{b}\cdot\vec{c}=\vec{c}\cdot\vec{a}$を導き，これを利用する。

解法1

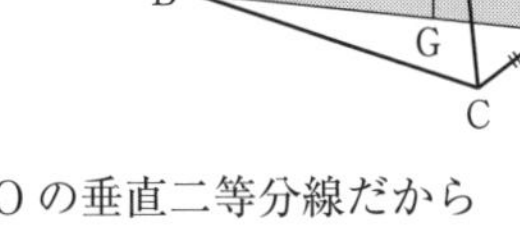

△BCOの重心をG，△ACOの重心をHとする。また，辺COの中点をMとする。さらに平面ABMをαとおく。G，Hはそれぞれ線分BM，AM上にあり，したがって，直線AG，BHはα上の交わる2直線である。 ……①

$$\begin{cases} \text{AG}\perp\text{平面BCO より} \quad \text{AG}\perp\text{CO} \\ \text{BH}\perp\text{平面ACO より} \quad \text{BH}\perp\text{CO} \end{cases} \quad \cdots\cdots②$$

①，②より　$\text{CO}\perp\alpha$

よって，$\begin{cases} \text{CO}\perp\text{AM} \\ \text{CO}\perp\text{BM} \end{cases}$となり，AM，BMとも線分COの垂直二等分線だから

$$\begin{cases} \text{AC}=\text{AO} \\ \text{BC}=\text{BO} \end{cases} \quad \cdots\cdots③$$

OBの中点をNとすると，OB⊥平面ACNとなることから，同様にして

$$\begin{cases} \text{AB}=\text{AO} \\ \text{CB}=\text{CO} \end{cases} \quad \cdots\cdots④$$

OAの中点をLとすると，OA⊥平面BLCとなることから，同様にして

$$\begin{cases} \text{CA}=\text{CO} \\ \text{BA}=\text{BO} \end{cases} \quad \cdots\cdots⑤$$

③，④，⑤から，AC＝AO＝AB＝BO＝BC＝COとなり，四面体OABCは正四面体である。 （証明終）

解法2

$\overrightarrow{OA}=\vec{a}$，$\overrightarrow{OB}=\vec{b}$，$\overrightarrow{OC}=\vec{c}$とし，△OBC，△OCA，△OABの重心をそれぞれG，H，Iとする。

$$\overrightarrow{AG}=\overrightarrow{OG}-\overrightarrow{OA}=\frac{1}{3}(\vec{b}+\vec{c})-\vec{a}$$

$$\overrightarrow{BH}=\overrightarrow{OH}-\overrightarrow{OB}=\frac{1}{3}(\vec{c}+\vec{a})-\vec{b}$$

$$\overrightarrow{\mathrm{CI}}=\overrightarrow{\mathrm{OI}}-\overrightarrow{\mathrm{OC}}=\frac{1}{3}(\vec{a}+\vec{b})-\vec{c}$$

AG⊥平面OBC より，$\overrightarrow{\mathrm{AG}}\perp\overrightarrow{\mathrm{OB}}$，$\overrightarrow{\mathrm{AG}}\perp\overrightarrow{\mathrm{OC}}$ であるから

$$\overrightarrow{\mathrm{AG}}\cdot\overrightarrow{\mathrm{OB}}=\frac{1}{3}|\vec{b}|^2+\frac{1}{3}\vec{b}\cdot\vec{c}-\vec{a}\cdot\vec{b}=0 \quad \cdots\cdots①$$

$$\overrightarrow{\mathrm{AG}}\cdot\overrightarrow{\mathrm{OC}}=\frac{1}{3}\vec{b}\cdot\vec{c}+\frac{1}{3}|\vec{c}|^2-\vec{a}\cdot\vec{c}=0 \quad \cdots\cdots②$$

同様に，$\overrightarrow{\mathrm{BH}}\perp\overrightarrow{\mathrm{OA}}$，$\overrightarrow{\mathrm{BH}}\perp\overrightarrow{\mathrm{OC}}$，$\overrightarrow{\mathrm{CI}}\perp\overrightarrow{\mathrm{OA}}$，$\overrightarrow{\mathrm{CI}}\perp\overrightarrow{\mathrm{OB}}$ であるから

$$\overrightarrow{\mathrm{BH}}\cdot\overrightarrow{\mathrm{OA}}=\frac{1}{3}\vec{a}\cdot\vec{c}+\frac{1}{3}|\vec{a}|^2-\vec{a}\cdot\vec{b}=0 \quad \cdots\cdots③$$

$$\overrightarrow{\mathrm{BH}}\cdot\overrightarrow{\mathrm{OC}}=\frac{1}{3}|\vec{c}|^2+\frac{1}{3}\vec{a}\cdot\vec{c}-\vec{b}\cdot\vec{c}=0 \quad \cdots\cdots④$$

$$\overrightarrow{\mathrm{CI}}\cdot\overrightarrow{\mathrm{OA}}=\frac{1}{3}|\vec{a}|^2+\frac{1}{3}\vec{a}\cdot\vec{b}-\vec{a}\cdot\vec{c}=0 \quad \cdots\cdots⑤$$

$$\overrightarrow{\mathrm{CI}}\cdot\overrightarrow{\mathrm{OB}}=\frac{1}{3}\vec{a}\cdot\vec{b}+\frac{1}{3}|\vec{b}|^2-\vec{b}\cdot\vec{c}=0 \quad \cdots\cdots⑥$$

③，⑤より　$|\vec{a}|^2=3\vec{a}\cdot\vec{b}-\vec{a}\cdot\vec{c}=3\vec{a}\cdot\vec{c}-\vec{a}\cdot\vec{b}$　……⑦

①，⑥より　$|\vec{b}|^2=3\vec{a}\cdot\vec{b}-\vec{b}\cdot\vec{c}=3\vec{b}\cdot\vec{c}-\vec{a}\cdot\vec{b}$　……⑧

②，④より　$|\vec{c}|^2=3\vec{a}\cdot\vec{c}-\vec{b}\cdot\vec{c}=3\vec{b}\cdot\vec{c}-\vec{a}\cdot\vec{c}$　……⑨

⑦より　$\vec{a}\cdot\vec{b}=\vec{a}\cdot\vec{c}$

⑧より　$\vec{a}\cdot\vec{b}=\vec{b}\cdot\vec{c}$

⑨より　$\vec{b}\cdot\vec{c}=\vec{a}\cdot\vec{c}$

よって　$\vec{a}\cdot\vec{b}=\vec{b}\cdot\vec{c}=\vec{c}\cdot\vec{a}$（$=k$ とする）

これをふたたび⑦，⑧，⑨に代入すると

$$|\vec{a}|^2=|\vec{b}|^2=|\vec{c}|^2=2k \quad \cdots\cdots⑩$$

また

$$|\vec{b}-\vec{c}|^2=|\vec{b}|^2-2\vec{b}\cdot\vec{c}+|\vec{c}|^2=2k \quad (⑩より)$$

同様に

$$|\vec{c}-\vec{a}|^2=2k,\ |\vec{a}-\vec{b}|^2=2k$$

となり

$$\mathrm{OA}=\mathrm{OB}=\mathrm{OC}=\mathrm{AB}=\mathrm{BC}=\mathrm{CA}$$

が成り立ち，四面体 OABC は正四面体である。　（証明終）

71 2014年度〔3〕（文理共通） Level A

ポイント P，Q，Rの座標をそれぞれ媒介変数を用いて表し，$\overrightarrow{PQ}\cdot\vec{v}=0$，$\overrightarrow{PR}\cdot\vec{w}=0$ から得られる関係式を利用して，PQ^2+PR^2 を計算する。

解法

p，q，r を実数として

$$\overrightarrow{OP}=\overrightarrow{OA}+p\vec{u}=(2p+1,\ p,\ -p-2)$$
$$\overrightarrow{OQ}=\overrightarrow{OB}+q\vec{v}=(q+1,\ -q+2,\ q-3)$$
$$\overrightarrow{OR}=\overrightarrow{OC}+r\vec{w}=(r+1,\ 2r-1,\ r)$$

とかけて

$$\overrightarrow{PQ}=\overrightarrow{OQ}-\overrightarrow{OP}=(-2p+q,\ -p-q+2,\ p+q-1)\quad\cdots\cdots①$$
$$\overrightarrow{PR}=\overrightarrow{OR}-\overrightarrow{OP}=(-2p+r,\ -p+2r-1,\ p+r+2)\quad\cdots\cdots②$$

である。また，$PQ\perp m$，$PR\perp n$ であるから

$$\overrightarrow{PQ}\cdot\vec{v}=0\quad\cdots\cdots③\qquad \overrightarrow{PR}\cdot\vec{w}=0\quad\cdots\cdots④$$

①，③より　$(-2p+q)\cdot1+(-p-q+2)\cdot(-1)+(p+q-1)\cdot1=0$

これより　$q=1$　……⑤

②，④より　$(-2p+r)\cdot1+(-p+2r-1)\cdot2+(p+r+2)\cdot1=0$

これより　$p=2r$　……⑥

①，⑤，⑥から

$$\overrightarrow{PQ}=(-4r+1,\ -2r+1,\ 2r)$$

②，⑥から

$$\overrightarrow{PR}=(-3r,\ -1,\ 3r+2)$$

よって

$$PQ^2+PR^2=|\overrightarrow{PQ}|^2+|\overrightarrow{PR}|^2$$
$$=(-4r+1)^2+(-2r+1)^2+(2r)^2+(-3r)^2+(-1)^2+(3r+2)^2$$
$$=42r^2+7$$

ゆえに，PQ^2+PR^2 が最小となるのは $r=0$ のときであり，このとき，⑥から $p=0$ となり

$$P(1,\ 0,\ -2),\ PQ^2+PR^2\ の最小値は\ 7\quad\cdots\cdots(答)$$

〔注〕 $\vec{u}\cdot\vec{v}=0$ から，$l\perp m$ である。したがって，l 上の点Pから m に下ろした垂線の足Qは P によらない定点となる。これが，［解法］で q が定数となる理由である。

72　2012年度〔2〕（文理共通）　Level　A

ポイント　OP＝OQ＝ORを示す。△OPQ，△OQR，△ORPで余弦定理を用いた3式すべてを用いる。

解法

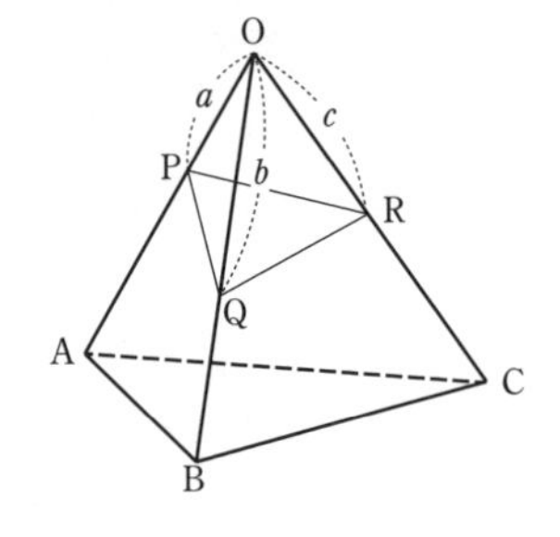

$\mathrm{OP}=a$，$\mathrm{OQ}=b$，$\mathrm{OR}=c$とすると，余弦定理より

$$\mathrm{PQ}^2=a^2+b^2-2ab\cos 60^\circ=a^2-ab+b^2 \quad \cdots\cdots①$$

$$\mathrm{QR}^2=b^2-bc+c^2 \quad \cdots\cdots②$$

$$\mathrm{RP}^2=c^2-ca+a^2 \quad \cdots\cdots③$$

△PQRが正三角形であることより，①＝②＝③である。

①＝②（①－②＝0）より　　$a^2-c^2-ab+bc=0$

$$(a+c)(a-c)-b(a-c)=0$$

$$(a-c)(a-b+c)=0 \quad \cdots\cdots④$$

②＝③（③－②＝0）より　　$a^2-b^2-ca+bc=0$

$$(a+b)(a-b)-c(a-b)=0 \qquad (a-b)(a+b-c)=0 \quad \cdots\cdots⑤$$

⑤より　　$a=b$　または　$c=a+b$

$c=a+b$のとき，これを④に代入すると

$$-b\cdot 2a=0 \qquad ab=0$$

ゆえに，$a=0$または$b=0$となり，これは，P，Q，Rが四面体OABCの頂点とは異なることに反する。よって，$c=a+b$とはならず，$a=b$でなければならない。

$a=b$を④に代入すると

$$(a-c)c=0$$

$c\neq 0$より　　$a=c$

以上より　　$a=b=c$　（つまり，OP＝OQ＝OR）

である。一方，四面体OABCは正四面体であることより，OA＝OB＝OCである。

ゆえに，OP：OA＝OQ：OB＝OR：OCとなり，PQ∥AB，QR∥BC，RP∥CAが成り立つ。　　　　（証明終）

73 2011年度〔2〕 Level B

ポイント [解法1] $\overrightarrow{OA}=\vec{a}$, $\overrightarrow{OB}=\vec{b}$, $\overrightarrow{OC}=\vec{c}$とおき，条件から$|\vec{a}|^2$, $|\vec{b}|^2$, $|\vec{c}|^2$, $\vec{a}\cdot\vec{b}$, $\vec{b}\cdot\vec{c}$, $\vec{c}\cdot\vec{a}$の値を求める。次いで，$\overrightarrow{OH}$を$\vec{a}$, $\vec{b}$, $\vec{c}$で表し，$|\overrightarrow{OH}|^2$を求める。

[解法2] 平面OBCをxy平面とする座標空間を考え，Aの座標を求める。次いで，四面体OABCの体積を利用してOHを求める。

[解法3] [解法2]と同様にAの座標を求めた後，平面ABCの方程式を求め，この平面とOの距離を求める。

[解法4] BCの中点をMとして，平面OAM⊥BCを示し，HがAM上にあることを導き，三平方の定理を用いてAM, AH, OHを求める。

解法 1

$\overrightarrow{OA}=\vec{a}$, $\overrightarrow{OB}=\vec{b}$, $\overrightarrow{OC}=\vec{c}$とする。条件より

$$\begin{cases} \vec{a}\cdot(\vec{c}-\vec{b})=0 & \cdots\cdots ① \\ \vec{b}\cdot\vec{c}=0 & \cdots\cdots ② \\ |\vec{a}|=2 & \cdots\cdots ③ \\ |\vec{b}|=|\vec{c}|=3 & \cdots\cdots ④ \\ |\vec{b}-\vec{a}|=\sqrt{7} & \cdots\cdots ⑤ \end{cases}$$

⑤より　$|\vec{b}|^2-2\vec{a}\cdot\vec{b}+|\vec{a}|^2=7$

③，④を代入して　$9-2\vec{a}\cdot\vec{b}+4=7$

よって　$\vec{a}\cdot\vec{b}=3$　……⑥

①に代入して　$\vec{c}\cdot\vec{a}=3$　……⑦

次に，$\overrightarrow{OH}=\vec{h}$とすると，$\overrightarrow{OH}\perp$平面ABCより$\overrightarrow{OH}\perp\overrightarrow{AB}$, $\overrightarrow{OH}\perp\overrightarrow{AC}$だから

$$\vec{h}\cdot(\vec{b}-\vec{a})=0 \quad \cdots\cdots ⑧, \quad \vec{h}\cdot(\vec{c}-\vec{a})=0 \quad \cdots\cdots ⑨$$

また，Hは平面ABC上の点だから，実数s, tを用いて

$$\vec{h}=(1-s-t)\vec{a}+s\vec{b}+t\vec{c} \quad \cdots\cdots ⑩$$

とおける。⑧に⑩を代入し，整理すると

$$(1-s-t)(\vec{a}\cdot\vec{b}-|\vec{a}|^2)+s(|\vec{b}|^2-\vec{a}\cdot\vec{b})+t(\vec{b}\cdot\vec{c}-\vec{c}\cdot\vec{a})=0$$

これに，②，③，④，⑥，⑦を代入して整理すると

$$7s-2t-1=0 \quad \cdots\cdots ⑪$$

同様に，⑨に⑩を代入し，整理すると

$$(1-s-t)(\vec{c}\cdot\vec{a}-|\vec{a}|^2)+s(\vec{b}\cdot\vec{c}-\vec{a}\cdot\vec{b})+t(|\vec{c}|^2-\vec{c}\cdot\vec{a})=0$$

これに，②，③，④，⑥，⑦を代入して整理すると

$$-2s+7t-1=0 \quad \cdots\cdots ⑫$$

⑪，⑫より　　$s=t=\dfrac{1}{5}$

よって，⑩より　　$\vec{h}=\dfrac{3}{5}\vec{a}+\dfrac{1}{5}\vec{b}+\dfrac{1}{5}\vec{c}=\dfrac{1}{5}(3\vec{a}+\vec{b}+\vec{c})$

ゆえに　　$|\vec{h}|=\dfrac{1}{5}\sqrt{9|\vec{a}|^2+|\vec{b}|^2+|\vec{c}|^2+6\vec{a}\cdot\vec{b}+2\vec{b}\cdot\vec{c}+6\vec{c}\cdot\vec{a}}$

$=\dfrac{1}{5}\sqrt{36+9+9+18+0+18}$　（②，③，④，⑥，⑦より）

$=\dfrac{3\sqrt{10}}{5}$　……（答）

解法 2

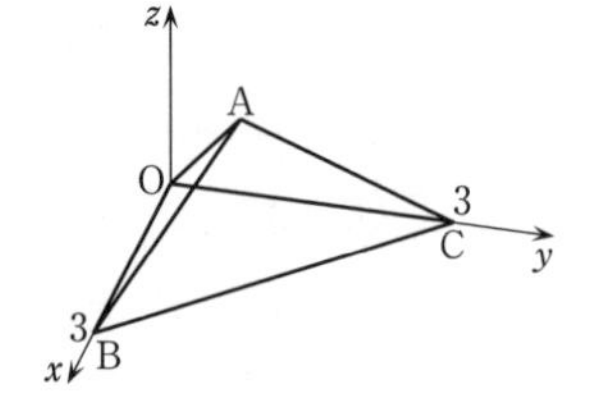

$\overrightarrow{OB}\perp\overrightarrow{OC}$，$|\overrightarrow{OB}|=|\overrightarrow{OC}|=3$ より，座標空間で

O(0, 0, 0)，B(3, 0, 0)，C(0, 3, 0)

とおくことができる。

さらに，A(x, y, z) とする。$z>0$ としてよい。

$|\overrightarrow{OA}|^2=4$，$|\overrightarrow{AB}|^2=7$，$\overrightarrow{OA}\perp\overrightarrow{BC}$ であるから，

$\overrightarrow{BC}=(-3, 3, 0)$ より

$$\begin{cases} x^2+y^2+z^2=4 \\ (x-3)^2+y^2+z^2=7 \\ \overrightarrow{OA}\cdot\overrightarrow{BC}=-3x+3y=0 \end{cases}$$

これを解くと　　$x=y=1,\quad z=\sqrt{2}$

よって，A$(1, 1, \sqrt{2})$ である。ゆえに，四面体 OABC の体積を V とすると

$$V=\frac{1}{3}\triangle OBC\cdot\sqrt{2}=\frac{1}{3}\cdot\frac{9}{2}\cdot\sqrt{2}=\frac{3\sqrt{2}}{2} \quad \cdots\cdots ①$$

また，△ABC は AB＝AC＝$\sqrt{7}$，BC＝$3\sqrt{2}$ の二等辺三角形となるから，A から BC までの高さは $\sqrt{7-\left(\dfrac{3\sqrt{2}}{2}\right)^2}=\dfrac{\sqrt{10}}{2}$ であり

$$\triangle ABC=\frac{1}{2}\cdot\frac{\sqrt{10}}{2}\cdot3\sqrt{2}=\frac{3\sqrt{5}}{2}$$

ゆえに，O から平面 ABC までの高さ OH を h とすると

$$V=\frac{1}{3}\cdot\frac{3\sqrt{5}}{2}h=\frac{\sqrt{5}}{2}h \quad \cdots\cdots ②$$

①，②より

$$\frac{\sqrt{5}}{2}h=\frac{3\sqrt{2}}{2}\qquad \therefore\quad h=\frac{3\sqrt{10}}{5}\quad \cdots\cdots(\text{答})$$

解法 3

（$A(1,\ 1,\ \sqrt{2})$ を求めるところまでは［解法 2］に同じ）

平面 ABC の方程式を $ax+by+cz+d=0$ とすると，この平面が 3 点 $A(1,\ 1,\ \sqrt{2})$，$B(3,\ 0,\ 0)$，$C(0,\ 3,\ 0)$ を通ることより

$$\begin{cases} a+b+\sqrt{2}c+d=0 \\ 3a+d=0 \\ 3b+d=0 \end{cases}$$

これを a，b，c について解くと

$$a=-\frac{d}{3},\quad b=-\frac{d}{3},\quad c=-\frac{d}{3\sqrt{2}}$$

$$a:b:c:d=1:1:\frac{1}{\sqrt{2}}:-3$$

よって，平面 ABC の方程式は $x+y+\frac{1}{\sqrt{2}}z-3=0$ である。

OH はOと平面 ABC の距離なので

$$\mathrm{OH}=\frac{|-3|}{\sqrt{1+1+\frac{1}{2}}}=\frac{3\sqrt{10}}{5}\quad \cdots\cdots(\text{答})$$

解法 4

条件より，△OBC は∠BOC＝90° の直角二等辺三角形である。よって，BC の中点をMとすると

　　OM⊥BC

である。これと，条件 OA⊥BC より

　　BC⊥平面OAM

である。また，OH⊥平面ABC より OH⊥BC であるから，これと OM⊥BC より

　　BC⊥平面OHM

である。Mを通り BC に垂直な平面はただ1つだから，平面 OAM と平面 OHM は同一平面である。よって，Hは直線 AM 上にある。また，BC⊥平面 OAM より AM⊥BC である。ゆえに

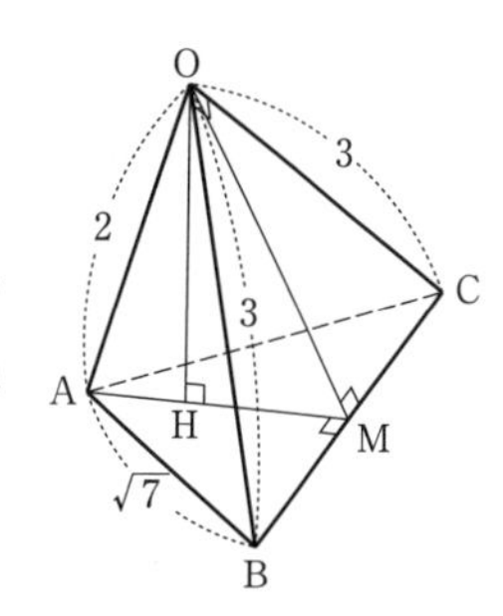

$$AM = \sqrt{AB^2 - BM^2} = \sqrt{7 - \left(\frac{3}{\sqrt{2}}\right)^2} = \frac{\sqrt{10}}{2}$$

また，$OM = \dfrac{3}{\sqrt{2}}$ であり，$AH = x$ とおいて OH^2 を 2 通りに計算すると

$$OA^2 - AH^2 = OM^2 - HM^2$$

$$4 - x^2 = \frac{9}{2} - \left(\frac{\sqrt{10}}{2} - x\right)^2$$

これより　　$x = \dfrac{2}{\sqrt{10}}$

ゆえに

$$OH = \sqrt{OA^2 - x^2}$$

$$= \sqrt{2^2 - \left(\frac{2}{\sqrt{10}}\right)^2} = \frac{3\sqrt{10}}{5} \quad \cdots\cdots(\text{答})$$

〔注〕［解法 4］において，「三垂線の定理」を用いれば，BC⊥平面 OAM を導いた後，「AM⊥BC であるから，三垂線の定理によりHは直線 AM 上にある」と簡潔に記述することができる。

74 2009年度〔1〕問1 Level A

ポイント Hの座標をパラメータ表示し，$\overrightarrow{CH}\cdot\overrightarrow{AB}=0$ を利用する。

解法

Hは直線AB上の点なので，適当な実数 t を用いて

$$\begin{aligned}\overrightarrow{OH}&=\overrightarrow{OA}+t\overrightarrow{AB}\\&=(-3,\ -1,\ 1)+t(2,\ 1,\ -1)\\&=(2t-3,\ t-1,\ -t+1)\end{aligned}$$

と表される。CH⊥ABより

$$\begin{aligned}0&=\overrightarrow{CH}\cdot\overrightarrow{AB}\\&=(2t-5,\ t-4,\ -t-2)\cdot(2,\ 1,\ -1)\\&=6t-12\end{aligned}$$

よって　$t=2$

ゆえに　H$(1,\ 1,\ -1)$　……(答)

75 2007年度〔4〕 Level A

ポイント P，Qの座標を媒介変数表示し，$\overrightarrow{PQ}\cdot\vec{a}=\overrightarrow{PQ}\cdot\vec{b}=0$ となるP，Qを求める。

［解法1］ 上記の方針による。

［解法2］ P，Qの座標を媒介変数表示した後，$|\overrightarrow{PQ}|^2$ を計算し，2次式の最小値を求める。

解法 1

$$\overrightarrow{OP}=(3,\ 4,\ 0)+s(1,\ 1,\ 1)=(s+3,\ s+4,\ s)$$
$$\overrightarrow{OQ}=(2,\ -1,\ 0)+t(1,\ -2,\ 0)=(t+2,\ -2t-1,\ 0)$$

とおくことができる（s，t は任意の実数）。よって

$$\overrightarrow{PQ}=\overrightarrow{OQ}-\overrightarrow{OP}=(t-s-1,\ -2t-s-5,\ -s)\quad\cdots\cdots①$$

PQの長さが最小になるのは，PQ⊥l，PQ⊥m のときである。

まずPQ⊥l より $\overrightarrow{PQ}\cdot\vec{a}=0$ だから

$$\overrightarrow{PQ}\cdot\vec{a}=(t-s-1,\ -2t-s-5,\ -s)\cdot(1,\ 1,\ 1)$$
$$=-t-3s-6=0\quad\cdots\cdots②$$

同様に，PQ⊥m より $\overrightarrow{PQ}\cdot\vec{b}=0$ だから

$$\overrightarrow{PQ}\cdot\vec{b}=(t-s-1,\ -2t-s-5,\ -s)\cdot(1,\ -2,\ 0)$$
$$=5t+s+9=0\quad\cdots\cdots③$$

②，③を解くと　$s=-\dfrac{3}{2}$，$t=-\dfrac{3}{2}$

これを①に代入して，PQの長さが最小になるときの $\overrightarrow{PQ}$ は

$$\overrightarrow{PQ}=\left(-1,\ -\frac{1}{2},\ \frac{3}{2}\right)$$

よって，PQの長さの最小値は

$$\sqrt{(-1)^2+\left(-\frac{1}{2}\right)^2+\left(\frac{3}{2}\right)^2}=\frac{\sqrt{14}}{2}\quad\cdots\cdots(答)$$

解法 2

［解法1］の①を用いて

$$|\overrightarrow{PQ}|^2=(t-s-1)^2+(-2t-s-5)^2+(-s)^2=3s^2+2st+5t^2+12s+18t+26$$
$$=3s^2+2(t+6)s+5t^2+18t+26\quad(\Longleftarrow s\text{で整理})$$
$$=3\left(s+\frac{t+6}{3}\right)^2-\frac{(t+6)^2}{3}+5t^2+18t+26=3\left(s+\frac{t}{3}+2\right)^2+\frac{14}{3}t^2+14t+14$$

$$=3\left(s+\frac{t}{3}+2\right)^2+\frac{14}{3}\left(t+\frac{3}{2}\right)^2+\frac{7}{2}$$

これが最小になるとき

$$s+\frac{t}{3}+2=0,\ t+\frac{3}{2}=0 \qquad \therefore\ s=-\frac{3}{2},\ t=-\frac{3}{2}$$

このとき PQ は最小値 $\sqrt{\frac{7}{2}}=\frac{\sqrt{14}}{2}$ をとる。 ……(答)

研究　＜空間ベクトルの外積＞

一般に，空間のベクトル $\vec{a}=(a_1,\ a_2,\ a_3)$ と $\vec{b}=(b_1,\ b_2,\ b_3)$ が1次独立 $(\vec{a}\neq\vec{0},\ \vec{b}\neq\vec{0},\ \vec{a}\not\parallel\vec{b})$ のとき，$\vec{a}$ と $\vec{b}$ の両方に垂直なベクトルの1つとして

$$\vec{h}=(a_2b_3-a_3b_2,\ a_3b_1-a_1b_3,\ a_1b_2-a_2b_1)$$

をとることができる（これを $\vec{a}$ と $\vec{b}$ の外積とよぶ）。

（便法として右図のような作り方がある。）

a_1		a_2		a_3		a_1
	╳		╳		╳	
b_1		b_2		b_3		b_1
	$a_1b_2-a_2b_1$		$a_2b_3-a_3b_2$		$a_3b_1-a_1b_3$	
	（z 座標）		（x 座標）		（y 座標）	

この理由は，実際に $\vec{a}\cdot\vec{h}=\vec{b}\cdot\vec{h}=0$ が計算で確認できることによってもよいし，あるいは，$\vec{h}=(x,\ y,\ z)$ として

$$\begin{cases} a_1x+a_2y+a_3z=0 \\ b_1x+b_2y+b_3z=0 \end{cases}$$

から $x:y:z$ を求めることによってもよい。この知識を前提とすると，本問では，$\vec{a}$ と $\vec{b}$ の外積 $\vec{h}=(2,\ 1,\ -3)$ を計算欄で得ておき，天下り的に

$\vec{h}=(2,\ 1,\ -3)$ とすると $\vec{a}\cdot\vec{h}=\vec{b}\cdot\vec{h}=0$ であるから，$\overrightarrow{\mathrm{PQ}}=k\vec{h}$（$k$ は実数）のとき，PQ の長さは最短となる。

$$\begin{cases} t-s-1=2k \\ -2t-s-5=k \\ -s=-3k \end{cases} \text{より} \qquad k=-\frac{1}{2}$$

このとき　$|\overrightarrow{\mathrm{PQ}}|=\sqrt{k^2|\vec{h}|^2}=\sqrt{\frac{1}{4}\times 14}=\sqrt{\frac{7}{2}}=\frac{\sqrt{14}}{2}$

とする解法も可となる。

76 2006年度〔2〕 Level A

ポイント $\overrightarrow{\mathrm{DE}}\perp$平面ABCかつ線分DEの中点が平面ABC上にあるようなEを求める。

[解法1] 平面ABCの方程式を求め，これを利用する。

[解法2] 平面の方程式によらない解法による。

解法1

3点A，B，Cを通る平面をαとする。αの式を$ax+by+cz=d$とすると

$$\begin{cases} 2a+b=d \\ a+c=d \\ b+2c=d \end{cases}$$

これより　$a=\frac{1}{2}d$，$b=0$，$c=\frac{1}{2}d$

よって，平面αの式は$x+z=2$であり，平面αの法線ベクトルの1つは$(1,\ 0,\ 1)$である。

点Dと点Eが平面αに関して対称であるための条件は

$$\begin{cases} \overrightarrow{\mathrm{DE}}\parallel(1,\ 0,\ 1) & \cdots\cdots① \\ \text{線分DEの中点Mが平面}\alpha\text{上にある} & \cdots\cdots② \end{cases}$$

である。Oを原点，tを実数として

$$① \iff \overrightarrow{\mathrm{DE}}=t(1,\ 0,\ 1)$$
$$\iff \overrightarrow{\mathrm{OE}}=(t,\ 0,\ t)+(1,\ 3,\ 7)=(t+1,\ 3,\ t+7)$$

この条件のもとで$\mathrm{M}\left(\frac{t+2}{2},\ 3,\ \frac{t+14}{2}\right)$なので

$$② \iff \frac{t+2}{2}+\frac{t+14}{2}=2 \iff t=-6$$

よって　$\mathrm{E}(-5,\ 3,\ 1)$ ……(答)

解法2

$\mathrm{E}(x,\ y,\ z)$とする。直線DEは平面ABCと垂直だから，

$\overrightarrow{\mathrm{DE}}\perp\overrightarrow{\mathrm{AB}}$，$\overrightarrow{\mathrm{DE}}\perp\overrightarrow{\mathrm{AC}}$，すなわち$\overrightarrow{\mathrm{DE}}\cdot\overrightarrow{\mathrm{AB}}=0$，$\overrightarrow{\mathrm{DE}}\cdot\overrightarrow{\mathrm{AC}}=0$である。

ここで，$\overrightarrow{\mathrm{DE}}=(x-1,\ y-3,\ z-7)$，$\overrightarrow{\mathrm{AB}}=(-1,\ -1,\ 1)$，$\overrightarrow{\mathrm{AC}}=(-2,\ 0,\ 2)$だから

$\overrightarrow{\mathrm{DE}}\cdot\overrightarrow{\mathrm{AB}}=0$より　$-(x-1)-(y-3)+z-7=0$

$\therefore\ x+y-z=-3$ ……①

$\overrightarrow{\mathrm{DE}}\cdot\overrightarrow{\mathrm{AC}}=0$ より　　$-2(x-1)+2(z-7)=0$

$\therefore\ \ x-z=-6$ ……②

次に，DE の中点を F とすると，F は平面 ABC 上にあるから，$\overrightarrow{\mathrm{AF}}=s\overrightarrow{\mathrm{AB}}+t\overrightarrow{\mathrm{AC}}$（$s$, t は実数）と表せる。

ここで，$\mathrm{F}\left(\dfrac{x+1}{2},\ \dfrac{y+3}{2},\ \dfrac{z+7}{2}\right)$ より

$$\overrightarrow{\mathrm{AF}}=\left(\frac{x+1}{2}-2,\ \frac{y+3}{2}-1,\ \frac{z+7}{2}\right)=\frac{1}{2}(x-3,\ y+1,\ z+7)$$

であるから

$$\frac{1}{2}(x-3,\ y+1,\ z+7)=s(-1,\ -1,\ 1)+t(-2,\ 0,\ 2)$$

$$(x-3,\ y+1,\ z+7)=2(-s-2t,\ -s,\ s+2t)$$

すなわち

$$\begin{cases} x-3=2(-s-2t) & \cdots\cdots ③ \\ y+1=-2s & \cdots\cdots ④ \\ z+7=2(s+2t) & \cdots\cdots ⑤ \end{cases}$$

③，④，⑤より

$$\begin{cases} x=-2s-4t+3 & \cdots\cdots ③' \\ y=-2s-1 & \cdots\cdots ④' \\ z=2s+4t-7 & \cdots\cdots ⑤' \end{cases}$$

これらを①，②に代入すると

$$-2s-4t+3-2s-1-2s-4t+7=-3$$

$$3s+4t=6 \quad \cdots\cdots ⑥$$

$$-2s-4t+3-2s-4t+7=-6$$

$$s+2t=4 \quad \cdots\cdots ⑦$$

⑥，⑦より　　$s=-2,\ t=3$

よって，③′，④′，⑤′ より　　$x=-5,\ y=3,\ z=1$

すなわち　　E$(-5,\ 3,\ 1)$ ……(答)

77 2003年度〔3〕(文理共通(一部)) Level B

ポイント 四面のすべてが正三角形であることを示す。

[解 法 1] $|\overrightarrow{OA}|=|\overrightarrow{OB}|=|\overrightarrow{OC}|$ を示した後，条件(i)を $\overrightarrow{AO}\perp\overrightarrow{BC}$，$\overrightarrow{AC}\perp\overrightarrow{OB}$，$\overrightarrow{AB}\perp\overrightarrow{OC}$ とみて，同様に $|\overrightarrow{AO}|=|\overrightarrow{AC}|=|\overrightarrow{AB}|$ を示し，$\overrightarrow{BC}\perp\overrightarrow{AO}$，$\overrightarrow{BO}\perp\overrightarrow{AC}$，$\overrightarrow{BA}\perp\overrightarrow{OC}$ とみて，同様に $|\overrightarrow{BC}|=|\overrightarrow{BO}|=|\overrightarrow{BA}|$ を示す。ベクトルを用いた三角形の面積の公式が有効。

[解法 2] OA＝OB＝OC だけでなく，∠AOB＝∠BOC＝∠COA も導き，△OAB，△OBC，△OCA が合同な二等辺三角形であることを利用する。

解 法 1

$\overrightarrow{OA}=\vec{a}$，$\overrightarrow{OB}=\vec{b}$，$\overrightarrow{OC}=\vec{c}$ とおく。

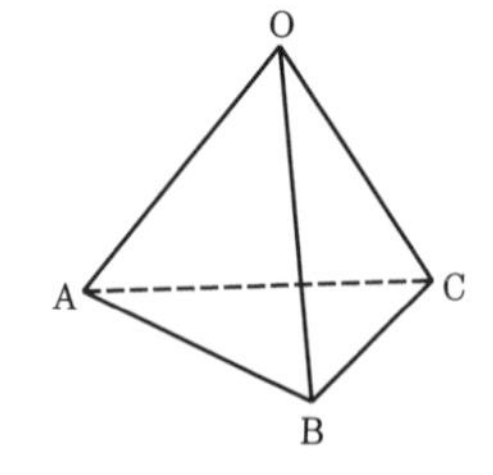

条件(i)より

$$\begin{cases}\overrightarrow{OA}\cdot\overrightarrow{BC}=\vec{a}\cdot(\vec{c}-\vec{b})=\vec{c}\cdot\vec{a}-\vec{a}\cdot\vec{b}=0\\ \overrightarrow{OB}\cdot\overrightarrow{AC}=\vec{b}\cdot(\vec{c}-\vec{a})=\vec{b}\cdot\vec{c}-\vec{a}\cdot\vec{b}=0\\ \overrightarrow{OC}\cdot\overrightarrow{AB}=\vec{c}\cdot(\vec{b}-\vec{a})=\vec{b}\cdot\vec{c}-\vec{c}\cdot\vec{a}=0\end{cases}$$

よって　$\vec{a}\cdot\vec{b}=\vec{b}\cdot\vec{c}=\vec{c}\cdot\vec{a}$　……①

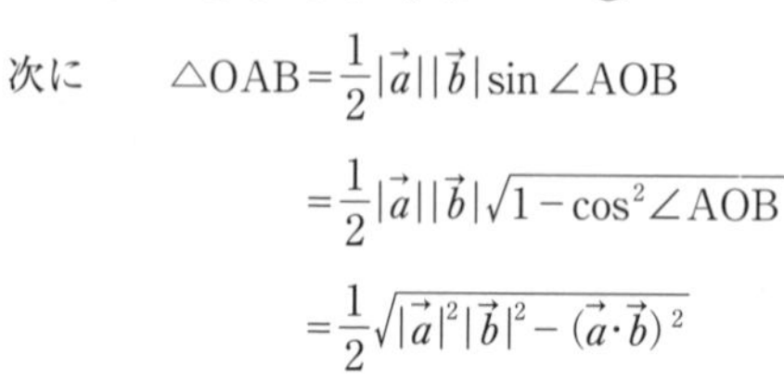

次に　$\triangle OAB=\dfrac{1}{2}|\vec{a}||\vec{b}|\sin\angle AOB$

$$=\frac{1}{2}|\vec{a}||\vec{b}|\sqrt{1-\cos^2\angle AOB}$$

$$=\frac{1}{2}\sqrt{|\vec{a}|^2|\vec{b}|^2-(\vec{a}\cdot\vec{b})^2}$$

同様に

$$\triangle OBC=\frac{1}{2}\sqrt{|\vec{b}|^2|\vec{c}|^2-(\vec{b}\cdot\vec{c})^2},\quad \triangle OCA=\frac{1}{2}\sqrt{|\vec{c}|^2|\vec{a}|^2-(\vec{c}\cdot\vec{a})^2}$$

ゆえに，条件(ii)より

$$\sqrt{|\vec{a}|^2|\vec{b}|^2-(\vec{a}\cdot\vec{b})^2}=\sqrt{|\vec{b}|^2|\vec{c}|^2-(\vec{b}\cdot\vec{c})^2}=\sqrt{|\vec{c}|^2|\vec{a}|^2-(\vec{c}\cdot\vec{a})^2}$$

これと①より　$|\vec{a}||\vec{b}|=|\vec{b}||\vec{c}|=|\vec{c}||\vec{a}|$

$\vec{a}\neq\vec{0}$，$\vec{b}\neq\vec{0}$，$\vec{c}\neq\vec{0}$ であるから　$|\vec{a}|=|\vec{b}|=|\vec{c}|$　……②

よって　OA＝OB＝OC

また，条件(i)は

AO⊥BC，AB⊥OC，AC⊥OB

とも書けるので，A を始点とするベクトル表示を用いて上とまったく同様に

$$\mathrm{AO}=\mathrm{AB}=\mathrm{AC}$$

が成り立ち，さらに同様に，$\mathrm{BO}=\mathrm{BA}=\mathrm{BC}$ も成り立つ。

よって，四面体の6つの辺はすべて長さが等しくなり，各面は合同な正三角形となる。すなわち，四面体OABCは正四面体である。（証明終）

解法2

$\left(\vec{a}\cdot\vec{b}=\vec{b}\cdot\vec{c}=\vec{c}\cdot\vec{a}\right.$ ……① および $|\vec{a}|=|\vec{b}|=|\vec{c}|$ ……② を導くところまでは［解法1］に同じ）

①より

$$|\vec{a}||\vec{b}|\cos\angle\mathrm{AOB}=|\vec{b}||\vec{c}|\cos\angle\mathrm{BOC}=|\vec{c}||\vec{a}|\cos\angle\mathrm{COA}$$

これと②より

$$\cos\angle\mathrm{AOB}=\cos\angle\mathrm{BOC}=\cos\angle\mathrm{COA}$$

$$\therefore\quad \angle\mathrm{AOB}=\angle\mathrm{BOC}=\angle\mathrm{COA}$$

これより，3つの側面△OAB，△OBC，△OCAは互いに合同な二等辺三角形である。よって，底面△ABCは正三角形となる。

次に，△OABと△CABについて考える。両者は底辺ABを共有する二等辺三角形であり（一方は正三角形），しかも，条件(ii)からその面積は等しい。したがって，OからABまでの高さとCからABまでの高さは等しくなり，2つの二等辺三角形は合同である（三平方の定理より残りの辺の長さも等しくなるから）。つまり，△OABと△CABは合同な正三角形である。

他の側面についてもまったく同様に，すべて底面（△ABC）と合同な正三角形となる。ゆえに，四面体OABCは正四面体である。（証明終）

〔注〕［解法1］では，Oを特別扱いする（Oを始点とするベクトルを考える）だけでは正解とならない。単に「同様に」だけで済ませるのではなく，条件(i)を他の頂点を始点と捉えた条件に書き換えた上で，「同様に」の根拠を明示することが最低限必要である。

78　2002年度〔2〕　Level A

ポイント　空間で$\overrightarrow{\mathrm{OP}}$, $\overrightarrow{\mathrm{OQ}}$, $\overrightarrow{\mathrm{OR}}$が1次独立のとき，Sが平面PQR上にあるための条件は，$\overrightarrow{\mathrm{OS}}$を$l\overrightarrow{\mathrm{OP}}+m\overrightarrow{\mathrm{OQ}}+n\overrightarrow{\mathrm{OR}}$と表したとき，$l+m+n=1$となることである。

解　法

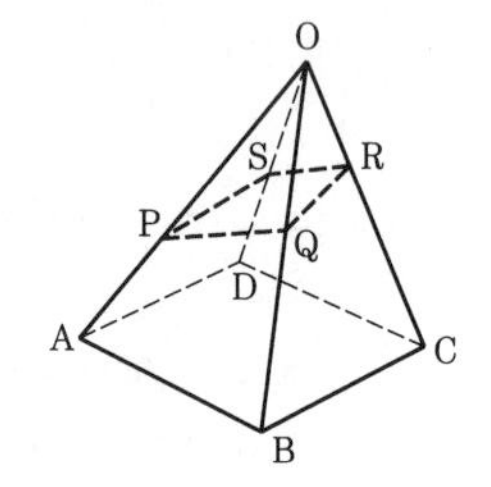

$\overrightarrow{\mathrm{OA}}+\overrightarrow{\mathrm{OC}}=\overrightarrow{\mathrm{OB}}+\overrightarrow{\mathrm{OD}}$より

$$\frac{1}{p}\overrightarrow{\mathrm{OP}}+\frac{1}{r}\overrightarrow{\mathrm{OR}}=\frac{1}{q}\overrightarrow{\mathrm{OQ}}+\frac{1}{s}\overrightarrow{\mathrm{OS}}$$

$$\therefore\quad \overrightarrow{\mathrm{OS}}=\frac{s}{p}\overrightarrow{\mathrm{OP}}-\frac{s}{q}\overrightarrow{\mathrm{OQ}}+\frac{s}{r}\overrightarrow{\mathrm{OR}}\quad\cdots\cdots①$$

OABCDが四角錐をなすことと，p, q, r, sが0でないことより，$\overrightarrow{\mathrm{OP}}$, $\overrightarrow{\mathrm{OQ}}$, $\overrightarrow{\mathrm{OR}}$は同一平面上になく，しかもどれも$\vec{0}$ではないから，P，Q，R，Sが同一平面上にある（つまり，Sが平面PQR上にある）ための条件は，①より

$$\frac{s}{p}-\frac{s}{q}+\frac{s}{r}=1$$

$$\therefore\quad \frac{1}{p}+\frac{1}{r}=\frac{1}{q}+\frac{1}{s}$$

（証明終）

79 2000年度〔3〕（文理共通（一部）） Level C

ポイント (1) $\vec{c}=(p,\ q,\ r)$ とおく。

(2) 半角の公式・積和の公式による式変形。

[解法1] (2) 半角の公式・積和の公式による変形後，2つの因数の積にする。

[解法2] (2) 最初 $\cos\alpha$ についての2次式とみて変形後，$\cos^2\beta=1-\sin^2\beta$ を用いて2つの因数に分解し，各因数を合成，和積により変形した後，4つの因数に分解する。最後に積の順序を交換し，2つずつを積和で変形し，2つの因数の積にする。

[解法3] (2) (*)を満たす $(\alpha,\ \beta)$ の集合と $\vec{a}$ と $\vec{c}$，$\vec{b}$ と $\vec{c}$ のなす角の組の集合が一致することを示した上で，図形的に考える。

いずれにしても正答できた受験生は多くはなかったようである。

解法1

(1) $\vec{c}=(p,\ q,\ r)$ とする。$|\vec{c}|=1$ より

$$p^2+q^2+r^2=1 \quad \cdots\cdots①$$

このとき

$$\cos\alpha=\vec{a}\cdot\vec{c}=p,$$

$$\cos\beta=\vec{b}\cdot\vec{c}=p\cos60^\circ+q\sin60^\circ=\frac{1}{2}p+\frac{\sqrt{3}}{2}q$$

となるから

$$\begin{aligned}&\cos^2\alpha-\cos\alpha\cos\beta+\cos^2\beta\\&=p^2-p\left(\frac{1}{2}p+\frac{\sqrt{3}}{2}q\right)+\left(\frac{1}{2}p+\frac{\sqrt{3}}{2}q\right)^2\\&=\frac{3}{4}(p^2+q^2)\leqq\frac{3}{4}\quad(\because\ ①より\quad p^2+q^2\leqq1)\end{aligned}$$

（証明終）

(2)

$$\begin{aligned}&\cos^2\alpha-\cos\alpha\cos\beta+\cos^2\beta-\frac{3}{4}\\&=\frac{1+\cos2\alpha}{2}-\frac{1}{2}\{\cos(\alpha+\beta)+\cos(\alpha-\beta)\}+\frac{1+\cos2\beta}{2}-\frac{3}{4}\\&=\frac{1}{2}(\cos2\alpha+\cos2\beta)-\frac{1}{2}\{\cos(\alpha+\beta)+\cos(\alpha-\beta)\}+\frac{1}{4}\\&=\cos(\alpha+\beta)\cos(\alpha-\beta)-\frac{1}{2}\{\cos(\alpha+\beta)+\cos(\alpha-\beta)\}+\frac{1}{4}\\&=\left\{\cos(\alpha+\beta)-\frac{1}{2}\right\}\left\{\cos(\alpha-\beta)-\frac{1}{2}\right\}\end{aligned}$$

$$=\left\{\cos(\alpha+\beta)-\frac{1}{2}\right\}\left\{\cos(\beta-\alpha)-\frac{1}{2}\right\}$$

$$\leqq 0$$

$0°\leqq\alpha\leqq 180°$，$0°\leqq\beta\leqq 180°$ より

$$0°\leqq\alpha+\beta\leqq 360°,\quad -180°\leqq\beta-\alpha\leqq 180°$$

であるから

(i) $\cos(\alpha+\beta)\geqq\frac{1}{2}$ かつ $\cos(\beta-\alpha)\leqq\frac{1}{2}$ のとき

$$0°\leqq\alpha+\beta\leqq 60°,\ 300°\leqq\alpha+\beta\leqq 360°$$

かつ

$$-180°\leqq\beta-\alpha\leqq -60°,\ 60°\leqq\beta-\alpha\leqq 180°$$

(ii) $\cos(\alpha+\beta)\leqq\frac{1}{2}$ かつ $\cos(\beta-\alpha)\geqq\frac{1}{2}$ のとき

$$60°\leqq\alpha+\beta\leqq 300°$$

かつ

$$-60°\leqq\beta-\alpha\leqq 60°$$

(i)，(ii)を図示すると右図の斜線部分（境界を含む）のようになる((i)を満たす点は，図の長方形の四隅の点だけである)。

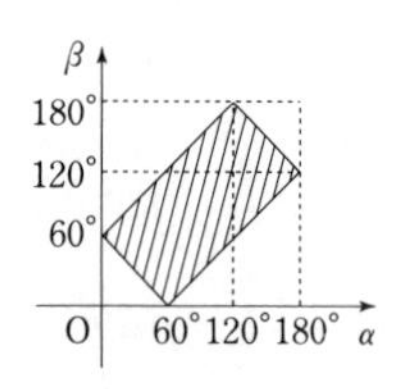

解法 2

(2) $$\cos^2\alpha-\cos\alpha\cos\beta+\cos^2\beta-\frac{3}{4}$$

$$=\left(\cos\alpha-\frac{1}{2}\cos\beta\right)^2+\frac{3}{4}(\cos^2\beta-1)$$

$$=\left(\cos\alpha-\frac{1}{2}\cos\beta\right)^2-\frac{3}{4}\sin^2\beta$$

$$=\left(\cos\alpha-\frac{1}{2}\cos\beta+\frac{\sqrt{3}}{2}\sin\beta\right)\left(\cos\alpha-\frac{1}{2}\cos\beta-\frac{\sqrt{3}}{2}\sin\beta\right)$$

$$=\{\cos\alpha-\cos(\beta+60°)\}\{\cos\alpha-\cos(\beta-60°)\}$$

$$=-2\sin\frac{\alpha+\beta+60°}{2}\sin\frac{\alpha-\beta-60°}{2}\cdot(-2)\sin\frac{\alpha+\beta-60°}{2}\sin\frac{\alpha-\beta+60°}{2}$$

$$=-2\sin\frac{\alpha+\beta+60°}{2}\sin\frac{\alpha+\beta-60°}{2}\cdot(-2)\sin\frac{\alpha-\beta+60°}{2}\sin\frac{\alpha-\beta-60°}{2}$$

$$=\{\cos(\alpha+\beta)-\cos 60°\}\{\cos(\alpha-\beta)-\cos 60°\}$$

$$=\left\{\cos(\alpha+\beta)-\frac{1}{2}\right\}\left\{\cos(\alpha-\beta)-\frac{1}{2}\right\}\leqq 0$$

（以下，［解法１］に同じ）

解法 3

(2)　(＊)を満たす $(\alpha,\ \beta)$ に対して $x=\cos\alpha$，$y=\frac{1}{\sqrt{3}}(2\cos\beta-\cos\alpha)$ とおくと

$$\begin{cases}\cos\alpha=x\\ \cos\beta=\frac{1}{2}x+\frac{\sqrt{3}}{2}y\end{cases}$$

となるので，(＊)より

$$x^2-x\left(\frac{1}{2}x+\frac{\sqrt{3}}{2}y\right)+\left(\frac{1}{2}x+\frac{\sqrt{3}}{2}y\right)^2\leqq\frac{3}{4}$$

すなわち

$$x^2+y^2\leqq 1$$

$z=\sqrt{1-x^2-y^2}$ として，$\vec{c}=(x,\ y,\ z)$ とおくと

$$\vec{a}\cdot\vec{c}=x=\cos\alpha \quad かつ \quad \vec{b}\cdot\vec{c}=\frac{1}{2}x+\frac{\sqrt{3}}{2}y=\cos\beta$$

ここで

$$|\vec{a}|=|\vec{b}|=|\vec{c}|=1,\ 0^\circ\leqq\alpha\leqq 180^\circ,\ 0^\circ\leqq\beta\leqq 180^\circ$$

よって，(＊)を満たす α，β はそれぞれ，$\vec{a}$ と $\vec{c}$，$\vec{b}$ と $\vec{c}$ のなす角である。

……(＊＊)

(＊)を満たす $(\alpha,\ \beta)$ の集合を S とする。また，長さ１の空間ベクトル全体を渡るときの $\vec{a}$ と $\vec{c}$，$\vec{b}$ と $\vec{c}$ のなす角の組 $(\alpha,\ \beta)$ $(0^\circ\leqq\alpha\leqq 180^\circ,\ 0^\circ\leqq\beta\leqq 180^\circ)$ の集合を S' とする。

(＊＊)と(1)より　　$S=S'$

したがって，集合 S' の要素 $(\alpha,\ \beta)$ の範囲を図示すればよい。

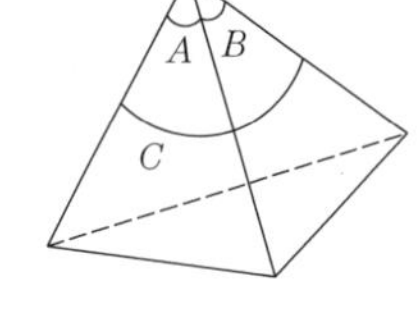

一般に３つの角 A，B，C が三角錐の１つの頂点に集まる角をなすための必要十分条件は

$$A+B>C \quad かつ \quad B+C>A \quad かつ \quad C+A>B \quad かつ$$
$$A+B+C<360^\circ$$

となることである。

$\vec{a}$ と $\vec{b}$ のなす角は 60° であるから，$0^\circ<\alpha<180^\circ$，$0^\circ<\beta<180^\circ$ の場合には $(\alpha,\ \beta)$ の条件は

$$\alpha+\beta>60^\circ \quad かつ \quad \beta+60^\circ>\alpha \quad かつ \quad \alpha+60^\circ>\beta \quad かつ$$
$$\alpha+\beta+60^\circ<360^\circ \quad ……(＊＊＊)$$

また，これら3つのベクトルは同一平面上にある場合も考えると(＊＊＊)において等号の場合もあり得るし，α，β は 0°，180° の値もとり得る（$\alpha\,(\beta)=0^\circ$，180° のときは(＊)からそれぞれ $\beta\,(\alpha)=60^\circ$，120° となる）。

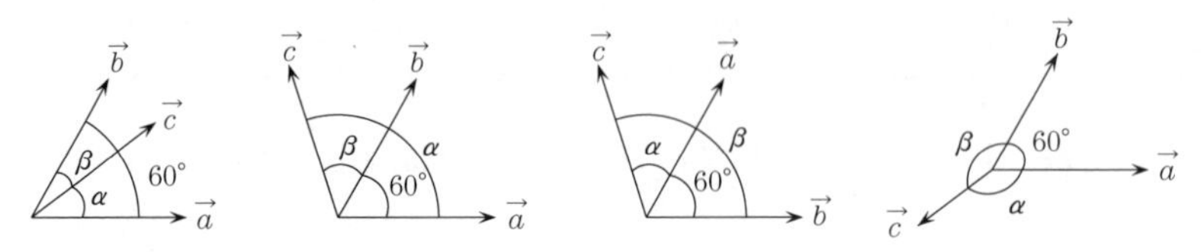

よって，［解法1］の図を得る。

〔注〕 空間において1つの頂点に集まる3つの角に関する不等式についてはユークリッドの『原論』の11巻にその鮮やかな証明が述べられている。本問では直観的に明らかとしても許されるのではないかと思われる。またもし，ベクトルのなす角（α，β）の範囲を図示するのが本問の意図であればこのように幾何的に解決するので，(1)の誘導は不要ともいえるが，本問に限らず幾何的な考察では境界上の場合（特別な場合）の検討が煩雑なときが多いので慎重に記述しなければならない。

80 1998年度〔2〕 Level A

ポイント △OBP に余弦定理を利用する。OP＝AP である。

ベクトルを利用し，$\triangle \mathrm{OAP}=\dfrac{1}{2}\sqrt{|\overrightarrow{\mathrm{OA}}|^2|\overrightarrow{\mathrm{OP}}|^2-(\overrightarrow{\mathrm{OA}}\cdot\overrightarrow{\mathrm{OP}})^2}$

を用いることも可能。

[解法1] (1) 余弦定理と三平方の定理による。

[解法2] (1) ベクトル利用による。

解法 1

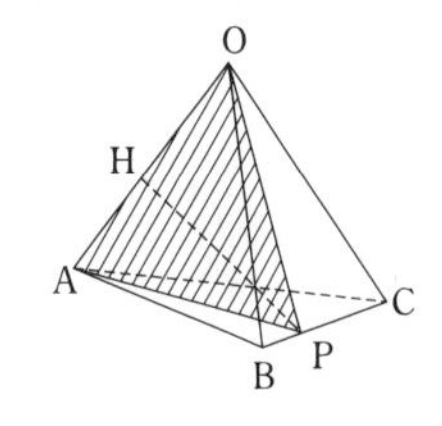

(1) $x\neq 0$ のとき，△OBP に余弦定理を用いて

$$\mathrm{OP}^2=1^2+x^2-2\cdot 1\cdot x\cos 60^\circ$$
$$=x^2-x+1$$

∴ $\mathrm{OP}=\sqrt{x^2-x+1}$ （これは $x=0$ でも成り立つ）

また

△ABP≡△OBP（AB＝OB，BP 共通，∠ABP＝∠OBP）

よって　AP＝OP

したがって，△OAP は，$\mathrm{OP}=\mathrm{AP}=\sqrt{x^2-x+1}$ の二等辺三角形である。

P から OA に下ろした垂線の足を H とすると，H は OA の中点となるから

$$\mathrm{PH}=\sqrt{\mathrm{OP}^2-\mathrm{OH}^2}=\sqrt{x^2-x+1-\frac{1}{4}}=\sqrt{x^2-x+\frac{3}{4}}$$

$$\therefore\ \triangle \mathrm{OAP}=\frac{1}{2}\cdot 1\cdot\sqrt{x^2-x+\frac{3}{4}}$$
$$=\frac{1}{4}\sqrt{4x^2-4x+3}\quad\cdots\cdots(\text{答})$$

(2) (1)の結果より

$$\triangle \mathrm{OAP}=\frac{1}{4}\sqrt{4x^2-4x+3}=\frac{1}{4}\sqrt{4\left(x-\frac{1}{2}\right)^2+2}$$

x の変域は題意より $0\leqq x\leqq 1$ だから，△OAP の面積は $x=\dfrac{1}{2}$ で最小となり，最小値は

$\dfrac{\sqrt{2}}{4}$ である。 ……(答)

解 法 2

(1)　立体OABCは一辺の長さが1の正四面体であるから

$$\left.\begin{array}{l}|\overrightarrow{\mathrm{OA}}|=|\overrightarrow{\mathrm{OB}}|=|\overrightarrow{\mathrm{OC}}|=1\\ \overrightarrow{\mathrm{OA}}\cdot\overrightarrow{\mathrm{OB}}=\overrightarrow{\mathrm{OB}}\cdot\overrightarrow{\mathrm{OC}}=\overrightarrow{\mathrm{OC}}\cdot\overrightarrow{\mathrm{OA}}=1\cdot1\cdot\cos60^\circ=\dfrac{1}{2}\end{array}\right\}\quad\cdots\cdots①$$

$\mathrm{BP}=x\quad(0\leqq x\leqq1)$ より

$$\overrightarrow{\mathrm{OP}}=(1-x)\overrightarrow{\mathrm{OB}}+x\overrightarrow{\mathrm{OC}}$$

と表すことができる。

よって

$$\begin{aligned}|\overrightarrow{\mathrm{OP}}|^2&=(1-x)^2|\overrightarrow{\mathrm{OB}}|^2+2(1-x)x\overrightarrow{\mathrm{OB}}\cdot\overrightarrow{\mathrm{OC}}+x^2|\overrightarrow{\mathrm{OC}}|^2\\&=(1-x)^2+2(1-x)x\cdot\frac{1}{2}+x^2\quad(①より)\\&=x^2-x+1\quad\cdots\cdots②\end{aligned}$$

また

$$\begin{aligned}\overrightarrow{\mathrm{OA}}\cdot\overrightarrow{\mathrm{OP}}&=\overrightarrow{\mathrm{OA}}\cdot\{(1-x)\overrightarrow{\mathrm{OB}}+x\overrightarrow{\mathrm{OC}}\}\\&=(1-x)\overrightarrow{\mathrm{OA}}\cdot\overrightarrow{\mathrm{OB}}+x\overrightarrow{\mathrm{OA}}\cdot\overrightarrow{\mathrm{OC}}\\&=(1-x)\cdot\frac{1}{2}+x\cdot\frac{1}{2}\\&=\frac{1}{2}\quad\cdots\cdots③\end{aligned}$$

①，②，③より △OAPの面積は

$$\begin{aligned}\triangle\mathrm{OAP}&=\frac{1}{2}\sqrt{|\overrightarrow{\mathrm{OA}}|^2|\overrightarrow{\mathrm{OP}}|^2-(\overrightarrow{\mathrm{OA}}\cdot\overrightarrow{\mathrm{OP}})^2}\\&=\frac{1}{2}\sqrt{1^2\cdot(x^2-x+1)-\left(\frac{1}{2}\right)^2}\\&=\frac{1}{4}\sqrt{4x^2-4x+3}\quad\cdots\cdots(答)\end{aligned}$$

§7 数　列

81 2014年度〔4〕 Level A

ポイント ［解法1］ (1) $a_{n+1}-\alpha=2(a_n-\alpha)$ となる α を考える。
(2) (1)と条件式から得られる不等式と $\log_{10}2$ の評価式を用いる。
［解法2］ (2) $\log_{10}2$ の評価式を用いず，$2^{10}=1024$ を利用する。

解法1

(1) $a_{n+1}=2a_n-1$ より

$$a_{n+1}-1=2(a_n-1)$$

よって

$$a_n-1=2^{n-1}(a_1-1)=2^{n-1}(2-1)=2^{n-1}$$

ゆえに

$$a_n=2^{n-1}+1 \quad \cdots\cdots(答)$$

(2) $a_n{}^2-2a_n>10^{15}$ と(1)より

$$(2^{n-1}+1)^2-2(2^{n-1}+1)>10^{15}$$

$$2^{2n-2}+2^n+1-2^n-2>10^{15}$$

$$2^{2n-2}>10^{15}+1 \quad \cdots\cdots①$$

①を満たす n は少なくとも $n\geqq 2$ であり，$n\geqq 2$ では①の左辺は偶数だから，①の両辺が等しくなることはない。よって，①を満たす最小の自然数 n と

$$2^{2n-2}>10^{15} \quad \cdots\cdots②$$

を満たす最小の自然数 n は同じである。②の両辺で10を底とする対数をとると

$$\log_{10}2^{2n-2}>\log_{10}10^{15}$$

$$(2n-2)\log_{10}2>15$$

$$n>1+\frac{15}{2\log_{10}2} \quad \cdots\cdots③$$

ここで，$0.3010<\log_{10}2<0.3011$ より

$$\frac{15}{2\times 0.3011}<\frac{15}{2\log_{10}2}<\frac{15}{2\times 0.3010}$$

$$24.90\cdots<\frac{15}{2\log_{10}2}<24.91\cdots$$

よって，③の右辺の整数部分は25である。ゆえに，③を満たす最小の自然数 n は26である。すなわち，与式を満たす最小の自然数 n は

$n=26$ ……(答)

解法 2

(2) (②までは［解法1］に同じ)

$$2^{10}=1024=1.024\times10^3$$

より

$$2^{50}=1.024^5\times10^{15}>10^{15}$$

$n=26$ のとき，$2n-2=50$ なので，$n=26$ で条件式は成立する。

また，$n=25$ のとき

$$2^{2\cdot25-2}=\frac{1}{4}\times2^{50}=\frac{1}{4}\times1.024^5\times10^{15}$$

$$<\frac{1}{4}\times1.1^5\times10^{15}=\frac{1}{4}\times1.61051\times10^{15}$$

$$<10^{15}$$

よって，$n=25$ では条件式は成立しない。ゆえに，求める最小の自然数 n は 26 である。 ……(答)

82 2011年度〔5〕 Level B

ポイント ［解法1］ 各位ごとの和を考える。
［解法2］ 漸化式を考える。

解法1

(1) 各桁の数が1または2である n 桁の整数は全部で 2^n 個ある。また，それらのうち，10^k $(0\leqq k\leqq n-1)$ の位の数が1であるものと2であるものは，残りの位の数のとり方から，いずれも 2^{n-1} 個ずつある。
したがって，10^k の位の数だけをすべて加えた総和は，k にかかわらず

$$1\cdot 2^{n-1}+2\cdot 2^{n-1}=3\cdot 2^{n-1}$$

である。よって

$$T_n=3\cdot 2^{n-1}(1+10+10^2+\cdots+10^{n-1})$$
$$=3\cdot 2^{n-1}\cdot\frac{10^n-1}{10-1}$$
$$=\frac{2^{n-1}(10^n-1)}{3}\quad\cdots\cdots(\text{答})$$

(2) n 桁未満の数は，上位の桁に0が入っている n 桁の数と見なすことができる。ゆえに，各桁の数が0，1，2のいずれかである n 桁以下の整数は全部で 3^n 個ある。これらのうち，10^k $(0\leqq k\leqq n-1)$ の位の数が0であるもの，1であるもの，2であるものは，残りの位の数のとり方から，いずれも 3^{n-1} 個ずつある。
したがって，10^k の位の数だけをすべて加えた総和は

$$0\cdot 3^{n-1}+1\cdot 3^{n-1}+2\cdot 3^{n-1}=3^n$$

である。よって

$$S_n=3^n(1+10+10^2+\cdots+10^{n-1})$$
$$=3^n\cdot\frac{10^n-1}{10-1}$$
$$=3^{n-2}(10^n-1)$$

したがって，$S_n\geqq 15T_n$ のとき

$$3^{n-2}(10^n-1)\geqq 15\cdot\frac{2^{n-1}(10^n-1)}{3}$$

$$\left(\frac{3}{2}\right)^{n-1}\geqq 15$$

両辺の10を底とする対数をとると

$$(n-1)(\log_{10}3-\log_{10}2)\geqq\log_{10}15$$

$$=\log_{10}\frac{30}{2}=1+\log_{10}3-\log_{10}2$$

よって　　$n \geqq 2+\dfrac{1}{\log_{10}3-\log_{10}2}$　……①

ここで，$0.301<\log_{10}2<0.302$，$0.477<\log_{10}3<0.478$ より

$$0.477-0.302<\log_{10}3-\log_{10}2<0.478-0.301$$

$$0.175<\log_{10}3-\log_{10}2<0.177$$

$$\frac{1}{0.177}<\frac{1}{\log_{10}3-\log_{10}2}<\frac{1}{0.175}$$

$$5.6\cdots<\frac{1}{\log_{10}3-\log_{10}2}<5.7\cdots \quad \cdots\cdots②$$

①，②と，n は整数であることより

$n \geqq 8$　……(答)

解法 2

(1) $n+1$ 桁の整数（全部で 2^{n+1} 個ある）のうち，最上位（10^n の位）の数が 1 のものは 2^n 個あり，その総和は，最上位とそれ以外の位とに分けて足し合わせることにより

$$1\cdot10^n\cdot2^n+T_n$$

である。同様に，最上位の数が 2 のものの総和は

$$2\cdot10^n\cdot2^n+T_n$$

である。ゆえに

$$T_{n+1}=(1\cdot10^n\cdot2^n+T_n)+(2\cdot10^n\cdot2^n+T_n)$$

$$=2T_n+3\cdot20^n \quad \cdots\cdots①$$

が成り立つ。また

$$T_1=1+2=3$$

である。①の両辺を 2^{n+1} で割ると

$$\frac{T_{n+1}}{2^{n+1}}=\frac{T_n}{2^n}+\frac{3}{2}\cdot10^n$$

よって，数列 $\left\{\dfrac{T_n}{2^n}\right\}$ の階差数列は $\left\{\dfrac{3}{2}\cdot10^n\right\}$ であるから，$n \geqq 2$ のとき

$$\frac{T_n}{2^n}=\frac{T_1}{2}+\sum_{k=1}^{n-1}\frac{3}{2}\cdot10^k$$

$$=\frac{3}{2}+\frac{3}{2}\cdot\frac{10(10^{n-1}-1)}{10-1}=\frac{10^n-1}{6}$$

ゆえに　　$T_n=\dfrac{2^{n-1}(10^n-1)}{3}$　……(答)

これは $n=1$ のときにも成り立つ。

(2) (1)と同様の考え方により，$\{S_n\}$ に関して，次の漸化式が成り立つ。

$$S_{n+1}=(0\cdot 10^n\cdot 3^n+S_n)+(1\cdot 10^n\cdot 3^n+S_n)+(2\cdot 10^n\cdot 3^n+S_n)$$

$$=3S_n+3\cdot 30^n \quad \cdots\cdots ②$$

$$S_1=0+1+2=3$$

②の両辺を 3^{n+1} で割ると

$$\frac{S_{n+1}}{3^{n+1}}=\frac{S_n}{3^n}+10^n$$

よって，$n\geqq 2$ のとき

$$\frac{S_n}{3^n}=\frac{S_1}{3}+\sum_{k=1}^{n-1}10^k$$

$$=1+\frac{10(10^{n-1}-1)}{10-1}=\frac{10^n-1}{9}$$

ゆえに　　$S_n=\dfrac{3^n(10^n-1)}{9}=3^{n-2}(10^n-1)$

これは $n=1$ でも成り立つ。

（以下，[解法 1]に同じ）

83　2003年度〔1〕　Level A

ポイント　循環小数表示から $\{a_k\}$ を決定する。和は n の場合分けによる。丁寧に計算すること。

解法

$\dfrac{23}{111}=0.\dot{2}0\dot{7}$（$=0.207207207\cdots$）であるから

$$a_{3k-2}=2,\ a_{3k-1}=0,\ a_{3k}=7$$

となる。したがって，求める和を S_n とすると，m を自然数として

(i)　$n=3m$ のとき

$$S_n=2\overbrace{\left(\frac{1}{3}+\frac{1}{3^4}+\frac{1}{3^7}+\cdots+\frac{1}{3^{3m-2}}\right)}^{m\text{個}}+7\overbrace{\left(\frac{1}{3^3}+\frac{1}{3^6}+\frac{1}{3^9}+\cdots+\frac{1}{3^{3m}}\right)}^{m\text{個}}\quad\cdots\cdots(*)$$

$$=2\cdot\frac{\frac{1}{3}\left\{1-\left(\frac{1}{27}\right)^m\right\}}{1-\frac{1}{27}}+7\cdot\frac{\frac{1}{27}\left\{1-\left(\frac{1}{27}\right)^m\right\}}{1-\frac{1}{27}}$$

$$=\frac{18}{26}\left(1-\frac{1}{3^n}\right)+\frac{7}{26}\left(1-\frac{1}{3^n}\right)\quad\left(\because\ m=\frac{n}{3}\right)$$

$$=\frac{25}{26}\left(1-\frac{1}{3^n}\right)$$

(ii)　$n=3m-1$ のとき

$$S_n=2\overbrace{\left(\frac{1}{3}+\frac{1}{3^4}+\frac{1}{3^7}+\cdots+\frac{1}{3^{3m-2}}\right)}^{m\text{個}}+7\overbrace{\left(\frac{1}{3^3}+\frac{1}{3^6}+\frac{1}{3^9}+\cdots+\frac{1}{3^{3m-3}}\right)}^{m-1\text{個}}\quad\cdots\cdots(*)$$

$$=2\cdot\frac{\frac{1}{3}\left\{1-\left(\frac{1}{27}\right)^m\right\}}{1-\frac{1}{27}}+7\cdot\frac{\frac{1}{27}\left\{1-\left(\frac{1}{27}\right)^{m-1}\right\}}{1-\frac{1}{27}}$$

$$=\frac{18}{26}\left(1-\frac{1}{3^{n+1}}\right)+\frac{7}{26}\left(1-\frac{1}{3^{n-2}}\right)\quad\left(\because\ m=\frac{n+1}{3}\right)$$

$$=\frac{1}{26}\left(25-\frac{23}{3^{n-1}}\right)$$

(iii)　$n=3m-2$ のとき

$$S_n=2\overbrace{\left(\frac{1}{3}+\frac{1}{3^4}+\frac{1}{3^7}+\cdots+\frac{1}{3^{3m-2}}\right)}^{m\text{個}}+7\overbrace{\left(\frac{1}{3^3}+\frac{1}{3^6}+\frac{1}{3^9}+\cdots+\frac{1}{3^{3m-3}}\right)}^{m-1\text{個}}\quad\cdots\cdots(*)$$

$$=2\cdot\frac{\frac{1}{3}\left\{1-\left(\frac{1}{27}\right)^{m}\right\}}{1-\frac{1}{27}}+7\cdot\frac{\frac{1}{27}\left\{1-\left(\frac{1}{27}\right)^{m-1}\right\}}{1-\frac{1}{27}}$$

$$=\frac{18}{26}\left(1-\frac{1}{3^{n+2}}\right)+\frac{7}{26}\left(1-\frac{1}{3^{n-1}}\right)\quad\left(\because\quad m=\frac{n+2}{3}\right)$$

$$=\frac{1}{26}\left(25-\frac{23}{3^{n}}\right)$$

まとめると，m を自然数として

$$\left.\begin{array}{ll} n=3m\text{ のとき} & \frac{25}{26}\left(1-\frac{1}{3^{n}}\right) \\ n=3m-1\text{ のとき} & \frac{1}{26}\left(25-\frac{23}{3^{n-1}}\right) \\ n=3m-2\text{ のとき} & \frac{1}{26}\left(25-\frac{23}{3^{n}}\right) \end{array}\right\}\quad\cdots\cdots(\text{答})$$

〔注〕 ガウス記号 $[x]$（x の整数部を表す）を使えば，場合分けをしないで統一的に一つの式で表現することもできる。以下のように整理すると，（$*$）の式の $2(\cdots)$ の部分の項数は $\left[\frac{n+2}{3}\right]$，$7(\cdots)$ の部分の項数は $\left[\frac{n}{3}\right]$ となる。

$$\left[\frac{n+2}{3}\right]=\begin{cases}\left[\frac{3m+2}{3}\right]=m & (n=3m)\\ \left[\frac{3m+1}{3}\right]=m & (n=3m-1)\\ \left[\frac{3m}{3}\right]=m & (n=3m-2)\end{cases}$$

$$\left[\frac{n}{3}\right]=\begin{cases}\left[\frac{3m}{3}\right]=m & (n=3m)\\ \left[\frac{3m-1}{3}\right]=\left[\frac{3(m-1)+2}{3}\right]=m-1 & (n=3m-1)\\ \left[\frac{3m-2}{3}\right]=\left[\frac{3(m-1)+1}{3}\right]=m-1 & (n=3m-2)\end{cases}$$

よって

$$S=2\cdot\frac{\frac{1}{3}\left\{1-\left(\frac{1}{27}\right)^{\left[\frac{n+2}{3}\right]}\right\}}{1-\frac{1}{27}}+7\cdot\frac{\frac{1}{27}\left\{1-\left(\frac{1}{27}\right)^{\left[\frac{n}{3}\right]}\right\}}{1-\frac{1}{27}}=\frac{1}{26}\left(25-\frac{18}{27^{\left[\frac{n+2}{3}\right]}}-\frac{7}{27^{\left[\frac{n}{3}\right]}}\right)$$

84　2002年度〔1〕　Level A

ポイント　［解法1］　$S_n-S_{n-1}=a_n$ と条件式から得られる a_n と a_{n-1} の関係式の両辺に適当な（n の）式を乗じる。

［解法2］　$a_n=S_n-S_{n-1}$ と条件式から得られる S_n と S_{n-1} の関係式の両辺を適当な n の式で割る。

解法1

条件式より

$$S_n=(n-1)^2a_n\quad(n\geqq 1)$$

$$S_{n-1}=(n-2)^2a_{n-1}\quad(n\geqq 2)$$

ゆえに，$n\geqq 2$ において，2式の辺々をひくことにより

$$a_n=(n-1)^2a_n-(n-2)^2a_{n-1}$$

$$n(n-2)a_n=(n-2)^2a_{n-1}$$

よって，$n\geqq 3$ のとき

$$na_n=(n-2)a_{n-1}\quad\cdots\cdots①$$

両辺に $n-1$ をかけると

$$(n-1)na_n=(n-2)(n-1)a_{n-1}$$

よって，数列 $\{(n-1)na_n\}$ $(n\geqq 2)$ の項はすべて等しい値からなる。

したがって

$$(n-1)na_n=1\cdot 2a_2=2\qquad\therefore\quad a_n=\frac{2}{n(n-1)}\quad(n\geqq 2)$$

ゆえに　$\begin{cases} n=1\text{ のとき} & a_1=0 \\ n\geqq 2\text{ のとき} & a_n=\dfrac{2}{n(n-1)} \end{cases}$　……(答)

〔注1〕　①式から a_n を求める方法として，次のように隣接項の比に着目する解法もある。

上式より

$$a_n=\frac{n-2}{n}a_{n-1}\quad(n\geqq 3)$$

よって

$$a_n=\frac{n-2}{n}a_{n-1}=\frac{n-2}{n}\cdot\frac{n-3}{n-1}a_{n-2}=\cdots$$

$$=\frac{n-2}{n}\cdot\frac{n-3}{n-1}\cdot\frac{n-4}{n-2}\cdot\cdots\cdot\frac{3}{5}\cdot\frac{2}{4}\cdot\frac{1}{3}a_2$$

$$=\frac{2}{n(n-1)}a_2=\frac{2}{n(n-1)}$$

解法 2

2以上の n に対して

$$a_n=S_n-S_{n-1}$$

であるから，条件式より

$$(n-1)^2(S_n-S_{n-1})=S_n$$

$$n(n-2)S_n=(n-1)^2S_{n-1}$$

よって，$n\geqq3$ のとき，両辺を $(n-1)(n-2)$ で割ると

$$\frac{n}{n-1}S_n=\frac{n-1}{n-2}S_{n-1}$$

したがって，数列 $\left\{\frac{n}{n-1}S_n\right\}$ $(n\geqq2)$ の項はすべて等しく，その値は

$$\frac{2}{2-1}S_2=2 \quad (\because \quad S_2=(2-1)^2a_2=1)$$

よって　$S_n=\frac{2(n-1)}{n}$　$(n\geqq2)$

ここで　$S_1=a_1=0$

であるから，これは $n=1$ でも成り立つ。

ゆえに，$n\geqq2$ のとき

$$a_n=S_n-S_{n-1}=\frac{2(n-1)}{n}-\frac{2(n-2)}{n-1}=\frac{2}{n(n-1)}$$

(以下，［解法1］に同じ)

〔注2〕 $\frac{n}{n-1}S_n=\frac{n-1}{n-2}S_{n-1}$ は $n\geqq3$ で成り立つ式であるが，$n=3$ のときに

$$\frac{3}{2}S_3=\frac{2}{1}S_2$$

であるから，数列 $\left\{\frac{n}{n-1}S_n\right\}$ は $n\geqq2$ で考えることができる。

§8 確率・個数の処理

85 2022年度〔2〕 Level A

ポイント 終点P_nがD，E，Fのいずれかとなる経路の総数が3^n-a_nとなることを用いて，a_nの漸化式を立式し，これを解く。

解 法

移動経路の総数は3^nであるから，終点P_nがD，E，Fのいずれかとなる経路の総数は3^n-a_nである。

動点がA，B，CのいずれかからA，B，Cのいずれかに移動する場合の数は2通り

動点がD，E，FのいずれかからA，B，Cのいずれかに移動する場合の数は1通り

であるから

$$a_{n+1}=2a_n+(3^n-a_n)$$

$$a_{n+1}-a_n=3^n$$

$n\geqq 2$のとき

$$a_n=a_1+\sum_{k=1}^{n-1}3^k$$

$$=2+\frac{3(3^{n-1}-1)}{3-1}\quad (a_1=2\text{ より})$$

$$=2+\frac{3^n-3}{2}$$

$$=\frac{3^n+1}{2}$$

これは$n=1$のときも成り立つから　$a_n=\dfrac{3^n+1}{2}$　……(答)

〔注1〕［解法］は，$n\geqq 1$としての計算だが，$n\geqq 0$として考え，$a_0=1$として計算してもよい。

このときには，$a_n=a_0+\sum_{k=0}^{n-1}3^k=1+\dfrac{3^0(3^n-1)}{3-1}=1+\dfrac{3^n-1}{2}=\dfrac{3^n+1}{2}$となる。

〔注2〕 終点P_nがD，E，Fのいずれかとなる経路の総数をb_nとおくと

$$\begin{cases}a_1=2\\ b_1=1\end{cases}\quad\text{かつ}\quad\begin{cases}a_{n+1}=2a_n+b_n\\ b_{n+1}=a_n+2b_n\end{cases}$$

となる。この場合

$$\begin{cases} a_{n+1}+b_{n+1}=3(a_n+b_n) \\ a_{n+1}-b_{n+1}=a_n-b_n \end{cases} \quad \text{すなわち} \quad \begin{cases} a_n+b_n=3^{n-1}(a_1+b_1)=3^n \\ a_n-b_n=a_1-b_1=1 \end{cases}$$

となり，この上式と下式を足して，$a_n=\dfrac{3^n+1}{2}$ を得る。

86　2021年度〔3〕　Level B

ポイント　[解法1]　まず，番号1の箱から白玉を取り出したときを考える。このとき，k 回目（$1 \leqq k \leqq n-1$）の操作後に番号 $k+1$ の箱の白玉の個数が2個である確率を $p_k (p_1=1)$ として，p_k の漸化式を考える。

[解法2]　k 回目（$1 \leqq k \leqq n-1$）の操作後に番号 $k+1$ の箱にある玉のうち，番号1の箱から取り出した玉と同じ色の玉が2個である確率を q_k（$q_1=1$）として，q_k の漸化式を考える。〔注3〕のように，番号 k（$2 \leqq k \leqq n-1$）の箱から取り出す玉の色が，番号1の箱から取り出した玉の色と同じ色となる確率を r_k として，r_k の漸化式を考えてもよい。

解法1

まず，番号1の箱から白玉を取り出したときを考える。
k 回目（$1 \leqq k \leqq n-1$）の操作後に番号 $k+1$ の箱に白玉が2個，赤玉が1個である確率を p_k とする。このとき，番号 $k+1$ の箱に白玉が1個，赤玉が2個である確率は $1-p_k$ である。また，$p_1=1$ である。
p_k の漸化式は次のようになる。

$$p_{k+1}=\frac{2}{3}p_k+\frac{1}{3}(1-p_k)=\frac{1}{3}+\frac{1}{3}p_k \quad (1 \leqq k \leqq n-1)$$

これより

$$p_{k+1}-\frac{1}{2}=\frac{1}{3}\left(p_k-\frac{1}{2}\right)$$

$$p_k-\frac{1}{2}=\left(\frac{1}{3}\right)^{k-1}\left(p_1-\frac{1}{2}\right)$$

$$p_k=\frac{1}{2}+\frac{1}{2}\left(\frac{1}{3}\right)^{k-1} \quad (p_1=1 \text{ より})$$

よって，一連の操作がすべて終了した後，番号 n の箱から白玉が取り出される確率は

$$\begin{aligned}\frac{2}{3}p_{n-1}+\frac{1}{3}(1-p_{n-1}) &= \frac{1}{3}+\frac{1}{3}p_{n-1}\\ &= \frac{1}{3}+\frac{1}{3}\left\{\frac{1}{2}+\frac{1}{2}\left(\frac{1}{3}\right)^{n-2}\right\}\\ &= \frac{1}{2}\left\{1+\left(\frac{1}{3}\right)^{n-1}\right\}\end{aligned}$$

番号1の箱から白玉を取り出す確率は $\frac{1}{2}$ なので，番号1の箱から白玉を取り出し，

かつ最後に番号1の箱に赤玉と白玉が1個ずつとなる確率は，$\frac{1}{2}\cdot\frac{1}{2}\left\{1+\left(\frac{1}{3}\right)^{n-1}\right\}$ となる。

番号1の箱から赤玉を取り出すときもまったく同じであるから，求める確率は

$$2\cdot\frac{1}{2}\cdot\frac{1}{2}\left\{1+\left(\frac{1}{3}\right)^{n-1}\right\}=\frac{1}{2}\left\{1+\left(\frac{1}{3}\right)^{n-1}\right\}\quad\cdots\cdots(\text{答})$$

〔注1〕　番号1の箱から取り出した玉が白玉であるという前提で考えているから，番号2の箱の白玉の個数が2個である確率 p_1 は1である $\left(p_1=\frac{1}{2}\text{ではない}\right)$ ことに注意する。

解法 2

k 回目 $(1\leqq k\leqq n-1)$ の操作後に番号 $k+1$ の箱にある玉のうち，番号1の箱から取り出した玉と同じ色であるものの個数は2または1である。2個である確率を q_k とすると，1個である確率は $1-q_k$ である。q_k の漸化式は次のようになる。

$$q_{k+1}=\frac{2}{3}q_k+\frac{1}{3}(1-q_k)$$

$$=\frac{1}{3}+\frac{1}{3}q_k\quad(1\leqq k\leqq n-1)$$

これより

$$q_{k+1}-\frac{1}{2}=\frac{1}{3}\left(q_k-\frac{1}{2}\right)$$

$$q_k-\frac{1}{2}=\left(\frac{1}{3}\right)^{k-1}\left(q_1-\frac{1}{2}\right)$$

ここで，番号2の箱には番号1の箱から取り出した玉と同色の玉が2個あるので，$q_1=1$ である。

よって，$q_k=\frac{1}{2}+\frac{1}{2}\left(\frac{1}{3}\right)^{k-1}$ となる。

このとき，求める確率は

$$\frac{2}{3}q_{n-1}+\frac{1}{3}(1-q_{n-1})=\frac{1}{3}+\frac{1}{3}q_{n-1}$$

$$=\frac{1}{3}+\frac{1}{3}\left\{\frac{1}{2}+\frac{1}{2}\left(\frac{1}{3}\right)^{n-2}\right\}$$

$$=\frac{1}{2}\left\{1+\left(\frac{1}{3}\right)^{n-1}\right\}\quad\cdots\cdots(\text{答})$$

〔注2〕 一連の操作がすべて終了した後，番号 n ($n \geqq 2$) の箱に番号1の箱から取り出した玉と同じ色の玉が2個である確率を q'_n ($q'_1=1$) としても同様の漸化式から，

$q'_n=\dfrac{1}{2}+\dfrac{1}{2}\left(\dfrac{1}{3}\right)^{n-2}$ ($n \geqq 2$) となる。

このとき，求める確率は，$\dfrac{2}{3}q'_n+\dfrac{1}{3}(1-q'_n)=\dfrac{1}{3}+\dfrac{1}{3}q'_n=\dfrac{1}{2}\left\{1+\left(\dfrac{1}{3}\right)^{n-1}\right\}$ となる。

〔注3〕 番号 k ($2 \leqq k \leqq n-1$) の箱から取り出す玉の色が，番号1の箱から取り出した玉の色と同じ色となる確率を r_k としても同様の漸化式から，$r_{k+1}-\dfrac{1}{2}=\left(\dfrac{1}{3}\right)^{k-1}\left(r_2-\dfrac{1}{2}\right)$ となるが，この場合には，$r_2=\dfrac{2}{3}$ なので，$r_k=\dfrac{1}{2}+\dfrac{1}{6}\left(\dfrac{1}{3}\right)^{k-2}=\dfrac{1}{2}+\dfrac{1}{2}\left(\dfrac{1}{3}\right)^{k-1}$ となる。後は[解法2]と同様である。

87 2020年度〔5〕(文理共通) Level B

ポイント [解法1] 1行目の入れ方は4!通りあり，その各々に対して2～4行目の1列目の入れ方が3!通りある。それら4!×3!通りの各々に対して残り3行3列の9マスの入れ方を考える。

[解法2] 4!通りの1行目の入れ方の1つである | 1 | 2 | 3 | 4 | の場合，残りの各行で2が入るマスのとり方が3!通りある。その各々に対して3を2行目のどこに入れるかを考えると，残りのマスの入れ方が次々に決まっていく。

解法1

a_1, a_2, a_3, a_4 を1～4の相異なる整数とする。

1行目の入れ方は4!通りある。

1行目を | a_1 | a_2 | a_3 | a_4 | とする。

1列目の2～4行目に入る数字は a_2, a_3, a_4 のいずれかであるから，入れ方は3!通りある。

1列目が a_2, a_3, a_4（縦に並ぶ）の場合の残りの3行3列の9マスの入れ方を考えると，次の4通りが考えられる。

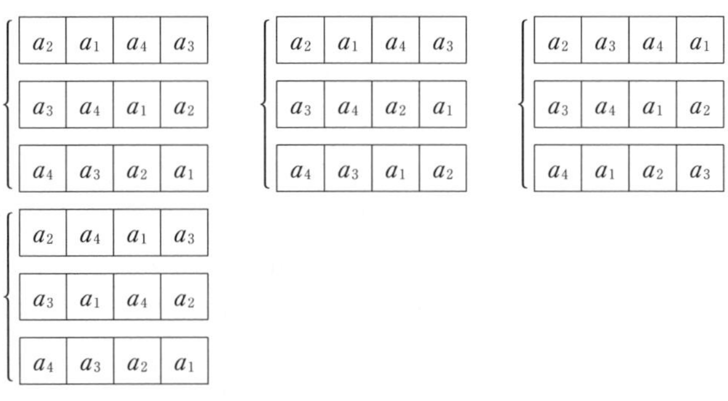

a_2	a_1	a_4	a_3
a_3	a_4	a_1	a_2
a_4	a_3	a_2	a_1

a_2	a_1	a_4	a_3
a_3	a_4	a_2	a_1
a_4	a_3	a_1	a_2

a_2	a_3	a_4	a_1
a_3	a_4	a_1	a_2
a_4	a_1	a_2	a_3

a_2	a_4	a_1	a_3
a_3	a_1	a_4	a_2
a_4	a_3	a_2	a_1

1列目の2～4行目が他のときも同様なので，求める入れ方は

$4!\cdot 3!\cdot 4=576$ 通り ……(答)

解法 2

行を上から順に j 行目（$j=1$, 2, 3, 4），列を左から順に k 列目（$k=1$, 2, 3, 4）とし，第 j 行目の第 k 列目のマスを（j, k）で表す。

1行目の入れ方は　　$4!=24$ 通り　……(ア)

1行目が左から順に1，2，3，4のときを考える。他の場合も同様である。

次いで，2が入るマス目を考えると，右図で2行目，3行目，4行目を入れ替えた

$3!=6$ 通り　……(イ)

が考えられるので，右図の場合で考える。

1	2	3	4
2			
		2	
			2

次いで，3を2行目のどこに入れるかで次の(i)，(ii)が考えられる。

(i)

1	2	3	4
②	3		
		②	
			②

(ii)

1	2	3	4
②			3
		②	
			②

(i)のとき

まず，2行目が決まり，次いで（3, 4），（4, 3）が決まり，さらに3行目，4行目の順で次の1通りに定まる。

1	2	3	4
②	③	4	1
4	1	②	3
3	4	1	②

(ii)のとき

まず，（3, 4）が1と決まり，次いで2行目の決め方のそれぞれから（4, 3）が決まり，さらに3行目の決め方から次の3通りとなる。

1	2	3	4
②	1	4	③
3	4	②	1
4	3	1	②

1	2	3	4
②	1	4	③
4	3	②	1
3	4	1	②

1	2	3	4
②	4	1	③
4	3	②	1
3	1	4	②

よって，(i)または(ii)で　　4通り　……(ウ)

(ア)〜(ウ)から，求める入れ方は全部で

$24\cdot6\cdot4=576$ 通り　……(答)

88　2019年度〔4〕(文理共通)　Level B

ポイント　1回投げたときに4以下の目が出る事象を A, 5以上の目が出る事象を B として, X_1, X_2, …, X_n の出方を順に並べると, A, A, …, A, B, B, …, B, A, A, …, A となる。ただし, B の前にある A の個数を p 個, B の個数を q 個とすると, $0\leqq p\leqq n-1$, $1\leqq q\leqq n-p$ であり, B の後にある A の個数は $(n-p-q)$ 個となる。この条件を満たす目の出方の確率の総和を求める。$X_0=0$ という条件により $p=0$ のときもあることに注意する。

解法

1つのさいころを1回投げて, 4以下の目が出る事象を A, 5以上の目が出る事象を B とする。条件を満たす X_1, X_2, …, X_n の出方を順に並べると

A, A, …, A, B, B, …, B, A, A, …, A　……①

ただし, B の前にある A の個数を p 個, B の個数を q 個　……②とすると, $X_0=0$ であることから

$0\leqq p\leqq n-1$, $1\leqq q\leqq n-p$　……③

で, このとき B の後にある A の個数は $(n-p-q)$ 個である。

①かつ②となるような目の出る確率は

$$\left(\frac{2}{3}\right)^p\left(\frac{1}{3}\right)^q\left(\frac{2}{3}\right)^{n-p-q}=\frac{2^{n-q}}{3^n}\quad\cdots\cdots④$$

求める確率は, p, q が③を満たすときの確率④の総和であるから

$$\sum_{p=0}^{n-1}\sum_{q=1}^{n-p}\frac{2^{n-q}}{3^n}=\frac{2^n}{3^n}\sum_{p=0}^{n-1}\sum_{q=1}^{n-p}\left(\frac{1}{2}\right)^q=\frac{2^n}{3^n}\sum_{p=0}^{n-1}\frac{1}{2}\cdot\frac{1-\left(\frac{1}{2}\right)^{n-p}}{1-\frac{1}{2}}$$

$$=\frac{1}{3^n}\left(2^n\sum_{p=0}^{n-1}1-\sum_{p=0}^{n-1}2^p\right)$$

$$=\frac{1}{3^n}\left(2^n\cdot n-\frac{2^n-1}{2-1}\right)$$

$$=\frac{(n-1)\,2^n+1}{3^n}\quad\cdots\cdots(答)$$

〔注1〕 $X_0=0$ という条件が重要なはたらきをしていることに注意したい。

〔注2〕 ③のとき, $1\leqq q\leqq n-p$ から $p+1\leqq p+q\leqq n$ となり, $-n\leqq-(p+q)\leqq-p-1$ なので, $0\leqq n-(p+q)\leqq n-1-p\leqq n-1$ である。
特に $n-(p+q)=n-1$ となるのは $p=0$, $q=1$ のときである。

89 2018年度〔5〕 Level B

ポイント j 回の操作後に袋の中にある球に書かれている数の最大値を M_j とし，j 回目に取り出した球に書かれている数を k_j とすると，$X_0=M_0=0$ として

$$X_j=\begin{cases} X_{j-1}+M_{j-1}+1 & (k_j=0\text{ のとき}) \\ X_{j-1}+k_j \leqq X_{j-1}+M_{j-1} & (k_j\neq 0\text{ のとき}) \end{cases}$$

であることを用いる。

(1) X_n が最大値またはそれより1小さい値となる確率を求める。

(2) X_n が最小値またはそれより1大きい値となる確率を求める。

解 法

j を自然数として，j 回の操作後に袋の中にある球に書かれている数の最大値を M_j とし，j 回目に取り出した球に書かれている数を k_j とすると，一連の操作から

$$X_j=\begin{cases} X_{j-1}+M_{j-1}+1 & (k_j=0\text{ のとき}) \\ X_{j-1}+k_j \leqq X_{j-1}+M_{j-1} & (k_j\neq 0\text{ のとき}) \end{cases} \quad \cdots\cdots(*)$$

ただし，$X_0=M_0=0$ である。以下，$(*)$のもとで考える。

(1) $$\frac{(n+2)(n-1)}{2}=\frac{n(n+1)}{2}-1 \quad \cdots\cdots①$$

であるから，$X_n \geqq \dfrac{n(n+1)}{2}-1$ となる確率を求めればよい。

(ア) $(*)$から X_n が最大となるのは $k_1=k_2=\cdots=k_n=0$ のときのみであり，その値は

$$0+1+2+\cdots+n=\frac{n(n+1)}{2}$$

この確率は

$$1\cdot\frac{1}{2}\cdot\frac{1}{3}\cdot\cdots\cdot\frac{1}{n}=\frac{1}{n!}$$

(イ) $X_n=\dfrac{n(n+1)}{2}-1$ となるには，$k_m\neq 0$ $(2\leqq m\leqq n)$ となる k_m が少なくとも1つあることが必要である。

(i) $k_2=\cdots=k_{n-1}=0$ かつ $k_n=n-1$ のとき

$$X_{n-1}=0+1+2+\cdots+(n-1)+(n-1)$$
$$=\frac{(n-1)n}{2}+(n-1)=\frac{(n-1)(n+2)}{2}=\frac{n(n+1)}{2}-1$$

この確率は

$$1\cdot\frac{1}{2}\cdot\frac{1}{3}\cdot\cdots\cdot\frac{1}{n-1}\cdot\frac{1}{n}=\frac{1}{n!}$$

$n=2$ のときは(i)の場合のみを考えればよい $\left(k_1=0,\ k_2=1\right.$ であり，その確率は

$\left.1\cdot\frac{1}{2}=\frac{1}{2!}\right)$ ので，以下 $n\geqq 3$ とする。

(ii)　$k_m\neq 0$ $(2\leqq m\leqq n-1)$ となる k_m があるとき，その最初のものを k_l $(2\leqq l\leqq n-1)$ とすると，$1\leqq k_l=l-1$ であり

$$X_l=0+1+2+\cdots+(l-1)+k_l$$

このとき $M_l=l-1$ であり，(＊)から X_n は $k_{l+1}=\cdots=k_n=0$ のとき最大となり，その値は

$$\begin{aligned}X_n&=0+1+2+\cdots+(l-1)+k_l+l+(l+1)+\cdots+(n-1)\\&\leqq 0+1+2+\cdots+(l-1)+l+(l+1)+\cdots+(n-1)+(n-2)\\&\qquad\qquad(k_l\leqq l-1\leqq n-2\text{ より})\\&=\frac{n(n+1)}{2}-2<\frac{n(n+1)}{2}-1\end{aligned}$$

(i)，(ii)から，$X_n=\frac{n(n+1)}{2}-1$ となるのは(i)のときのみで，その確率は $\frac{1}{n!}$ である。

(ア)，(イ)から，$X_n\geqq\frac{(n+2)(n-1)}{2}$ となる確率は

$$\frac{1}{n!}+\frac{1}{n!}=\frac{2}{n!}\quad\cdots\cdots(\text{答})$$

(2)　(ウ)　(＊)から X_n が最小となるのは $k_2=\cdots=k_n=1$ のときのみであり，その値は

$$0+\underbrace{1+1+\cdots+1}_{n\text{ 個}}=n$$

この確率は

$$1\cdot\frac{1}{2}\cdot\frac{2}{3}\cdot\cdots\cdot\frac{n-1}{n}=\frac{1}{n}$$

(エ)　$X_n=n+1$ となるのは

(iii)　$n=2$ のとき

$k_2=1$ のときであり，この確率は　$1\cdot\frac{1}{2}=\frac{1}{2}$

(iv)　$n\geqq 3$ のとき

$k_2,\ k_3,\ \cdots,\ k_n$ のうち1つが0で他は1のときのみである。

$k_2,\ k_3,\ \cdots,\ k_n$ のうち k_m $(2\leqq m\leqq n)$ が0で他は1である確率を q_m とすると

$$q_2=1\cdot\frac{1}{2}\cdot\frac{1}{3}\cdot\frac{2}{4}\cdot\frac{3}{5}\cdot\cdots\cdot\frac{n-2}{n}=\frac{1}{(n-1)n}$$

$$q_m=1\cdot\frac{1}{2}\cdot\frac{2}{3}\cdot\ \cdots\ \cdot\frac{m-2}{m-1}\cdot\frac{1}{m}\cdot\frac{m-1}{m+1}\cdot\frac{m}{m+2}\cdot\ \cdots\ \cdot\frac{n-2}{n}=\frac{1}{(n-1)n}$$

$(3\leqq m\leqq n-1)$

$$q_n=1\cdot\frac{1}{2}\cdot\frac{2}{3}\cdot\ \cdots\ \cdot\frac{n-2}{n-1}\cdot\frac{1}{n}=\frac{1}{(n-1)n}$$

よって，$X_n=n+1$ となる確率は

$$q_2+q_3+\cdots+q_n=(n-1)\cdot\frac{1}{(n-1)n}=\frac{1}{n}$$

これは(iii)の結果にも用いることができる。

(ウ)，(エ)から，$X_n\leqq n+1$ となる確率は　$\frac{1}{n}+\frac{1}{n}=\frac{2}{n}$　……(答)

90　2017年度〔5〕　Level A

ポイント　(1)　$X=1$ ということは，$a=1$，2，3，4，5の各 a ごとに，n 回とも a または $a+1$ の目のみが出て，かつ a と $a+1$ のどちらの目も出るということである。
(2)　$X=5$ ということは，n 回のうち少なくとも1回は1の目，少なくとも1回は6の目が出るということである。この余事象を考える。

解法

さいころの目の出方は全部で 6^n 通りある。
(1)　$X=1$ になるのは

$$(L,\ M)=(1,\ 2),\ (2,\ 3),\ (3,\ 4),\ (4,\ 5),\ (5,\ 6)$$

の5つの場合である。
$(L,\ M)=(1,\ 2)$ の場合を考えると，求める確率は n 回とも1または2の目のみが出て，かつ，1と2のどちらの目も出る確率である。
さいころの目が n 回とも1または2であるのは 2^n 通り。
このうち，n 回とも1の目，n 回とも2の目であるのは，それぞれ1通りで計2通り。
よって，$(L,\ M)=(1,\ 2)$ となるのは，(2^n-2) 通りで，確率は

$$\frac{2^n-2}{6^n}$$

他の場合も同様であるから，求める確率は　$\dfrac{5(2^n-2)}{6^n}$　……(答)
(2)　$X=5$ となるのは，$(L,\ M)=(1,\ 6)$ の場合だけである。
これは，n 回のうち，少なくとも1回は1の目が出て，かつ少なくとも1回は6の目が出るときである。
この事象の余事象は「n 回とも1の目が出ない，または n 回とも6の目が出ない」事象である。

「n 回とも1の目が出ない」という事象を A
「n 回とも6の目が出ない」という事象を B

とすると，余事象の確率は $P(A\cup B)$ であり

$$P(A\cup B)=P(A)+P(B)-P(A\cap B)$$
$$=\frac{5^n}{6^n}+\frac{5^n}{6^n}-\frac{4^n}{6^n}=\frac{2\cdot5^n-4^n}{6^n}$$

よって，求める確率は

$$1-\frac{2\cdot5^n-4^n}{6^n}=\frac{6^n-2\cdot5^n+4^n}{6^n}\quad\cdots\cdots(答)$$

91 2016年度〔2〕 Level B

ポイント 「はずれ」が表示される確率を p とおき，余事象の確率を利用する。条件から得られる $\log_{10}p$ の評価式を用いて求める回数についての不等式を考える。

解法

「はずれ」が表示される確率を p $(0<p<1)$ とする。また，n 回押したとき，1回以上「あたり」が出る確率を P_n とする。条件より

$$P_{20}=1-p^{20}=\frac{36}{100} \quad \cdots\cdots①$$

このとき

$$P_n=1-p^n \geqq \frac{90}{100} \quad \cdots\cdots②$$

となる最小の自然数 n を求めればよい。①より

$$p^{20}=\frac{64}{100} \qquad 20\log_{10}p=\log_{10}\frac{64}{100}=\log_{10}\frac{2^6}{10^2}=6\log_{10}2-2$$

$$\log_{10}p=\frac{3\log_{10}2-1}{10}$$

$0.3010<\log_{10}2<0.3011$ より

$$-0.0097<\log_{10}p<-0.00967 \quad \cdots\cdots③$$

また，②より

$$p^n \leqq \frac{1}{10} \qquad n\log_{10}p \leqq -1$$

$\log_{10}p<0$ より

$$n \geqq -\frac{1}{\log_{10}p} \quad \cdots\cdots④$$

③より

$$\frac{10000}{97}<-\frac{1}{\log_{10}p}<\frac{100000}{967}$$

$$103+\frac{9}{97}<-\frac{1}{\log_{10}p}<103+\frac{399}{967}$$

よって，④を満たす最小の自然数 n は104である。ゆえに

最低104回押せばよい。 ……(答)

92　2015年度〔3〕　Level B

ポイント　[解法1]　$X=2$ と $X=4$ となる確率をそれぞれ排反な色の塗り方の場合に分けて考える。$X=0$ となる確率は $X=2$ と $X=4$ の余事象の確率として求める。

[解法2]　AF，FE が赤となる事象を A，AB，BE が赤となる事象を B，AB，BC，CD，DE が赤となる事象を C として，$P(X=2)=P(A\cup B)$ などとして計算する。$P(X=0)$ は余事象として求める。

解 法 1

線分 AB を赤く塗ることを AB○，黒く塗ることを AB×で表すことにする。他の線分についても同様とする。ただし，どちらでもよい線分は○も×も付さない。排反な場合に分けて考えると

・$X=2$ となるのは

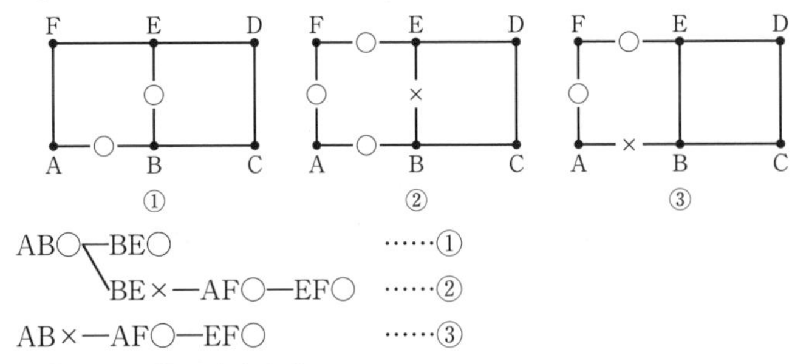

AB○―BE○　……①
　　＼BE×―AF○―EF○　……②
AB×―AF○―EF○　……③

①または②または③の確率を求めて

$$\frac{1}{2^2}+\frac{1}{2^4}+\frac{1}{2^3}=\frac{7}{16}\quad\cdots\cdots(\text{答})$$

・$X=4$ となるのは

AB○―BC○―CD○―DE○―BE×―「AF×または EF×」　……④

④の確率を求めて

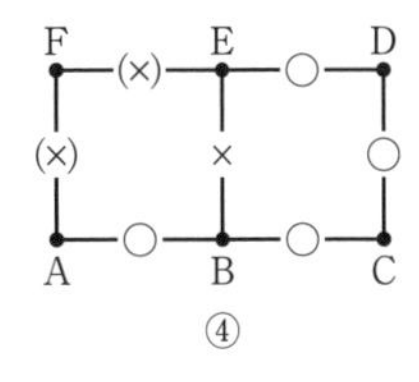

$$\frac{1}{2^5}\cdot\left(\frac{1}{2}+\frac{1}{2}-\frac{1}{2^2}\right)=\frac{3}{128}\quad\cdots\cdots(\text{答})$$

・$X=0$ となるのは

$X=2$，4 の余事象の確率なので

$$1-\frac{7}{16}-\frac{3}{128}=\frac{69}{128}\quad\cdots\cdots(\text{答})$$

解法 2

AF，FE が赤である事象を A

AB，BE が赤である事象を B

AB，BC，CD，DE が赤である事象を C

とする。$X=2$ となるのは，$A\cup B$ のときだから

$$P(X=2)=P(A\cup B)$$
$$=P(A)+P(B)-P(A\cap B)$$
$$=\left(\frac{1}{2}\right)^2+\left(\frac{1}{2}\right)^2-\left(\frac{1}{2}\right)^4=\frac{7}{16}\quad\cdots\cdots(\text{答})$$

$X=4$ となるのは，$C\cap\overline{A}\cap\overline{B}$ のときだから，右のベン図より

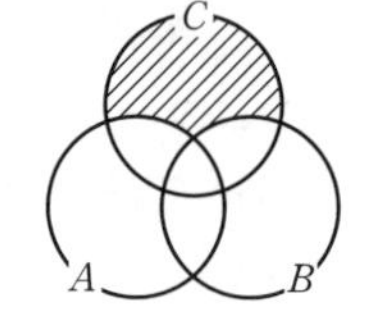

$$P(X=4)=P(C)-P(A\cap C)-P(B\cap C)+P(A\cap B\cap C)$$
$$=\left(\frac{1}{2}\right)^4-\left(\frac{1}{2}\right)^6-\left(\frac{1}{2}\right)^5+\left(\frac{1}{2}\right)^7=\frac{3}{128}\quad\cdots\cdots(\text{答})$$

X は 0，2，4 しかとらないから

$$P(X=0)=1-P(X=2)-P(X=4)$$
$$=1-\frac{7}{16}-\frac{3}{128}=\frac{69}{128}\quad\cdots\cdots(\text{答})$$

〔注〕 $P(X=0)$ を直接計算すると次のようになる。

$$P(X=0)=P(\overline{A}\cap\overline{B}\cap\overline{C})=P(\overline{A\cup B\cup C})\quad(\text{ド・モルガンの法則より})$$
$$=1-P(A\cup B\cup C)$$
$$=1-\{P(A)+P(B)+P(C)$$
$$-P(A\cap B)-P(B\cap C)-P(C\cap A)+P(A\cap B\cap C)\}$$
$$=1-\left\{\left(\frac{1}{2}\right)^2+\left(\frac{1}{2}\right)^2+\left(\frac{1}{2}\right)^4-\left(\frac{1}{2}\right)^4-\left(\frac{1}{2}\right)^5-\left(\frac{1}{2}\right)^6+\left(\frac{1}{2}\right)^7\right\}$$
$$=\frac{69}{128}$$

93　2014年度〔5〕★　Level A

ポイント　Aの得点がk（$1 \leqq k \leqq 20$）となる確率を求める。

解法

Aの得点がk（$k=1, 2, \cdots, 20$）となるのは，Aがkの目を出し，Bが$k-1$以下の目を出したときだから，そのような2人の目の出方は$k-1$通りある。また，2人の目の出方の総数は20^2通りある。したがって，Aの得点がkとなる確率をP_kとすると

$$P_k = \frac{k-1}{20^2}$$

である。よって，求める期待値をEとすると

$$\begin{aligned} E &= \sum_{k=1}^{20} k \cdot P_k \\ &= \sum_{k=1}^{20} k \cdot \frac{k-1}{20^2} = \frac{1}{400} \sum_{k=1}^{20} (k^2 - k) \\ &= \frac{1}{400}\left(\frac{1}{6} \cdot 20 \cdot 21 \cdot 41 - \frac{1}{2} \cdot 20 \cdot 21\right) \\ &= \frac{133}{20} \quad \cdots\cdots(\text{答}) \end{aligned}$$

94 2013年度〔5〕（文理共通(一部)） Level A

ポイント (1) 座標変化を具体的に考える。

(2) 2回硬貨を投げることを1セットと考え，座標変化が$+2$となる回数を考える。

解 法

(1) 2回の操作で石の座標は図のように変化する。

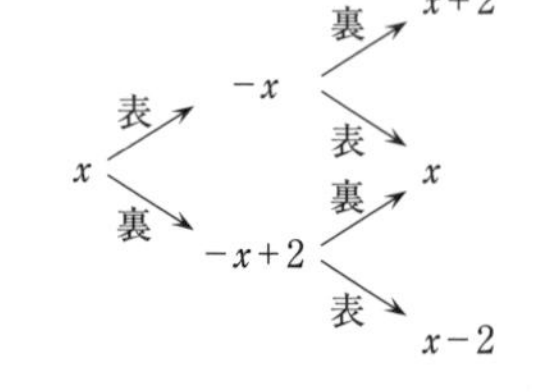

それぞれの→の確率は$\dfrac{1}{2}$なので，求める確率は

$$\frac{1}{2}\times\frac{1}{2}\times 2=\frac{1}{2}\quad\cdots\cdots(\text{答})$$

(2) (1)の図より2回硬貨を投げたときの石の座標が

xから$x+2$に変化する事象をA，

xからxに戻る事象をB，

xから$x-2$に変化する事象をC

とすると，2回硬貨を投げたとき，事象A，B，Cとなる確率はそれぞれ

$$\frac{1}{4},\ \frac{1}{2},\ \frac{1}{4}\quad\cdots\cdots①$$

である。

硬貨を$2n$回投げたとき，2回硬貨を投げることを1セットとして考える。硬貨を$2n$回投げた後に座標が$2n$の点にあるための条件は，事象Aのみがn回起きる場合であり，求める確率は①から

$$\left(\frac{1}{4}\right)^n=\frac{1}{4^n}\quad\cdots\cdots(\text{答})$$

〔注〕 nセット中，事象A，B，Cが起きる回数をそれぞれa，b，cとすると，$a=n$，$b=c=0$となることはほぼ明らかであるが，次のような考え方でも理解できる。この考え方は硬貨を$2n$回投げた後に座標が$2n$以外のところにあるときには有効な考え方なので参考としてほしい。

はじめに石が原点にあるとき，硬貨を$2n$回投げた後に座標が$2n$の点にあるための条件は，a，b，cを0以上n以下の整数として

$$2a+2b+2c=2n\quad かつ\quad 2a-2c=2n$$

である。これより

$$a+b+c=n\quad\cdots\cdots②\quad かつ\quad a-c=n\quad\cdots\cdots③$$

③より，$c+n=a\leqq n$なので，$c\leqq 0$となるが，cは0以上なので，$c=0$である。

このとき，③から$a=n$となり，②から$b=0$となる。

95 2012年度〔1〕(2) Level A

ポイント ［解法1］ 異なる3つの番号に対して，その大小関係はひと通りに定まるので，n 種類の番号から異なる3つの番号を取り出す場合の数 ${}_n\mathrm{C}_3$ に，それらが取り出される確率を乗じる。

［解法2］ ［解法1］と同様に ${}_n\mathrm{C}_3$ を考えるが，全事象を ${}_{2n}\mathrm{P}_3$ として考える。

解法 1

$X_1<X_2<X_3$ となる X_1，X_2，X_3 の組は全部で ${}_n\mathrm{C}_3$ 通りある。そのどの組に対しても，1回目に X_1 が出る確率は $\dfrac{2}{2n}$，2回目に X_2 が出る確率は $\dfrac{2}{2n-1}$，3回目に X_3 が出る確率は $\dfrac{2}{2n-2}$ である。よって，求める確率は

$$
\begin{aligned}
&{}_n\mathrm{C}_3\cdot\frac{2}{2n}\cdot\frac{2}{2n-1}\cdot\frac{2}{2n-2}\\
&=\frac{n(n-1)(n-2)}{3\cdot2\cdot1}\cdot\frac{2}{2n}\cdot\frac{2}{2n-1}\cdot\frac{2}{2n-2}\\
&=\frac{n-2}{3(2n-1)}\quad\cdots\cdots(\text{答})
\end{aligned}
$$

解法 2

3枚の取り出し方の総数は ${}_{2n}\mathrm{P}_3$ である。また，$X_1<X_2<X_3$ となる X_1，X_2，X_3 の選び方は ${}_n\mathrm{C}_3$ 通りあり，どの X_1，X_2，X_3 の組に対しても，その順に札を取り出す方法は $2\cdot2\cdot2$ 通りある。よって，求める確率は

$$
\begin{aligned}
&\frac{{}_n\mathrm{C}_3\cdot2\cdot2\cdot2}{{}_{2n}\mathrm{P}_3}\\
&=\frac{\dfrac{n(n-1)(n-2)}{3\cdot2\cdot1}\cdot2\cdot2\cdot2}{2n(2n-1)(2n-2)}=\frac{n-2}{3(2n-1)}\quad\cdots\cdots(\text{答})
\end{aligned}
$$

96 2011年度〔1〕(2)（文理共通） Level A

ポイント 小さいほうの数がkとなる2枚の選び方は，大きいほうの数との組み合わせを考えて$9-k$通りある。

解法

2枚のカードを取り出したとき，$X=k$（$k=1,\ 2,\ \cdots,\ 8$）となるのは，大きいほうのカードの数を考えて，$9-k$通りある。ゆえに，$X=k$となる確率は$\dfrac{9-k}{{}_9\mathrm{C}_2}$である。$Y=k$となる確率も同じだから，$X=Y=k$となる確率は

$$\left(\frac{9-k}{{}_9\mathrm{C}_2}\right)^2=\frac{(9-k)^2}{36^2}$$

である。したがって，求める確率をPとすると

$$P=\sum_{k=1}^{8}\frac{(9-k)^2}{36^2}$$

$$=\frac{1}{36^2}\sum_{i=1}^{8}i^2\quad\text{（上の和を逆順にした）}$$

$$=\frac{1}{36^2}\cdot\frac{8\cdot9\cdot17}{6}$$

$$=\frac{17}{108}\quad\cdots\cdots\text{(答)}$$

97 2010年度〔3〕(文理共通) Level A

ポイント 「1番目と2番目の数の和」=「4番目と5番目の数の和」となる場合の数を数える。

解法

i 番目の数を a_i と表すことにする（$i=1, 2, \cdots, 5$）と，条件は

$$a_1+a_2+a_3=a_3+a_4+a_5 \quad \text{すなわち} \quad a_1+a_2=a_4+a_5$$

である。1から5の5個の自然数において，2個ずつの数の和が等しくなる組合せは

$\{1, 4\}, \{2, 3\}$

$\{1, 5\}, \{2, 4\}$

$\{2, 5\}, \{3, 4\}$

の3組だけである。それぞれの組に対して，どちらを (a_1, a_2)，(a_4, a_5) に割り振るかが2通りあり，それぞれについて，a_1 と a_2 への割り振りが2通り，a_4 と a_5 への割り振りが2通りあるので，条件を満たす並べ方は全部で $2^3=8$ 通りある。

よって，求める確率は

$$\frac{8\cdot 3}{5!}=\frac{1}{5} \quad \cdots\cdots(\text{答})$$

98　2009 年度〔1〕問 2（文理共通）　Level A

ポイント k 回目の試行を行うときの袋の中の赤球，白球の個数を求め，k 回目に成功する確率を用いて失敗する確率を求める。

解法 1

$2\leqq k\leqq n$ として，$k-1$ 回まで失敗が続くとき，k 回目の試行を行うときの袋の中には赤球は $1+(k-1)=k$ 個，白球は 2 個入っている。

よって，k 回目に成功する確率は　$\dfrac{1}{{}_{k+2}\mathrm{C}_2}=\dfrac{2}{(k+1)(k+2)}$

なので，k 回目に失敗する確率は　$1-\dfrac{2}{(k+1)(k+2)}=\dfrac{k(k+3)}{(k+1)(k+2)}$

これは $k=1$ でも成り立つ。ゆえに求める確率は

$$\frac{1\cdot 4}{2\cdot 3}\cdot\frac{2\cdot 5}{3\cdot 4}\cdot\frac{3\cdot 6}{4\cdot 5}\cdot\cdots\cdot\frac{(n-1)(n+2)}{n(n+1)}\cdot\frac{2}{(n+1)(n+2)}=\frac{2}{3n(n+1)}\quad\cdots\cdots(答)$$

解法 2

＜漸化式による＞

（$k\geqq 2$ として，$k-1$ 回まで失敗が続くとき，k 回目に成功，失敗する確率を求めるところまでは［解法 1］に同じ）

k 回目に成功する確率，失敗する確率をそれぞれ p_k，q_k とする。また，$n-1$ 回目まで失敗し，n 回目に成功する確率を a_n とすると，$a_n=q_1q_2\cdots q_{n-1}p_n$（$n\geqq 2$）であるから

$$a_{n+1}=q_1q_2\cdots q_{n-1}q_np_{n+1}=a_n\cdot\frac{q_np_{n+1}}{p_n}$$
$$=a_n\cdot\frac{n(n+3)}{(n+1)(n+2)}\cdot\frac{2}{(n+2)(n+3)}\cdot\frac{(n+1)(n+2)}{2}$$
$$=\frac{n}{n+2}a_n$$

よって　$(n+2)a_{n+1}=na_n$

したがって　$(n+2)(n+1)a_{n+1}=(n+1)na_n$

これより数列 $\{(n+1)na_n\}$（$n\geqq 2$）は定数から成る数列であり

$$(n+1)na_n=3\cdot 2\cdot a_2=\frac{2}{3}$$

ゆえに　$a_n=\dfrac{2}{3n(n+1)}$　……(答)

99 2008年度〔5〕 Level C

ポイント 折り返しが生じる点がある場合とない場合で分けて考えて a を求める。b は a の値を利用するか，または a を求めたのと同様の考え方を繰り返してもよい。

解法

頂点を左回りに順に A_0, A_1, …, A_{n-1} とする。ただし，A_0 は必要に応じて A_n とも記すことにする（図1）。

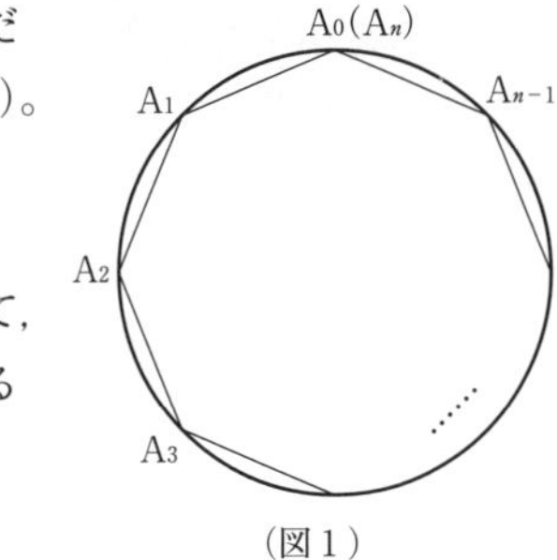

（図1）

・$A=A_0$ として，$a=n(A)$ を求める。

(i) 折り返しがない場合

どの方向に進むかで2通りあり，その各々について，1周目の経路が 2^n 通りあり，2周目は1通りとなるので　$2\cdot 2^n=2^{n+1}$〔通り〕

(ii) 折り返しがある場合

1つの一筆がきにつき，折り返しが生じる頂点は A_1～A_n のうちただ1つに限られ，A_1～A_n のいずれでもよい。

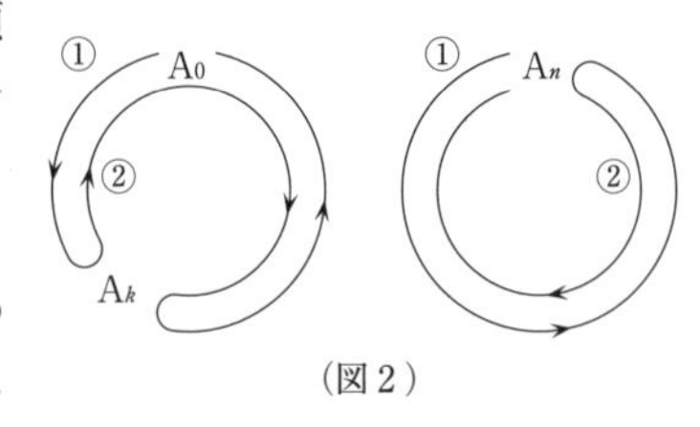

（図2）

A_k ($k=1, 2, \cdots, n$) で折り返す一筆がきは，最初にどの方向に進むかで2通りあり，その各々について，（図2）の①（最初の折り返しまで）の経路が 2^k 通り，引き続く②（最初の折り返し以降）の経路が 2^{n-k} 通りある。

よって，折り返しがある一筆がきの経路は　$n\cdot 2\cdot 2^k\cdot 2^{n-k}=n\cdot 2^{n+1}$〔通り〕

(i), (ii)より

$$a=2^{n+1}+n\cdot 2^{n+1}=(n+1)\cdot 2^{n+1} \quad \cdots\cdots(答)$$

・辺 A_0A_1 の中点をBとして，$b=n(B)$ を求める（図3）。

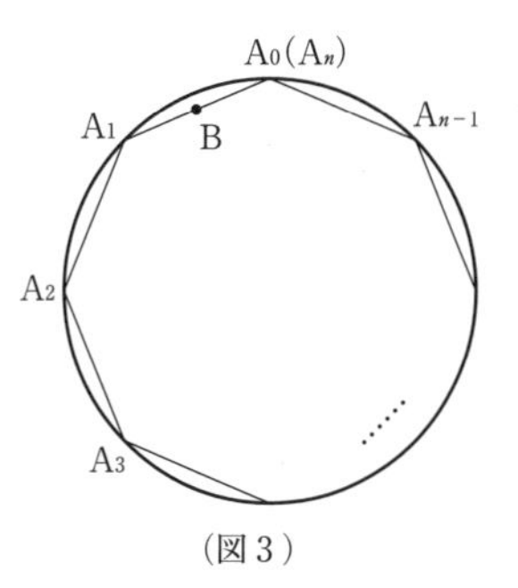

（図3）

(i) 最初に $B\to A_1$ と進む場合

このとき，最後は辺上を $A_0\to B$ と進んで終了する。よって，Bと A_0 を同一視し，A_0 から出発する一筆がきのうち，最初に辺上を $A_0\to A_1$ と進む経路の個数に一致する。

これは A_0 から始まる一筆がきのうち，最初に左まわりに進むものに限定し，かつ最初の道は辺 A_0A_1 を選ぶ場合の経路の個数なので　$a\cdot\frac{1}{2}\cdot\frac{1}{2}=\frac{1}{4}a$〔通り〕

(ii) 最初に$\mathrm{B}\to\mathrm{A}_0$と進む場合

このときの一筆がきの経路の個数も同様に考えて　$\dfrac{1}{4}a$ 通り

よって　$b=2\cdot\dfrac{1}{4}a=(n+1)\cdot 2^n$　……(答)

〔注1〕 bを求めるには，aの値を利用する上の［解法］とは別に，aを求めたのと同様の考え方を独立に行う解法でもよい（精細は省略)。

〔注2〕 一筆がきでは折り返しの生じる点に（その有無も含め）注目することがポイントである。与えられた図形によって折り返し点が複数ある場合や，漸化式が有効な場合もある。

100 2007年度〔1〕問2 Level A

ポイント n 秒後に点Pが頂点Oにある確率を p_n として，p_n についての漸化式を立てる。

解法

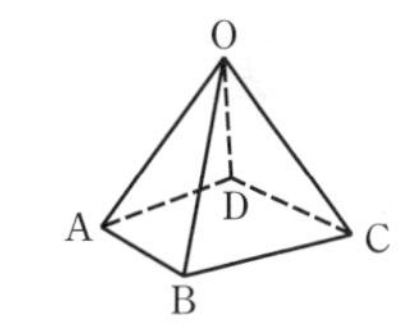

n 秒後に点Pが頂点Oにある確率を p_n とする。点PがO以外の頂点にある確率は $1-p_n$ である。n 秒後に点PがO以外の頂点にあるとき，$n+1$ 秒後には $\frac{1}{3}$ の確率で点Pは頂点Oにあり，n 秒後に点Pが頂点Oにあるとき，$n+1$ 秒後に頂点Oにある確率は0である。

よって

$$p_{n+1}=\frac{1}{3}(1-p_n)+0\cdot p_n=\frac{1}{3}(1-p_n)$$

これを変形すると

$$p_{n+1}-\frac{1}{4}=-\frac{1}{3}\left(p_n-\frac{1}{4}\right)$$

ゆえに

$$p_n-\frac{1}{4}=\left(-\frac{1}{3}\right)^n\left(p_0-\frac{1}{4}\right)$$

$$=\left(-\frac{1}{3}\right)^n\left(1-\frac{1}{4}\right)\quad(\because\ p_0=1)$$

$$=\frac{3}{4}\left(-\frac{1}{3}\right)^n$$

$$p_n=\frac{1}{4}+\frac{3}{4}\left(-\frac{1}{3}\right)^n=\frac{1}{4}\left\{1-\left(-\frac{1}{3}\right)^{n-1}\right\}\quad\cdots\cdots(答)$$

101 2006年度〔5〕 Level C

ポイント 連続する n 個ずつの2組に切る n 本の線を考え，その線を1つずつずらすごとに，それらの線で分けられる一方の側にある $n+1$ 組の玉の組を考える。それぞれに含まれる白玉の個数を a_1，a_2，…，a_{n+1} として $a_{m+1}-a_m$ $(m=1,\ 2,\ \cdots,\ n)$ が0，±1のいずれかであることに注目して，$a_m=k$ となる a_m の存在を示す。

解法

並んだ $2n$ 個の玉に，右図のように順に $1\sim 2n$ の番号をつける（どの玉を1番目としてもよい）。これらを n 個ずつ2組に切る切り方を1つずつずらしてゆき，小さい番号で始まるものから順に

$[1\sim n]$，$[2\sim n+1]$，…，$[n\sim 2n-1]$，$[n+1\sim 2n]$

の組をとる。それぞれの中に含まれる白玉の個数を順に a_1，a_2，…，a_{n+1} とする。

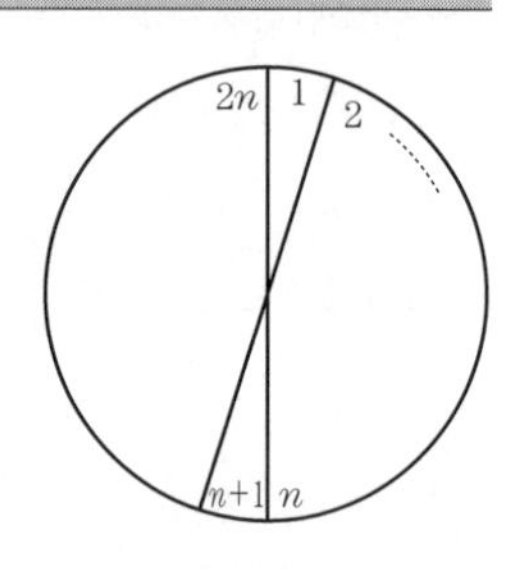

示すべき命題は

$a_1\sim a_{n+1}$ の中に，値が k であるものが必ず存在する ……(∗)

である。

切り方を1つずらすごとに，玉は1個入って1個出るから，それによって白玉の個数が一度に2個以上増減することはない。したがって，隣り合う2項の差 $a_{m+1}-a_m$ $(m=1,\ 2,\ \cdots,\ n)$ はどれも -1，0，1のいずれかである。

よって

(i) $a_1=k$ のときは，すでに(∗)は成立している。

(ii) $a_1<k$ のときは $a_1+a_{n+1}=2k$ より，$a_{n+1}>k$ である。隣り合う2項は最大でも1ずつしか変化しないから，a_1 $(<k)$ から a_{n+1} $(>k)$ まで進む途中に，必ず $a_m=k$ となる a_m が存在する。

(iii) $a_1>k$ のときは $a_{n+1}<k$ となり，(ii)と同様の理由で，$a_m=k$ となる a_m が存在する。

ゆえに(∗)が成り立つ。 (証明終)

102　2005年度〔5〕　Level A

ポイント　［解法1］　3つの整数 x, y, z がこの順に等差数列をなす条件は $x+z=2y$ から，x と z の偶奇が一致し，$y=\frac{x+z}{2}$ となることである。

［解法2］　y を定めるごとに適する $(x,\ z)$ の組の個数を数える。

［解法3］　公差 k の値を定めるごとに適する3数の組の個数を数える。

解法1

自然数 x, y, z $(x<y<z)$ が等差数列をなすとき，$x+z=2y$ となるから，$x+z$ は偶数，すなわち，x と z の偶奇は一致する。逆に，偶奇の一致する x, z をとれば，$y=\frac{x+z}{2}$ とすることで等差数列 x, y, z を得る。よって，等差数列をなす3数の組の総数は，$1\sim n$ の中から偶奇の一致する異なる2数を選ぶ場合の数に一致する。

(i)　n が偶数のとき

$1\sim n$ の中に偶数は $\frac{n}{2}$ 個，奇数も $\frac{n}{2}$ 個あるから，等差数列となる3数の選び方は

$${}_{\frac{n}{2}}C_2\times 2=\frac{\frac{n}{2}\left(\frac{n}{2}-1\right)}{2}\cdot 2=\frac{n(n-2)}{4}$$

(ii)　n が奇数のとき

$1\sim n$ の中に偶数は $\frac{n-1}{2}$ 個，奇数は $\frac{n+1}{2}$ 個あるから，等差数列となる3数の選び方は

$${}_{\frac{n-1}{2}}C_2+{}_{\frac{n+1}{2}}C_2=\frac{\frac{n-1}{2}\left(\frac{n-1}{2}-1\right)}{2}+\frac{\frac{n+1}{2}\left(\frac{n+1}{2}-1\right)}{2}=\frac{(n-1)^2}{4}$$

3数の取り出し方の総数は

$${}_nC_3=\frac{n(n-1)(n-2)}{6}$$

であるから，(i)(ii)のそれぞれをこの数で割って，求める確率は

n が偶数のとき　$\frac{3}{2(n-1)}$　　n が奇数のとき　$\frac{3(n-1)}{2n(n-2)}$　……(答)

解 法 2

y $(2 \leqq y \leqq n-1)$ の値を定めるごとに，条件に適する $(x,\ z)$ の組の個数を考える。この個数は $2 \leqq y \leqq \dfrac{n+1}{2}$ と $\dfrac{n+1}{2} \leqq y \leqq n-1$ の場合で同じとなる。

1　y　n

$y-1$個

(i)　$n=2m$　（m は 2 以上の整数）と表されるとき

$$2\sum_{y=2}^{m}(y-1)=2\sum_{k=1}^{m-1}k=(m-1)\,m=\left(\frac{n}{2}-1\right)\frac{n}{2}=\frac{n\,(n-2)}{4}\ \text{〔個〕}$$

(ii)　$n=2m+1$　（m は 2 以上の整数）と表されるとき

$$2\sum_{y=2}^{m}(y-1)+m=(m-1)\,m+m=m^2=\frac{(n-1)^2}{4}\ \text{〔個〕}$$

（以下，［解法 1］に同じ）

解 法 3

公差が k（正の整数）となる 3 数の組は

$$\{1,\ 1+k,\ 1+2k\},\ \cdots,\ \{n-2k,\ n-k,\ n\}$$

の $n-2k$ 通りある。ただし，$n-2k>0$ より $k<\dfrac{n}{2}$ でなければならないから，k の最大値は，n が偶数のとき $\dfrac{n}{2}-1$ であり，n が奇数のとき $\dfrac{n-1}{2}$ である。

よって，条件を満たす 3 数の取り出し方は

(i)　n が偶数のとき

$$\sum_{k=1}^{\frac{n}{2}-1}(n-2k)=n\left(\frac{n}{2}-1\right)-2\cdot\frac{\left(\frac{n}{2}-1\right)\cdot\frac{n}{2}}{2}=\frac{n\,(n-2)}{4}\ \text{〔通り〕}$$

(ii)　n が奇数のとき

$$\sum_{k=1}^{\frac{n-1}{2}}(n-2k)=n\cdot\frac{n-1}{2}-2\cdot\frac{\frac{n-1}{2}\cdot\frac{n+1}{2}}{2}=\frac{(n-1)^2}{4}\ \text{〔通り〕}$$

（以下，［解法 1］に同じ）

〔注〕 本問のような問題では，［解法 1］のような発想が自然にできることが大切である。

103 2003年度〔5〕★ Level B

ポイント 全試合数は${}_4C_2=6$なので，全チームの勝ち数の合計はつねに6である。このことを用いて可能な場合を絞ることができる。

[解法1] 全事象の個数は2^6，そのうち3勝のチームがある場合，3勝のチームがなく2勝1敗のチームがある場合について，そのようになるチーム数を考え，勝敗の組合せの数を計算する。

[解法2] 1位のチームの数が1になる場合，2になる場合，3になる場合のそれぞれについて，1位チームが何勝するかを考え，その確率を求める。

解法1

全試合数は

$${}_4C_2=6$$

その各々に対して勝敗の組合せが2通りあるから全事象の個数は2^6である。

また，各試合で必ず勝敗が決まるから勝ち数の合計は6である。

したがって，必ず2勝以上の勝ち数となるチームが少なくとも1つは存在する（各チームの勝ち数が1以下とすると勝ち数の合計は4以下となる)。

(i) 3勝するチームが存在するのはあるチームが他の3チームすべてに勝つときで，このとき残り3チームのどれも3勝することはありえない。

すなわち3勝するチームは1チームしか存在しえない。

3勝するチームの取り方は

$${}_4C_1=4〔通り〕$$

どの取り方についてもそのチームの対戦結果は1通り（勝利）であり，他の3チーム同士の勝敗の組合せは

$$2^{{}_3C_2}=2^3=8〔通り〕$$

よって，この場合の数は

$$4\cdot8=32$$

(ii) 3勝するチームが存在せず，2勝1敗のチームが存在するのは次の①または②の場合である（3勝するチームがないときに，2勝1敗のチームが1または4チームとなるなら，全チームの勝ち数の合計は5以下または8となってしまうので，2勝1敗のチームはあったとしても2または3チームである)。

① 2勝1敗のチームがちょうど2チームとなる場合

その2チームをAとB，他のチームをCとDとする。AとB，CとDの対戦における勝敗の組合せは

$2\cdot 2=4$〔通り〕

その各々について各チームの勝敗は1通りに決まる。たとえばAがBに勝ち，CがDに勝つ場合は次のようになる。

AはBとCに勝ち，Dに負ける。DはBとCに負け，Aに勝つ。

BはCとDに勝ち，Aに負ける。CはAとBに負け，Dに勝つ。

2勝1敗の2チームの取り方は

${}_4C_2=6$〔通り〕

であるから，2勝1敗のチームがちょうど2チームとなる場合の数は

$6\cdot 4=24$〔通り〕

② 2勝1敗のチームがちょうど3チームとなる場合

その3チームをAとBとC，他のチームをDとすると，各チームの勝敗パターンは次の2通りになる。

(ア) AがBに，BがCに，CがAに勝ち，DはA，B，Cのいずれにも負ける。

(イ) BがAに，CがBに，AがCに勝ち，DはA，B，Cのいずれにも負ける。

2勝1敗の3チームの取り方は

${}_4C_3=4$〔通り〕

であるから，2勝1敗のチームがちょうど3チームとなる場合の数は

$4\cdot 2=8$〔通り〕

以上から，1位のチーム数が1となるのは32通り，2となるのは24通り，3となるのは8通りとなる。ゆえに，1位のチーム数の期待値は

$$1\cdot\frac{32}{2^6}+2\cdot\frac{24}{2^6}+3\cdot\frac{8}{2^6}=\frac{13}{8} \quad \cdots\cdots(\text{答})$$

解法 2

全試合数は　${}_4C_2=6$

各試合で必ず勝敗が決まるから勝ち数の合計は6である。

また各チームの試合数は3であるから，各チームの勝ち数は3以下である。1位のチーム数をXとする。Xの取りうる値は1，2，3，4である。

(i) $X=1$となる確率P_1を求める。

1位チームが1チームのみなら，その勝ち数が2以下であるようなことはない（1位チームが1チームで，その勝ち数が2以下なら他の3チームの勝ち数はたかだか1であり，全チームの勝ち数の合計が5以下となる）。

よって，1位チームが1チームのみであってその勝ち数が3（全勝）であるような確率がP_1である。1位のチームをA，他のチームをB，C，Dとする。AはB，C，Dとの対戦で全て勝ち，B，C，D同士の対戦の勝敗はどのようであってもよい。1位チームの取り方は4通りある。よって

$$P_1=4\cdot1\cdot\left(\frac{1}{2}\right)^3=\frac{1}{2}$$

(ii)　$X=2$ となる確率 P_2 を求める。

1位のチームが2チームあって，その勝ち数がどちらも3であるということはない（その2チーム同士の対戦で必ず一方は負けるので，その負けチームの勝ち数は3となれない）。

また，1位チームが2チームあってその勝ち数がどちらも1以下であるということはない（全チームの勝ち数の合計が2以下となる）。

よって，1位チームが2チームあってその勝ち数がどちらも2であるような確率が P_2 である。1位チームをAとB，他のチームをCとDとする。AがBに勝ち，CがDに勝つ場合，勝敗パターンは次のようになる。

AはBとCに勝ち，Dに負ける。DはBとCに負け，Aに勝つ。

BはCとDに勝ち，Aに負ける。CはAとBに負け，Dに勝つ。

このような対戦結果となる確率は $\left(\frac{1}{2}\right)^6$ である。

2勝1敗の2チームの取り方は

$${}_4C_2=6〔通り〕$$

それぞれにAとB，CとDの対戦における勝敗の組合せは

$$2\cdot2=4〔通り〕$$

あるから

$$P_2=6\cdot4\cdot\left(\frac{1}{2}\right)^6=\frac{3}{8}$$

(iii)　$X=3$ となる確率 P_3 を求める。

勝ち数の合計を考えると，次の2つの場合はありえない。

①　1位チームが3チームあって，その勝ち数がどれも3である。

②　1位チームが3チームあって，その勝ち数がどれも1以下である。

よって，1位チームが3チームあって，その勝ち数がどれも2であるような確率が P_3 である。1位の3チームをAとBとC，他のチームをDとすると，勝敗パターンは次のようになる。

(ア)　AがBに，BがCに，CがAに勝ち，DはA，B，Cのいずれにも負ける。

(イ)　BがAに，CがBに，AがCに勝ち，DはA，B，Cのいずれにも負ける。

2勝1敗の3チームの取り方は

$${}_4C_3=4〔通り〕$$

また，2勝1敗のチームがちょうど3チームとなる組合せが2通りあるので

$$P_3=4\cdot2\cdot\left(\frac{1}{2}\right)^6=\frac{1}{8}$$

(iv) $X=4$ となることはない（4チームの勝ち数が一致すると勝ち数の合計は $4\cdot1=4$, $4\cdot2=8$, $4\cdot3=12$ のいずれかとなり，6にならない）。

以上(i)〜(iv)より，求める期待値は

$$1\cdot\frac{1}{2}+2\cdot\frac{3}{8}+3\cdot\frac{1}{8}=\frac{13}{8} \quad \cdots\cdots(答)$$

104　1999年度〔5〕　Level B

ポイント　(1)　P_3 については n の偶奇で場合分けを行う。
(2)　上面と底面は同色となる。この色を除く3色で側面を塗るのに，側面1の塗り方は3通りある。側面1の色を1つ決めた場合の樹形図を作り，それをもとに塗り方の総数を求める。
[解法1]　(2)　上記の方針による。
[解法2]　(2)　側面を塗る3色のうち1色に注目し，その使用回数で場合を分けて考える。

解法1

(1)　題意を満たすように側面を塗るには少なくとも2色は必要であり，さらに上面と底面は側面と異なる色を塗らなければならない。よって，2色では題意を満たすように塗ることはできない。
ゆえに

$$P_2=0 \quad \cdots\cdots(\text{答})$$

次に3色で塗る場合，上面と底面は同じ色を塗り，側面は残り2色で塗ることになる。このとき
(i)　n が奇数のときは塗ることはできない。
(ii)　n が偶数のときは塗ることができ，上面および底面を塗る色の選び方は ${}_3C_1$ 通り，側面の塗り方は2通りであるから

$${}_3C_1\times2=3\times2=6\text{〔通り〕}$$

よって

$$P_3=\begin{cases}0 & (n：\text{奇数})\\ 6 & (n：\text{偶数})\end{cases} \quad \cdots\cdots(\text{答})$$

(2)　n は奇数であるから，(1)より3色以下で題意を満たすように塗ることはできない。よって，4色すべてを使う塗り方の数を求めればよい。このとき，上面と底面は同じ色を塗り，側面は残り3色で塗ることになる（なぜならば，側面の個数は奇数だから）。
　上面および底面を塗る色の選び方は ${}_4C_1$ 通りある。

側面1～7を残りの3色a，b，cで塗る方法は，側面1をa，側面2をbとする場合は，右の樹形図のように21通りあり，側面1と2の塗り方は

$3\times 2=6$〔通り〕

よって，側面1～7を残りの3色で塗る方法は

$6\times 21=126$〔通り〕

したがって

$P_4={}_4\mathrm{C}_1\times 126$

$=4\times 126$

$=504$ ……(答)

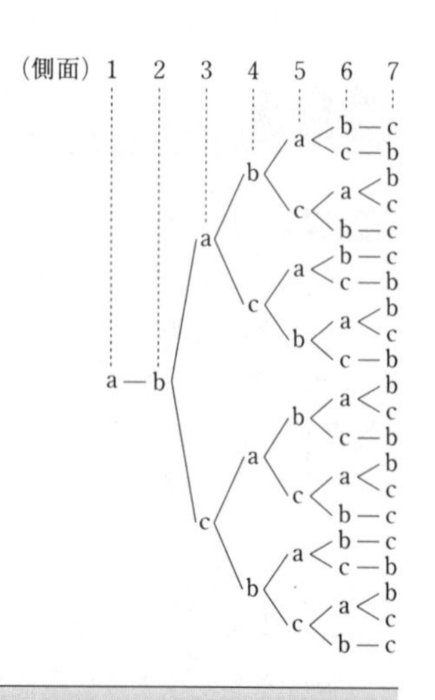

解法 2

(2) 側面1にaを塗ったときを考える。

(i) 側面にaを1回使う場合

側面2，3，…，7をb，c，…，cと塗るか，c，b，…，bと塗るかの2通りである。

(ii) 側面にaを2回使う場合

1 2 3 4 5 6 7　　1 2 3 4 5 6 7　　1 2 3 4 5 6 7　　1 2 3 4 5 6 7

側面1以外にaを塗ることができるのは，側面3，4，5，6の4通りで，そのおのおのについて，aで塗られた面ではさまれた2つの部分をbとcで塗り分ける方法は，2つの部分のそれぞれで2通りずつあるから

$4\times 2^2=16$〔通り〕

(iii) 側面にaを3回使う場合

1 2 3 4 5 6 7　　1 2 3 4 5 6 7　　1 2 3 4 5 6 7

側面1以外にもaを塗ることができるのは，上の3通りで，そのおのおのについて，aで塗られた面ではさまれた3つの部分をbとcで塗り分ける方法は，3つの部分のそれぞれで2通りずつあるから

$3\times 2^3=24$〔通り〕

さらに，上面・底面を塗る色と，側面1を塗る色の選び方が${}_4\mathrm{P}_2$通りあるから

$P_4={}_4\mathrm{P}_2\times(2+16+24)=504$ ……(答)

105　1998年度〔5〕（文理共通）★　Level C

ポイント　(1)　3個の色の組合せは，(ア)3個同色，(イ)2個のみ同色，(ウ)すべて異なるが考えられる。数字についても同様に3つの場合がある。同色には異なる番号がつくことから，全部で9通り中の6通りが起こり得るすべてである。そのおのおのについて，同色のものが他になく，同番号のものも他にない玉の個数を調べる。

(2)　(1)の結果による。

解法

(1)　取り出した3個の色の組合せは，次の(ア)，(イ)，(ウ)のいずれかとなる。

(ア)　3個とも同色

(イ)　2個が同色で，1個はそれとは異なる色

(ウ)　3個すべてが異なる色

また，番号の組合せは，次の(ア)′，(イ)′，(ウ)′のいずれかとなる。

(ア)′　3個とも同一

(イ)′　2個が同一で，1個はそれとは異なる番号

(ウ)′　3個すべてが異なる番号

同色の玉には異なる番号がつくことから，起こり得る場合は，次のどの2つも互いに排反な①～⑥である。

(ア)かつ(ウ)′　……①　　(イ)かつ(イ)′　……②

(イ)かつ(ウ)′　……③　　(ウ)かつ(ア)′　……④

(ウ)かつ(イ)′　……⑤　　(ウ)かつ(ウ)′　……⑥

同色のものが他になく，同番号のものも他にない玉の個数は，おのおのの場合を調べて，①，②，④のとき0個，③，⑤のとき1個，⑥のとき3個となる。

得点をXとする。

(i)　$X=3$となるのは⑥の場合で，異なる色に異なる番号がついている場合の数は$3\cdot2\cdot1=6$であるから

$$A(3)=6\quad\cdots\cdots(\text{答})$$

(ii)　$X=2$となることはないので

$$A(2)=0\quad\cdots\cdots(\text{答})$$

(iii)　$X=1$となるのは③または⑤のときである。

③のとき，(イ)の場合は6通りあり，このおのおのについて，同色の玉の番号のつけ方は$\{1,\ 2\}$，$\{2,\ 3\}$，$\{3,\ 1\}$の3通りで，残りの玉の番号は1通りに決まるので，全部で

$$6\times3\times1=18\text{〔通り〕}$$

が考えられる。

⑤のとき，色と番号の役割を入れかえると，③と同じ考え方ができて 18 通り。

よって　　$A(1)=18+18=36$　……(答)

(iv)　$X=0$ となるのは(i)～(iii)の余事象であり，全事象は

$${}_9C_3=84 \text{〔通り〕}$$

であるから

$$A(0)=84-(6+36)=42 \quad \cdots\cdots(\text{答})$$

(2)　期待値を E とすると，(1)の結果より

$$E=0\times\frac{42}{84}+1\times\frac{36}{84}+2\times\frac{0}{84}+3\times\frac{6}{84}=\frac{9}{14} \quad \cdots\cdots(\text{答})$$

〔注〕 上記の［解法］は，$X=2$ となることがないことの根拠を明確にするためのものである。$X=1$ となる場合については，次のように考えるのが普通である。

同色のものが他になく，同番号のものも他にない玉が 1 個のみであるから，これを，たとえば青 1 番とすると，残り 2 個は（赤 2，赤 3），（赤 2，白 2），（赤 3，白 3），（白 2，白 3）の 4 通りが考えられる。初めの玉の指定は 9 通りあり，各場合のどの 2 つも排反なので

$$A(1)=9\times4=36$$

§9 整式の微積分

106　2022年度〔3〕　Level A

ポイント　L_1，L_2 と C の接点の x 座標を求め，L_1，L_2 の方程式を立式し，積分により面積を求める。

解　法

L_1，L_2 と C の接点の x 座標をそれぞれ t_1，t_2 とする。

$y=\dfrac{x^2}{4}$ について，$y'=\dfrac{x}{2}$ であるから，L_1，L_2 の傾きはそれぞれ $\dfrac{t_1}{2}$，$\dfrac{t_2}{2}$ である。

L_1，L_2 は直交するので，$\dfrac{t_1}{2}\cdot\dfrac{t_2}{2}=-1$ であり

$$t_1t_2=-4 \quad \cdots\cdots①$$

L_1 の方程式は

$$y=\frac{t_1}{2}(x-t_1)+\frac{t_1^2}{4}$$

すなわち　$y=\dfrac{t_1}{2}x-\dfrac{t_1^2}{4}$　……②

L_2 の方程式は，同様に

$$y=\frac{t_2}{2}x-\frac{t_2^2}{4} \quad \cdots\cdots③$$

②，③から，y を消去した x の方程式は

$$\frac{t_1}{2}x-\frac{t_1^2}{4}=\frac{t_2}{2}x-\frac{t_2^2}{4}$$

すなわち　$2(t_1-t_2)x=(t_1-t_2)(t_1+t_2)$

①から $t_1\neq t_2$ であり，これより

$$x=\frac{t_1+t_2}{2}$$

これが，$\dfrac{3}{2}$ であるから

$$t_1+t_2=3 \quad \cdots\cdots④$$

①，④から，t_1，t_2 は t の2次方程式 $t^2-3t-4=0$ すなわち $(t+1)(t-4)=0$ の2解であり

$$t_1=-1,\ t_2=4$$

としてよい。このとき，L_1，L_2の方程式は，それぞれ

$$y=-\frac{1}{2}x-\frac{1}{4},\quad y=2x-4$$

となる。

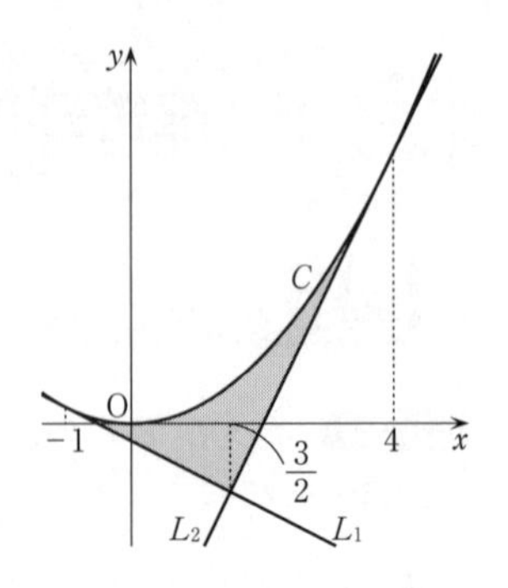

よって，L_1，L_2およびCで囲まれる図形の面積は

$$\int_{-1}^{\frac{3}{2}}\left\{\frac{x^2}{4}-\left(-\frac{1}{2}x-\frac{1}{4}\right)\right\}dx+\int_{\frac{3}{2}}^{4}\left\{\frac{x^2}{4}-(2x-4)\right\}dx$$

$$=\int_{-1}^{\frac{3}{2}}\frac{1}{4}(x+1)^2dx+\int_{\frac{3}{2}}^{4}\frac{1}{4}(x-4)^2dx$$

$$=\frac{1}{4}\left\{\left[\frac{1}{3}(x+1)^3\right]_{-1}^{\frac{3}{2}}+\left[\frac{1}{3}(x-4)^3\right]_{\frac{3}{2}}^{4}\right\}$$

$$=\frac{1}{4}\cdot\frac{1}{3}\left\{\left(\frac{5}{2}\right)^3-\left(-\frac{5}{2}\right)^3\right\}$$

$$=\frac{125}{48}\quad\cdots\cdots(答)$$

〔注〕　放物線$y=ax^2$ ($a\neq0$) 上の異なる2点のx座標をt_1，t_2とすると，この2点における接線の交点の座標は，$\left(\frac{t_1+t_2}{2},\ at_1t_2\right)$である。これを既知とすると，［解法］中の④を直ちに得ることができる。また，この2接線と放物線で囲まれた図形の面積は，$\frac{|a|}{12}|t_2-t_1|^3$である。これを既知とすると，本問の答えも容易に得ることができる。記述形式の試験ではこれらのことを問題に則して導く過程も問われているため省略してはいけないが，解答中の数値のチェックに用いることができるので，今一度確認しておくとよい。

107　2021 年度〔2〕　Level A

ポイント　被積分関数の絶対値をはずし，２つの区間で積分計算を行う。

解法

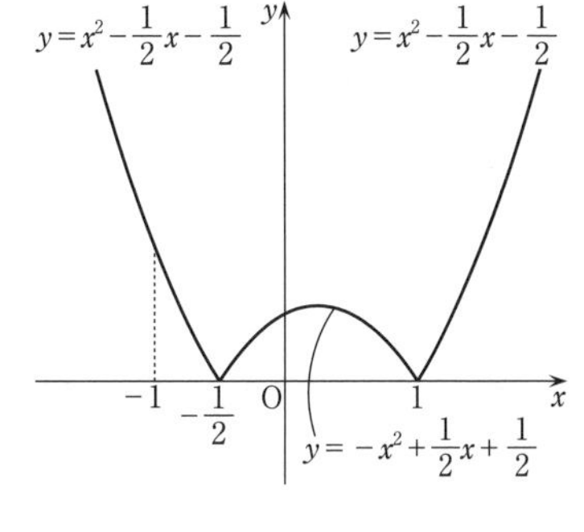

$x^2-\frac{1}{2}x-\frac{1}{2}=\left(x+\frac{1}{2}\right)(x-1)$　であるから

$$\left|x^2-\frac{1}{2}x-\frac{1}{2}\right|$$
$$=\begin{cases} x^2-\frac{1}{2}x-\frac{1}{2} & \left(x\leqq-\frac{1}{2},\ x\geqq1\right) \\ -x^2+\frac{1}{2}x+\frac{1}{2} & \left(-\frac{1}{2}\leqq x\leqq1\right) \end{cases}$$

よって

$$\int_{-1}^{1}\left|x^2-\frac{1}{2}x-\frac{1}{2}\right|dx$$
$$=\int_{-1}^{-\frac{1}{2}}\left(x^2-\frac{1}{2}x-\frac{1}{2}\right)dx+\int_{-\frac{1}{2}}^{1}\left(-x^2+\frac{1}{2}x+\frac{1}{2}\right)dx$$
$$=\left[\frac{1}{3}x^3-\frac{1}{4}x^2-\frac{1}{2}x\right]_{-1}^{-\frac{1}{2}}+\left[-\frac{1}{3}x^3+\frac{1}{4}x^2+\frac{1}{2}x\right]_{-\frac{1}{2}}^{1}$$
$$=\frac{19}{24}\quad\cdots\cdots(答)$$

108 2020年度〔1〕 Level A

ポイント C は2つの放物線をつなぎ合わせた曲線である。l がどちらと接するかを考える。

解 法

$$y=|x|x-3x+1$$
$$=\begin{cases}x^2-3x+1 & (x\geqq 0)\\ -x^2-3x+1 & (x<0)\end{cases}$$
$$=\begin{cases}\left(x-\dfrac{3}{2}\right)^2-\dfrac{5}{4} & (x\geqq 0)\\ -\left(x+\dfrac{3}{2}\right)^2+\dfrac{13}{4} & (x<0)\end{cases}$$

より，曲線 C は右図のようになる。

$a<0$ であるから，C と直線 $l：y=x+a$ が接するのは，曲線 $y=x^2-3x+1$ と l が接するときである。したがって

$$x^2-3x+1=x+a \quad すなわち \quad x^2-4x+1-a=0 \quad \cdots\cdots①$$

が重解をもつときであるから，①の判別式を D として

$$\frac{D}{4}=(-2)^2-(1-a)=0$$

ゆえに　$a=-3$ ……(答)

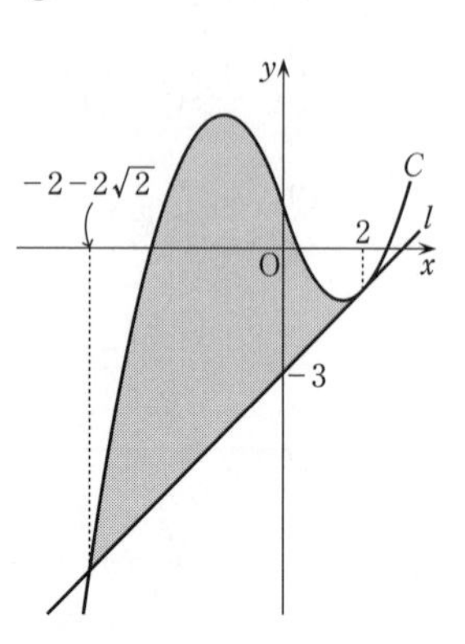

このとき，①より，$(x-2)^2=0$ であるから，接点の x 座標は2である。

また，曲線 $y=-x^2-3x+1$ $(x<0)$ と $l：y=x-3$ の交点の x 座標は

$$-x^2-3x+1=x-3 \quad より \quad x^2+4x-4=0$$

$x<0$ であるから　$x=-2-2\sqrt{2}$

ゆえに，求める面積は右図の網かけ部分となるので

$$\int_{-2-2\sqrt{2}}^{0}\{(-x^2-3x+1)-(x-3)\}dx+\int_0^2\{(x^2-3x+1)-(x-3)\}dx$$
$$=\int_{-2-2\sqrt{2}}^{0}\{-(x+2)^2+8\}dx+\int_0^2(x-2)^2dx$$
$$=\left[-\frac{1}{3}(x+2)^3+8x\right]_{-2-2\sqrt{2}}^{0}+\left[\frac{1}{3}(x-2)^3\right]_0^2$$
$$=-\frac{8}{3}-\left\{-\frac{1}{3}(-2\sqrt{2})^3+8(-2-2\sqrt{2})\right\}-\frac{1}{3}(-2)^3$$

$=16+\dfrac{32\sqrt{2}}{3}$　……(答)

〔注〕（曲線 $y=x^2-3x+1$ と l が接するとき，微分法を用いて a の値を求めることもできる）

$y=x^2-3x+1$　……(＊)より　　$y'=2x-3$

（＊）と l の接点の座標を $(t,\ t^2-3t+1)$ $(t>0)$ とすると，l の傾きは1であるから

$2t-3=1$　より　$t=2$

このとき，接点の座標は $(2,\ -1)$ で，接線の方程式は　　$y=x-3$

よって　　$a=-3$

また，$\displaystyle\int_{-2-2\sqrt{2}}^{0}\{(-x^2-3x+1)-(x-3)\}dx$ の計算は，次のようにしてもよい。

$\alpha=-2-2\sqrt{2}$ とおくと，α は $\alpha^2+4\alpha-4=0$　……(＊＊) を満たす。

$$\int_{-2-2\sqrt{2}}^{0}\{(-x^2-3x+1)-(x-3)\}dx$$

$$=\int_{\alpha}^{0}(-x^2-4x+4)\,dx$$

$$=\left[-\frac{x^3}{3}-2x^2+4x\right]_{\alpha}^{0}$$

$$=\frac{\alpha^3}{3}+2\alpha^2-4\alpha$$

$$=\frac{1}{3}(\alpha^2+4\alpha-4)(\alpha+2)-\frac{16}{3}\alpha+\frac{8}{3}$$

$$=-\frac{16}{3}(-2-2\sqrt{2})+\frac{8}{3}\quad((＊＊)より)$$

$$=\frac{40}{3}+\frac{32\sqrt{2}}{3}$$

109 2020年度〔2〕 Level B

ポイント $f(x)=ax^2+bx+c$, $g(x)=x^2$ として, $\begin{cases} f(x)-g(x)=0 \\ f'(x)g'(x)=-1 \end{cases}$ が異なる2つの実数解をもつための a, b, c の条件を求める。

解法

求める2次関数を $y=ax^2+bx+c$ $(a \neq 0)$ とし, $f(x)=ax^2+bx+c$, $g(x)=x^2$ とおく。
$y=f(x)$, $y=g(x)$ のグラフが2点で交わるから

$$ax^2+bx+c=x^2 \quad \text{すなわち} \quad (a-1)x^2+bx+c=0 \quad \cdots\cdots①$$

が異なる2つの実数解をもつ。
したがって, $a \neq 1$ であり, ①の判別式を考えて

$$b^2-4(a-1)c>0 \quad \cdots\cdots②$$

①の解を α, β $(\alpha \neq \beta)$ とすると, 解と係数の関係より

$$\alpha+\beta=-\frac{b}{a-1}, \quad \alpha\beta=\frac{c}{a-1} \quad \cdots\cdots③$$

また, α, β は $y=f(x)$, $y=g(x)$ のグラフの交点の x 座標で, 2つの交点において接線どうしが直交するから, α, β は $f'(x)g'(x)=-1$ の解である。

$$f'(x)g'(x)=(2ax+b)\cdot 2x=4ax^2+2bx$$

より, α, β は $4ax^2+2bx+1=0$ の解であるから, 解と係数の関係より

$$\alpha+\beta=-\frac{b}{2a}, \quad \alpha\beta=\frac{1}{4a} \quad \cdots\cdots④$$

③, ④より

$$-\frac{b}{a-1}=-\frac{b}{2a} \quad \text{かつ} \quad \frac{c}{a-1}=\frac{1}{4a}$$

すなわち

$$(a+1)b=0 \quad \cdots\cdots⑤ \quad \text{かつ} \quad c=\frac{a-1}{4a} \quad \cdots\cdots⑥$$

⑤より　$a=-1$ または $b=0$

(i) $a=-1$ のとき

⑥より　$c=\dfrac{1}{2}$

このとき, ②より, $b^2+4>0$ であるから, b は任意の実数。

(ii) $b=0$ のとき

②, ⑥より, $-\dfrac{(a-1)^2}{a}>0$ であるから　$a<0$

(i)，(ii)より，求める2次関数は

$$\left.\begin{array}{l} y=-x^2+bx+\dfrac{1}{2}\quad (b\text{ は任意の実数}) \\ \text{または} \\ y=ax^2+\dfrac{a-1}{4a}\quad (a\text{ は任意の負の実数}) \end{array}\right\}\quad \cdots\cdots(\text{答})$$

〔注〕［解法］では，①と $4ax^2+2bx+1=0$ ……（＊）に解と係数の関係を用いたが，①と（＊）が同じ解をもつことから，①を $x^2+\dfrac{b}{a-1}x+\dfrac{c}{a-1}=0$，（＊）を $x^2+\dfrac{b}{2a}x+\dfrac{1}{4a}=0$ として，$x^2+\dfrac{b}{a-1}x+\dfrac{c}{a-1}=x^2+\dfrac{b}{2a}x+\dfrac{1}{4a}$ が x についての恒等式になることを用いて⑤，⑥を導くこともできる。

110 2018年度〔1〕 Level A

ポイント $f(x)=|x^2-1|$，$g(x)=x^2-2ax+2$ とおき，$f(x_0)=g(x_0)$，$f'(x_0)=g'(x_0)$，$|x_0|\neq 1$，$a>0$ をすべて満たす a と x_0 の値を求める。次いで，C_1 と C_2 の交点の x 座標を求め，図を確認し，面積計算を行う。

解法

$f(x)=|x^2-1|$，$g(x)=x^2-2ax+2$ $(a>0)$ とおくと

$C_1: y=f(x)$，$C_2: y=g(x)$

$$f(x)=\begin{cases} x^2-1 & (x\leqq -1,\ 1\leqq x) \\ -x^2+1 & (-1<x<1) \end{cases}$$

$$f'(x)=\begin{cases} 2x & (x<-1,\ 1<x) \\ -2x & (-1<x<1) \end{cases}$$

$g'(x)=2x-2a$

C_1 と C_2 が $(x_0,\ y_0)$ $(|x_0|\neq 1)$ で共通の接線をもつ条件は

$f(x_0)=g(x_0)$ ……① かつ $f'(x_0)=g'(x_0)$ ……②

である。

(i) $x_0<-1$，$1<x_0$ のとき

②より

$2x_0=2x_0-2a$ すなわち $a=0$

これは $a>0$ に反する。

(ii) $-1<x_0<1$ のとき

①，②より

$$\begin{cases} -x_0{}^2+1=x_0{}^2-2ax_0+2 \\ -2x_0=2x_0-2a \end{cases}$$

すなわち

$$\begin{cases} 2x_0{}^2-2ax_0+1=0 & \cdots\cdots③ \\ a=2x_0 & \cdots\cdots④ \end{cases}$$

④を③に代入して整理すると　$2x_0{}^2=1$

ここで，$a>0$ であるから，④より　$x_0>0$

よって　$x_0=\dfrac{\sqrt{2}}{2}$ （$-1<x_0<1$ を満たす）

これと④より　$a=\sqrt{2}$

(i), (ii)より，$x_0=\dfrac{\sqrt{2}}{2}$，$a=\sqrt{2}$ であるから

$$g(x)=x^2-2\sqrt{2}x+2=(x-\sqrt{2})^2$$

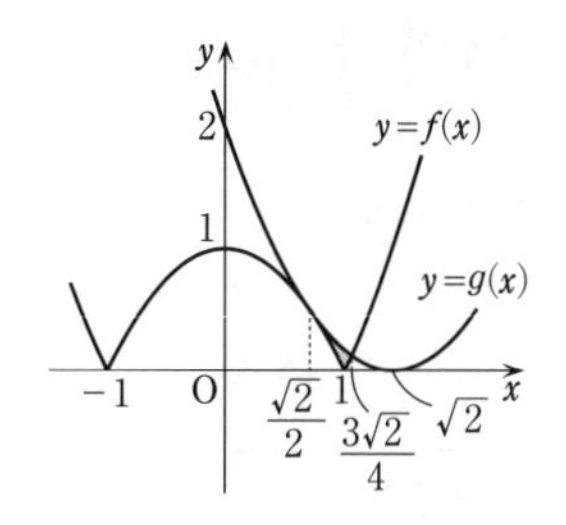

したがって，C_1 と C_2 で囲まれる部分は右図の網かけ部分で，C_1 と C_2 の交点の x 座標は

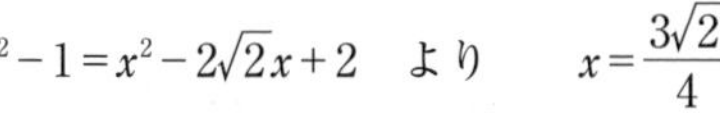

$$x^2-1=x^2-2\sqrt{2}x+2 \quad \text{より} \qquad x=\frac{3\sqrt{2}}{4}$$

よって，求める面積は

$$\int_{\frac{\sqrt{2}}{2}}^{1}\{(x^2-2\sqrt{2}x+2)-(-x^2+1)\}\,dx+\int_{1}^{\frac{3\sqrt{2}}{4}}\{(x^2-2\sqrt{2}x+2)-(x^2-1)\}\,dx$$

$$=\int_{\frac{\sqrt{2}}{2}}^{1}(2x^2-2\sqrt{2}x+1)\,dx+\int_{1}^{\frac{3\sqrt{2}}{4}}(-2\sqrt{2}x+3)\,dx$$

$$=\left[\frac{2}{3}x^3-\sqrt{2}x^2+x\right]_{\frac{\sqrt{2}}{2}}^{1}+\left[-\sqrt{2}x^2+3x\right]_{1}^{\frac{3\sqrt{2}}{4}}$$

$$=\left(\frac{2}{3}-\sqrt{2}+1\right)-\left(\frac{2}{3}\cdot\frac{\sqrt{2}}{4}-\sqrt{2}\cdot\frac{1}{2}+\frac{\sqrt{2}}{2}\right)+\left(-\sqrt{2}\cdot\frac{9}{8}+3\cdot\frac{3\sqrt{2}}{4}\right)-(-\sqrt{2}+3)$$

$$=\frac{23\sqrt{2}-32}{24} \quad \cdots\cdots(\text{答})$$

〔注〕　$$\int_{\frac{\sqrt{2}}{2}}^{1}(2x^2-2\sqrt{2}x+1)\,dx=\int_{\frac{\sqrt{2}}{2}}^{1}2\left(x-\frac{\sqrt{2}}{2}\right)^2dx=\left[\frac{2}{3}\left(x-\frac{\sqrt{2}}{2}\right)^3\right]_{\frac{\sqrt{2}}{2}}^{1}$$

$$=\frac{2}{3}\left(1-\frac{\sqrt{2}}{2}\right)^3$$

あるいは

$$\int_{\frac{\sqrt{2}}{2}}^{1}(2x^2-2\sqrt{2}x+1)\,dx=\int_{\frac{\sqrt{2}}{2}}^{1}(\sqrt{2}x-1)^2dx=\left[\frac{1}{3\sqrt{2}}(\sqrt{2}x-1)^3\right]_{\frac{\sqrt{2}}{2}}^{1}$$

$$=\frac{1}{3\sqrt{2}}(\sqrt{2}-1)^3$$

とすることもできる。

これらは $\displaystyle\int_{\alpha}^{\beta}(px+q)^2dx=\left[\frac{1}{3p}(px+q)^3\right]_{\alpha}^{\beta}$ （数学Ⅲの範囲）を用いている。

111 2017年度〔1〕 Level A

ポイント 曲線 C 上の点 $(t,\ t^3-4t+1)$ における接線 l が点Pを通ることと l の傾きが負であることから t の値を求める。次いで l と C の共有点の x 座標を求め，l と C の上下を確認し，定積分によって面積 S を計算する。

解 法

$y=x^3-4x+1$ より

$$y'=3x^2-4$$

曲線 C 上の点 $(t,\ t^3-4t+1)$ における接線 l の方程式は

$$y-(t^3-4t+1)=(3t^2-4)(x-t)$$

すなわち　$y=(3t^2-4)x-2t^3+1$　……①

この接線が点 $\mathrm{P}(3,\ 0)$ を通るので

$$0=3(3t^2-4)-2t^3+1$$

$$2t^3-9t^2+11=0$$

$$(t+1)(2t^2-11t+11)=0$$

よって　$t=-1,\ \dfrac{11\pm\sqrt{33}}{4}$

l の傾きは負であるから

$$3t^2-4<0 \quad \cdots\cdots②$$

$t=-1$ のとき，$3t^2-4=-1<0$ より，②を満たす。

$t=\dfrac{11\pm\sqrt{33}}{4}$ のとき，$\dfrac{11+\sqrt{33}}{4}>\dfrac{11-\sqrt{33}}{4}>\dfrac{11-6}{4}=\dfrac{5}{4}>0$ であるから

$$3t^2-4>3\cdot\left(\frac{5}{4}\right)^2-4=\frac{11}{16}>0$$

より，②を満たさない。

したがって，$t=-1$ で，l の方程式は①より

$$y=-x+3$$

C と l の共有点の x 座標は

$$x^3-4x+1=-x+3$$

$$x^3-3x-2=0$$

$$(x+1)^2(x-2)=0$$

よって　$x=-1,\ 2$

したがって，S は右図の網かけ部分の面積で

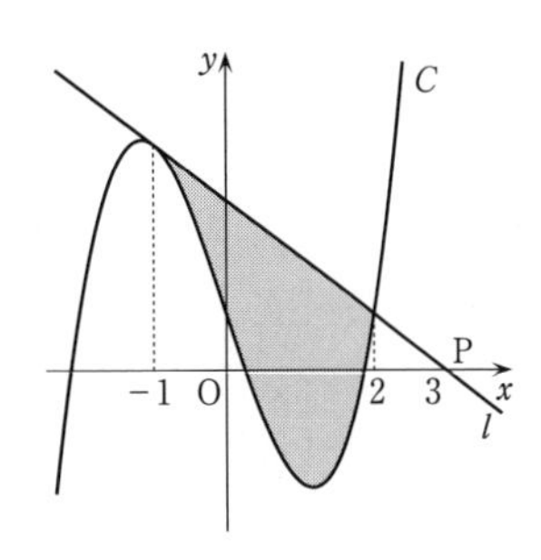

$$S=\int_{-1}^{2}\{(-x+3)-(x^3-4x+1)\}\,dx$$
$$=\int_{-1}^{2}(-x^3+3x+2)\,dx$$
$$=\left[-\frac{x^4}{4}+\frac{3}{2}x^2+2x\right]_{-1}^{2}$$
$$=-\frac{16-1}{4}+\frac{3}{2}(4-1)+2(2+1)$$
$$=\frac{27}{4}\quad\cdots\cdots(答)$$

〔注1〕　定積分の計算は

$$\int(ax+b)^n dx=\frac{1}{a(n+1)}(ax+b)^{n+1}+C\quad（C は積分定数）$$

を用いて次のようにしてもよい。

$$S=\int_{-1}^{2}\{(-x+3)-(x^3-4x+1)\}\,dx$$
$$=-\int_{-1}^{2}(x+1)^2(x-2)\,dx$$
$$=-\int_{-1}^{2}(x+1)^2\{(x+1)-3\}\,dx$$
$$=-\int_{-1}^{2}\{(x+1)^3-3(x+1)^2\}\,dx$$
$$=-\left[\frac{1}{4}(x+1)^4-(x+1)^3\right]_{-1}^{2}$$
$$=-\left(\frac{81}{4}-27\right)$$
$$=\frac{27}{4}$$

また，$\int_{\alpha}^{\beta}(x-\alpha)^2(x-\beta)\,dx=-\frac{(\beta-\alpha)^4}{12}$ は検算として使える。

〔注2〕　$t=\frac{11\pm\sqrt{33}}{4}$ のときに $3t^2-4>0$ となることは次のように示すこともできる。

$$3t^2-4=3\left(\frac{11\pm\sqrt{33}}{4}\right)^2-4=\frac{3(154\pm22\sqrt{33})}{16}-4=\frac{199\pm33\sqrt{33}}{8}$$
$$>\frac{199-33\cdot6}{8}=\frac{1}{8}>0$$

あるいは

$$t-\frac{2}{\sqrt{3}}=\frac{11\pm\sqrt{33}}{4}-\frac{2}{\sqrt{3}}\geqq\frac{11\sqrt{3}-3\sqrt{11}-8}{4\sqrt{3}}$$
$$=\frac{(6\sqrt{3}-3\sqrt{11})+(5\sqrt{3}-8)}{4\sqrt{3}}$$
$$=\frac{(\sqrt{108}-\sqrt{99})+(\sqrt{75}-\sqrt{64})}{4\sqrt{3}}>0$$

より　$t>\frac{2}{\sqrt{3}}$

よって　$t^2>\frac{4}{3}$　すなわち　$3t^2-4>0$

112　2016年度〔1〕　Level A

ポイント　図を描き，$y \geqq 1$ と $y \leqq 1$ の2つの部分の面積を求める。

解法

$y=x^3+x^2-x$ より

$$y'=3x^2+2x-1=(x+1)(3x-1)$$

よって，$-1 \leqq x \leqq 1$ における $y=x^3+x^2-x$ の増減表は，下のようになる。

x	-1	$\cdots$	$\frac{1}{3}$	$\cdots$	1
y'		$-$	0	$+$	
y	1	↘	$-\frac{5}{27}$	↗	1

ゆえに，条件を満たす領域は下図の網かけ部分となる。

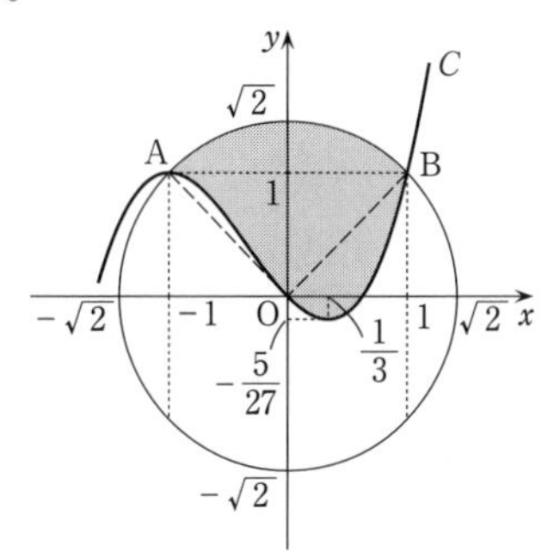

A$(-1,\ 1)$，B$(1,\ 1)$，O$(0,\ 0)$ とする。また，円内の $y \geqq 1$ の部分の面積を S_1 とし，$-1 \leqq x \leqq 1$，$y \geqq x^3+x^2-x$，$y \leqq 1$ を満たす部分の面積を S_2 とすると

$$S_1=\text{扇形AOB}-\triangle\text{AOB}$$
$$=\frac{1}{4}\cdot\pi\cdot(\sqrt{2})^2-\frac{1}{2}\cdot\sqrt{2}\cdot\sqrt{2}$$
$$=\frac{\pi}{2}-1$$

$$S_2=\int_{-1}^{1}(1-x^3-x^2+x)\,dx$$
$$=2\int_0^1(1-x^2)\,dx=2\left[x-\frac{x^3}{3}\right]_0^1=\frac{4}{3}$$

よって，求める面積 S は

$$S=S_1+S_2=\frac{\pi}{2}-1+\frac{4}{3}=\frac{\pi}{2}+\frac{1}{3}\quad\cdots\cdots(\text{答})$$

113 2014年度〔2〕 Level B

ポイント (1) 接点の x 座標を s とした接線の方程式に，$x=1$，$y=t$ を代入して得られる s の方程式が，ただ1つの実数解をもつための t の範囲を求める。s の方程式を $f(s)=0$ としたときの $y=f(s)$ のグラフ（sy 平面での）を利用する。

(2) 接線と $y=x^3-x$ のグラフの共有点のうち，接点 $(s,\ s^3-s)$ 以外のものの x 座標を s で表し，$S(t)$ を s で表す。次いで，$y=f(s)$ のグラフを利用して，s のとりうる値の範囲を求め，$S(t)$ のとりうる値の範囲を求める。

解法

(1) 接点を $(s,\ s^3-s)$ とすると，$(x^3-x)'=3x^2-1$ より，接線の方程式は

$$y=(3s^2-1)(x-s)+s^3-s$$

$$y=(3s^2-1)x-2s^3 \quad \cdots\cdots①$$

これが点 $(1,\ t)$ を通ることより

$$t=(3s^2-1)\cdot 1-2s^3$$

よって

$$-2s^3+3s^2-1=t \quad \cdots\cdots②$$

②を満たす実数 s がただ1つであるような t の値の範囲を求める。②の左辺を $f(s)$ とおくと

$$f'(s)=-6s^2+6s=-6s(s-1)$$

ゆえに $f(s)$ の増減表と $y=f(s)$ のグラフは次のようになる。

s	$\cdots$	0	$\cdots$	1	$\cdots$
$f'(s)$	$-$	0	$+$	0	$-$
$f(s)$	↘	-1	↗	0	↘

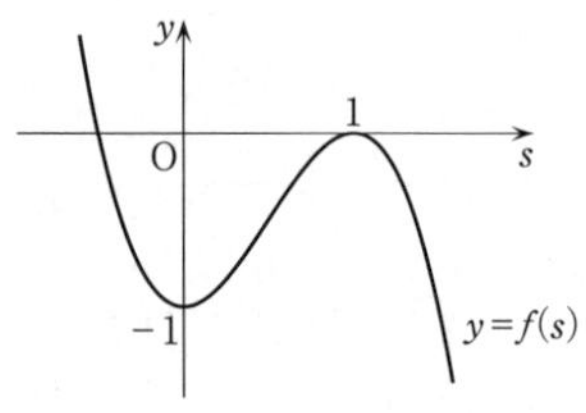

このグラフより，②を満たす実数 s がただ1つであるような t の値の範囲は

$$t<-1,\ 0<t \quad \cdots\cdots(答)$$

(2) $y=x^3-x$ と接線①の接点以外の交点の x 座標を求める。

$$x^3-x=(3s^2-1)x-2s^3$$

$$x^3-3s^2x+2s^3=0$$

$$(x-s)^2(x+2s)=0$$

$x\neq s$ より　$x=-2s$

接線と曲線で囲まれた部分は，s の符号によって下の2通り（斜線部分）がありうる。

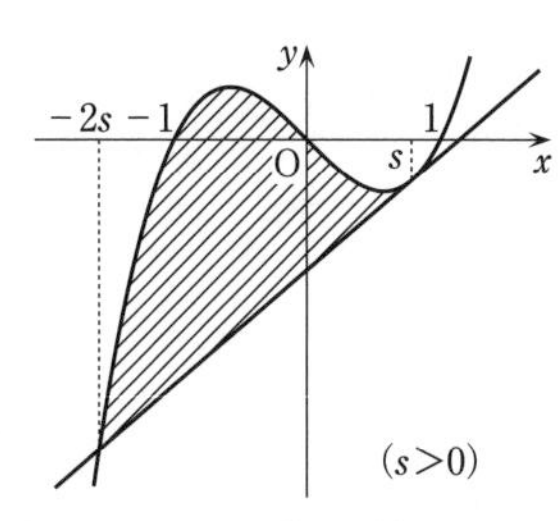

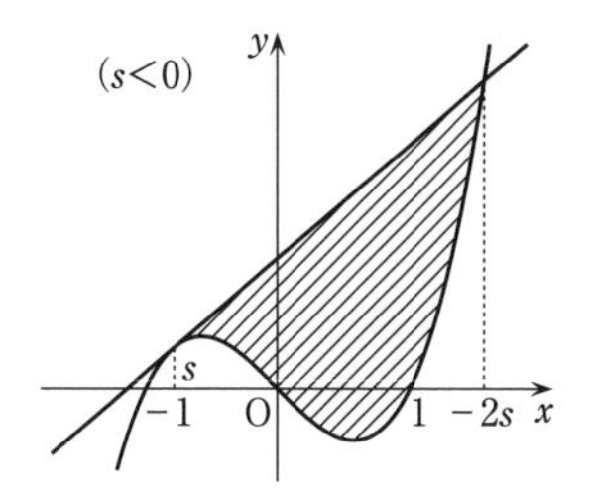

いずれの場合も，その面積 $S(t)$ は次の式で表される。

$$S(t)=\left|\int_{-2s}^{s}\{(x^3-x)-(3s^2-1)x+2s^3\}dx\right|$$
$$=\left|\int_{-2s}^{s}(x^3-3s^2x+2s^3)\,dx\right|$$
$$=\left|\left[\frac{x^4}{4}-\frac{3}{2}s^2x^2+2s^3x\right]_{-2s}^{s}\right|$$
$$=\frac{27}{4}s^4 \quad \cdots\cdots③$$

また，s は $t<-1$，$0<t$ における②の解である。$y=f(s)$ と $y=0$ の接点以外の共有点の s 座標は

$$f(s)=-2s^3+3s^2-1=-(2s+1)(s-1)^2=0 \quad より \qquad s=-\frac{1}{2}$$

$y=f(s)$ と $y=-1$ の接点以外の共有点の s 座標は

$$f(s)+1=-2s^3+3s^2=-s^2(2s-3)=0 \quad より \qquad s=\frac{3}{2}$$

である。よって，$y=f(s)$ のグラフは右図のようになり，$t<-1$，$0<t$ のとき，②の解 s のとりうる値の範囲はそれぞれ

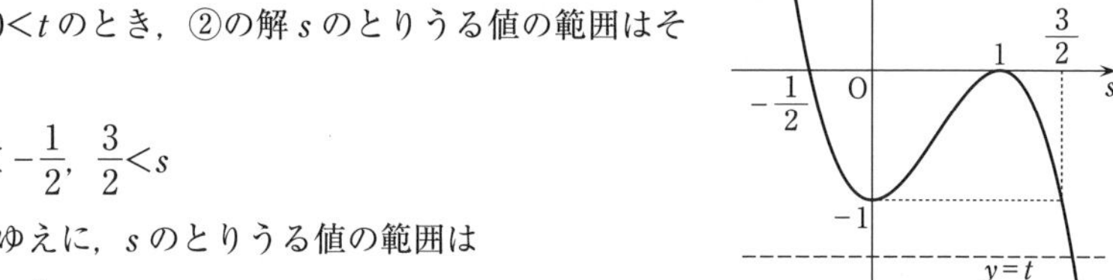

$$s<-\frac{1}{2},\ \frac{3}{2}<s$$

である。ゆえに，s のとりうる値の範囲は

$$|s|>\frac{1}{2}$$

となり，$S(t)$ のとりうる値の範囲は③より

$$S(t)>\frac{27}{4}\cdot\left(\frac{1}{2}\right)^4$$

ゆえに

$$S(t)>\frac{27}{64} \quad \cdots\cdots(答)$$

〔注〕 $S(t)$ を求める積分の被積分関数 $(x^3-x)-(3s^2-1)x+2s^3$ は，$(x-s)^2(x+2s)$ と因数分解できて

$$\int_{-2s}^{s}(x-s)^2(x+2s)\,dx=\int_{-2s}^{s}(x-s)^2\{(x-s)+3s\}\,dx$$
$$=\int_{-2s}^{s}(x-s)^3dx+3s\int_{-2s}^{s}(x-s)^2dx$$
$$=\frac{1}{4}\Big[(x-s)^4\Big]_{-2s}^{s}+\frac{3s}{3}\Big[(x-s)^3\Big]_{-2s}^{s}$$
$$=-\frac{1}{4}(-3s)^4+\frac{1}{3}(-3s)^4$$
$$=\frac{1}{12}\times 81s^4=\frac{27}{4}s^4$$

という計算もできる。
この変形過程を一般化すると次の準公式を得る。

$$\int_{\beta}^{\alpha}(x-\alpha)^2(x-\beta)\,dx=\frac{1}{12}(\alpha-\beta)^4$$
$$\left(\int_{\alpha}^{\beta}(x-\alpha)^2(x-\beta)\,dx=-\frac{1}{12}(\beta-\alpha)^4\right)$$

114 2013年度〔4〕 Level A

ポイント (1) Pを通ることと，Pでの接線の傾きを利用する。
(2) 図示を行い，三角形と扇形の面積を利用する。

解法

(1) A(0, 3) とする。APの傾きは $-\sqrt{3}$ であるから，Pにおける円の接線の傾きは $\dfrac{1}{\sqrt{3}}$ である。また，$y=-\dfrac{x^2}{3}+\alpha x-\beta$ より

$$y'=-\frac{2}{3}x+\alpha$$

放物線のPにおける接線の傾きが $\dfrac{1}{\sqrt{3}}$ であることより

$$-\frac{2\sqrt{3}}{3}+\alpha=\frac{1}{\sqrt{3}} \qquad よって \qquad \alpha=\sqrt{3} \quad \cdots\cdots①$$

また，放物線が P($\sqrt{3}$, 0) を通ることより

$$-\frac{(\sqrt{3})^2}{3}+\sqrt{3}\alpha-\beta=0 \qquad よって \qquad \sqrt{3}\alpha-\beta=1 \quad \cdots\cdots②$$

①，②より　$\alpha=\sqrt{3}$，$\beta=2$　……(答)

(2) (1)から，放物線の方程式は

$$y=-\frac{x^2}{3}+\sqrt{3}x-2$$
$$=-\frac{1}{3}\left(x-\frac{3\sqrt{3}}{2}\right)^2+\frac{1}{4}$$

となり，円と放物線のグラフは右図のようになる。

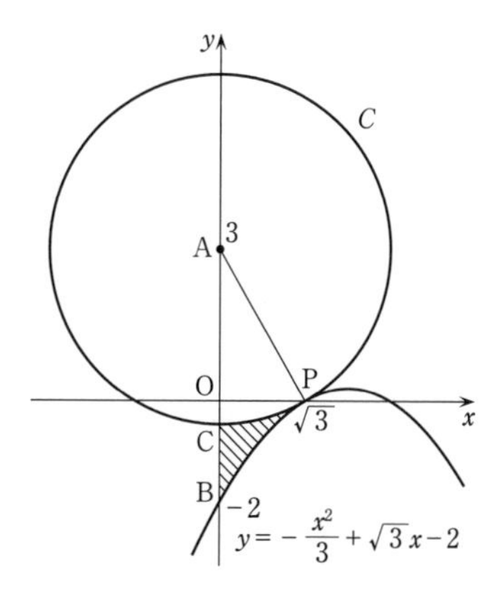

放物線と y 軸の交点をB，円と y 軸の交点のうちAより下側の方をCとする。

$$\triangle AOP=\frac{1}{2}\cdot 3\cdot\sqrt{3}=\frac{3\sqrt{3}}{2}$$

線分OP，OBと放物線によって囲まれた部分の面積を T とすると

$$T=-\int_0^{\sqrt{3}}\left(-\frac{x^2}{3}+\sqrt{3}x-2\right)dx$$
$$=\left[\frac{x^3}{9}-\frac{\sqrt{3}}{2}x^2+2x\right]_0^{\sqrt{3}}=\frac{5\sqrt{3}}{6}$$

$\mathrm{AP}=2\sqrt{3}$，$\mathrm{OA}=3$，$\mathrm{OP}=\sqrt{3}$から，$\angle\mathrm{OAP}=30°$であり

$$扇形\ \mathrm{ACP}=\frac{1}{12}\cdot\pi\cdot(2\sqrt{3})^2=\pi$$

以上より，求める面積をSとすると

$$S=\triangle\mathrm{AOP}+T-扇形\ \mathrm{ACP}$$
$$=\frac{3\sqrt{3}}{2}+\frac{5\sqrt{3}}{6}-\pi$$
$$=\frac{7\sqrt{3}}{3}-\pi \quad \cdots\cdots(答)$$

115　2012年度〔1〕(1)　Level A

ポイント　交点の座標を求め，グラフの上下関係を調べる。

解法

$$x^4-(x^2+2)=(x^2-2)(x^2+1)$$
$$=(x+\sqrt{2})(x-\sqrt{2})(x^2+1)$$

より，両曲線の交点の x 座標は $x=\pm\sqrt{2}$ である。また，$-\sqrt{2}\leqq x\leqq\sqrt{2}$ では $x^4\leqq x^2+2$ であり，$x<-\sqrt{2}$，$\sqrt{2}<x$ では $x^4>x^2+2$ である。

よって，グラフは右図のようになる。2つのグラフは y 軸に関して対称であるから，求める面積（S とする）は

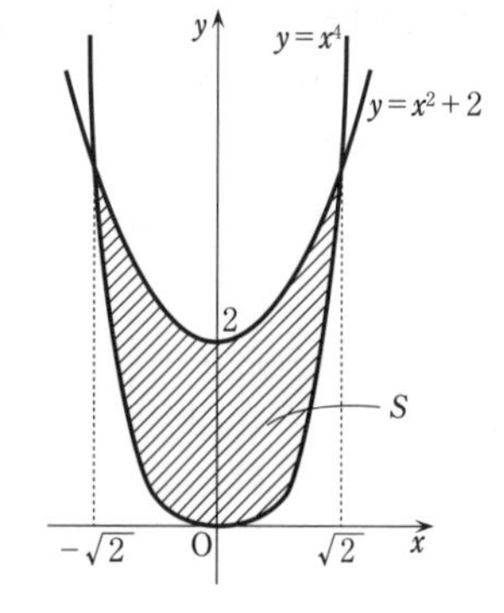

$$S=2\int_0^{\sqrt{2}}(x^2+2-x^4)\,dx$$
$$=2\left[-\frac{x^5}{5}+\frac{x^3}{3}+2x\right]_0^{\sqrt{2}}$$
$$=2\left(-\frac{4\sqrt{2}}{5}+\frac{2\sqrt{2}}{3}+2\sqrt{2}\right)$$
$$=\frac{56\sqrt{2}}{15}\quad\cdots\cdots(\text{答})$$

116 2011年度〔3〕 Level A

ポイント $y=x^3-4x^2+5x$ のグラフと直線 $y=a$ の共有点の個数を考える。

解 法

2つのグラフの交点（共有点）の個数は，方程式

$$x^3-4x^2+6x=x+a$$

すなわち

$$x^3-4x^2+5x=a$$

の実数解の個数に等しい。$f(x)=x^3-4x^2+5x$ とおくと，曲線 $y=f(x)$ と直線 $y=a$ の共有点の個数が，求める交点の個数である。

$$f'(x)=3x^2-8x+5=(x-1)(3x-5)$$

より，$f(x)$ の増減表は

x	$\cdots$	1	$\cdots$	$\frac{5}{3}$	$\cdots$
$f'(x)$	$+$	0	$-$	0	$+$
$f(x)$	↗	2	↘	$\frac{50}{27}$	↗

となり，グラフは右図のようになる。

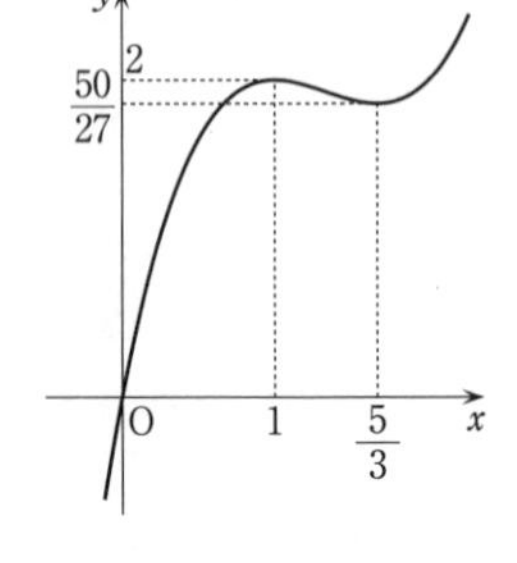

よって，求める交点（共有点）の個数は

$a<\frac{50}{27}$，$2<a$ のとき　1個

$a=\frac{50}{27}$，2 のとき　2個　……（答）

$\frac{50}{27}<a<2$ のとき　3個

〔注〕「交点」は接点も含めた「共有点」のこととして考える。

117　2011年度〔4〕　Level A

ポイント　$y=\left|\frac{3}{4}x^2-3\right|-2$ のグラフを描き，与えられた領域を図示する。

解　法

$|x|\leqq 2$ のもとでは $\frac{3}{4}x^2-3=\frac{3}{4}(x^2-4)\leqq 0$ であるから

$$\left|\frac{3}{4}x^2-3\right|-2=-\frac{3}{4}x^2+1$$

よって，与えられた連立不等式を満たす領域を図示すると，右図の斜線部分となる。

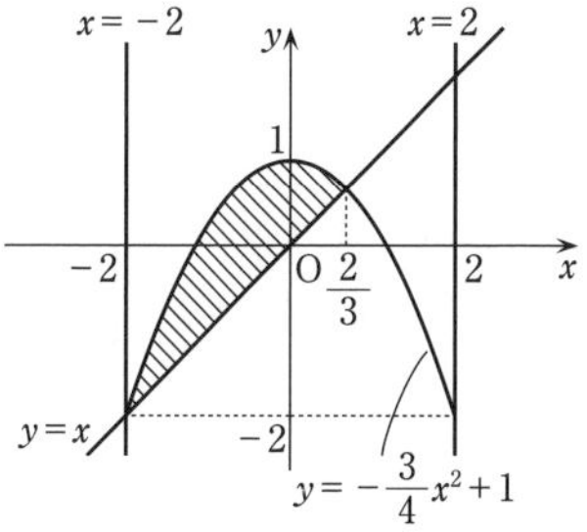

$y=-\frac{3}{4}x^2+1$ と $y=x$ の交点は

$$-\frac{3}{4}x^2+1=x \qquad 3x^2+4x-4=0$$

$$(x+2)(3x-2)=0 \qquad x=-2,\ \frac{2}{3}$$

である。よって，求める領域の面積は

$$\int_{-2}^{\frac{2}{3}}\left(-\frac{3}{4}x^2+1-x\right)dx=-\frac{3}{4}\int_{-2}^{\frac{2}{3}}(x+2)\left(x-\frac{2}{3}\right)dx$$

$$=\frac{3}{4}\cdot\frac{\left(\frac{2}{3}+2\right)^3}{6}=\frac{64}{27}\quad\cdots\cdots(答)$$

118 2010年度〔1〕(1) Level A

ポイント 直線と放物線の交点の x 座標を $x=\alpha$, β とおき，α, β を用いて面積を計算する。

解法

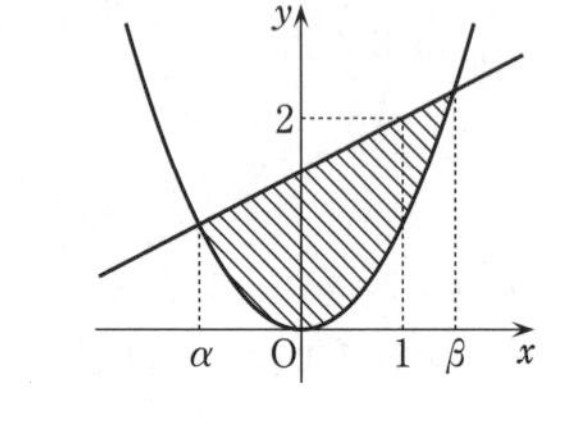

点 (1, 2) を通り，傾きが a である直線は

$$y=a(x-1)+2$$

である。これと放物線 $y=x^2$ の交点の x 座標は

$$x^2=a(x-1)+2$$

$$x^2-ax+a-2=0 \quad \cdots\cdots①$$

の解である。

①の2つの解を α, β $(\alpha<\beta)$ とすると

$$S(a)=\int_\alpha^\beta \{a(x-1)+2-x^2\}\,dx$$

$$=-\int_\alpha^\beta (x-\alpha)(x-\beta)\,dx=\frac{(\beta-\alpha)^3}{6}$$

また，α, β は①の解だから，解と係数の関係より

$$\alpha+\beta=a, \quad \alpha\beta=a-2$$

よって

$$(\beta-\alpha)^2=(\alpha+\beta)^2-4\alpha\beta=a^2-4(a-2)=(a-2)^2+4 \quad \cdots\cdots②$$

$S(a)=\dfrac{(\beta-\alpha)^3}{6}$ が最小になるのは，$(\beta-\alpha)^2$ が最小になるときであり，それは②より，$a=2$ $(0\leqq a\leqq 6$ を満たす) のときである。

よって，求める a は　　$a=2$ $\cdots\cdots$(答)

119 2010年度〔5〕（文理共通(一部)） Level C

ポイント (2) OF上の点Hを通り，OFに垂直な平面がA(C，D)を通るときと，B(G，E)を通るときのHの座標を求め，OHの長さによる場合分けを行う。

解法

(1) 垂線の足をHとする。HはOF上にあるから，

H$(t,\ t,\ t)$ とおけて，$\overrightarrow{AH}\cdot\overrightarrow{OF}=0$ より

$$(t-1,\ t,\ t)\cdot(1,\ 1,\ 1)=0$$
$$3t-1=0$$

よって，$t=\dfrac{1}{3}$ となり，H$\left(\dfrac{1}{3},\ \dfrac{1}{3},\ \dfrac{1}{3}\right)$ である。

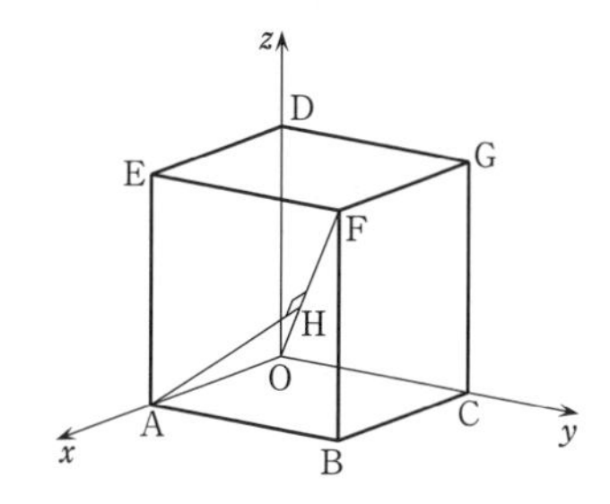

求める垂線の長さは

$$\mathrm{AH}=\sqrt{\left(\frac{1}{3}-1\right)^2+\left(\frac{1}{3}\right)^2+\left(\frac{1}{3}\right)^2}=\frac{\sqrt{6}}{3}\quad\cdots\cdots(\text{答})$$

(2) 上とまったく同様の計算により，A，C，DからOFに下ろした垂線の足はすべて $\left(\dfrac{1}{3},\ \dfrac{1}{3},\ \dfrac{1}{3}\right)$ であり，これを点H_1とすると，$AH_1=CH_1=DH_1=\dfrac{\sqrt{6}}{3}$，$OH_1=\dfrac{\sqrt{3}}{3}$ である。また，B，E，GからOFに下ろした垂線の足はすべて $\left(\dfrac{2}{3},\ \dfrac{2}{3},\ \dfrac{2}{3}\right)$ であり，これを点H_2とすると，その垂線の長さはすべて $\dfrac{\sqrt{6}}{3}$ である。

ゆえに，点H_1を通りOFに垂直な平面で立方体を切ったときの切り口は△ACDであり，点H_2を通りOFに垂直な平面で立方体を切ったときの切り口は△BEGである。また，$\mathrm{OF}=\sqrt{3}$ である。

Oを原点とし，$\overrightarrow{OF}$ を正の向きとする座標軸（u軸）を考え，OF上の点Hに対して $u=\mathrm{OH}$ とおく。

(i) $0 \leqq u \leqq \dfrac{\sqrt{3}}{3}$ のとき

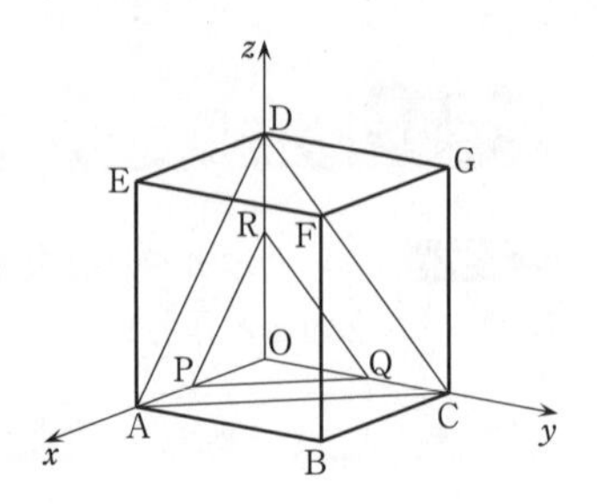

u 軸上の u 座標が u である点Hを通り，u 軸に垂直な平面で立方体を切ったときの切り口は，右図の△PQRとなり，これは△ACDを $\dfrac{\mathrm{OH}}{\mathrm{OH_1}} = \dfrac{u}{\frac{\sqrt{3}}{3}}$ $= \sqrt{3}u$ 倍に縮小した図形である。

ゆえに，△PQRを u 軸のまわりに回転させると，半径が

$$\mathrm{HP} = \sqrt{3}u \cdot \mathrm{H_1A} = \sqrt{3}u \cdot \frac{\sqrt{6}}{3} = \sqrt{2}u$$

の円となる。

(ii) $\dfrac{\sqrt{3}}{3} \leqq u \leqq \dfrac{2\sqrt{3}}{3}$ のとき

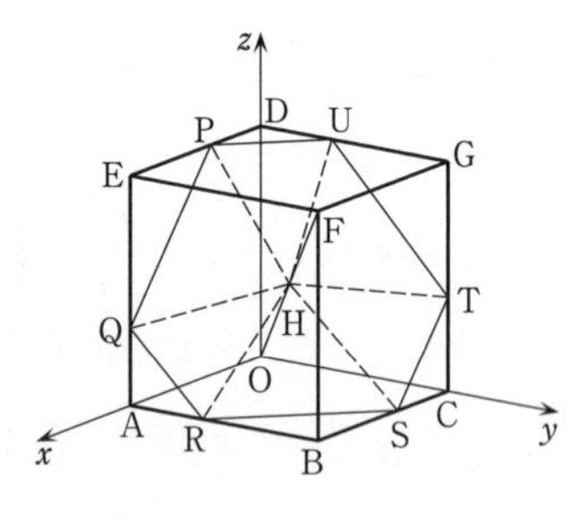

u 軸上の u 座標が u である点Hを通り，u 軸に垂直な平面で立方体を切ったときの切り口は，右図の六角形PQRSTUとなる。

ここで，Pの x 座標を p とすると，$\mathrm{P}(p,\ 0,\ 1)$ であり，また $\mathrm{H}\left(\dfrac{u}{\sqrt{3}},\ \dfrac{u}{\sqrt{3}},\ \dfrac{u}{\sqrt{3}}\right)$ であるから，

$\overrightarrow{\mathrm{HP}} \cdot \overrightarrow{\mathrm{OF}} = 0$ より

$$\left(p - \frac{u}{\sqrt{3}},\ -\frac{u}{\sqrt{3}},\ 1 - \frac{u}{\sqrt{3}}\right) \cdot (1,\ 1,\ 1) = 0$$

これより，$p = \sqrt{3}u - 1$ となり，$\mathrm{P}(\sqrt{3}u - 1,\ 0,\ 1)$ である。よって

$$\mathrm{HP}^2 = \left(\frac{u}{\sqrt{3}} - \sqrt{3}u + 1\right)^2 + \left(\frac{u}{\sqrt{3}}\right)^2 + \left(\frac{u}{\sqrt{3}} - 1\right)^2 = 2u^2 - 2\sqrt{3}u + 2$$

である。まったく同様にして，$\mathrm{HQ}^2 = \mathrm{HR}^2 = \mathrm{HS}^2 = \mathrm{HT}^2 = \mathrm{HU}^2 = 2u^2 - 2\sqrt{3}u + 2$ となるので，この六角形をOFのまわりに回転させた図形は半径HPの円となる。

(iii) $\dfrac{2\sqrt{3}}{3} \leqq u \leqq \sqrt{3}$ のときは，図形の対称性より，$0 \leqq u \leqq \dfrac{\sqrt{3}}{3}$ の部分が回転した体積に等しい。

以上より，求める回転体の体積は

$$\pi \int_0^{\frac{\sqrt{3}}{3}} (\sqrt{2}u)^2 du \times 2 + \pi \int_{\frac{\sqrt{3}}{3}}^{\frac{2\sqrt{3}}{3}} (2u^2 - 2\sqrt{3}u + 2)\, du$$

$$= 2\pi \left[\frac{2}{3}u^3\right]_0^{\frac{\sqrt{3}}{3}} + \pi \left[\frac{2}{3}u^3 - \sqrt{3}u^2 + 2u\right]_{\frac{\sqrt{3}}{3}}^{\frac{2\sqrt{3}}{3}} = \frac{\sqrt{3}}{3}\pi \quad \cdots\cdots(答)$$

〔注〕 <体積の公式>

立体 F と，何らかの直線（u 軸とする）があるとし，u 座標が u である点を通り u 軸に垂直な平面で F を切ったときの，切り口の面積が $S(u)$ であるとする。また，F を切る u の範囲を $a \leqq u \leqq b$ とする。そのとき，立体 F の体積 V は

$$V=\int_a^b S(u)\,du$$

である。

特に，F が u 軸のまわりの回転体であるときには，u 座標が u である平面で切ったときの切り口の回転半径を $r(u)$ とすると

$$V=\pi\int_a^b (r(u))^2 du$$

となる。本問ではこの形が使われる。

120　2009年度〔2〕　Level A

ポイント　[解法1]　与式から$f(x)$の次数を考える。

[解法2]　両辺をxで微分し，$\int_0^1 f(y)\,dy=a$，$\int_0^1 yf(y)\,dy=b$とおく。

解法 1

与式より

$$\int_0^x f(y)\,dy+x^2\int_0^1 f(y)\,dy+2x\int_0^1 yf(y)\,dy+\int_0^1 y^2f(y)\,dy=x^2+C \quad \cdots\cdots ①$$

両辺の次数に着目すると，$\int_0^x f(y)\,dy$はxの2次以下の整式でなければならない。

よって，$f(y)$はyの1次以下の整式であり

$$f(y)=ay+b \quad (a,\ b \text{は実数})$$

とおけて

$$\int_0^x f(y)\,dy=\int_0^x (ay+b)\,dy=\left[\frac{a}{2}y^2+by\right]_0^x=\frac{a}{2}x^2+bx$$

$$\int_0^1 f(y)\,dy=\frac{a}{2}+b \quad (\text{上式に } x=1 \text{ を代入})$$

$$\int_0^1 yf(y)\,dy=\int_0^1 (ay^2+by)\,dy=\left[\frac{a}{3}y^3+\frac{b}{2}y^2\right]_0^1=\frac{a}{3}+\frac{b}{2}$$

$$\int_0^1 y^2f(y)\,dy=\int_0^1 (ay^3+by^2)\,dy=\left[\frac{a}{4}y^4+\frac{b}{3}y^3\right]_0^1=\frac{a}{4}+\frac{b}{3}$$

ゆえに，①より

$$\frac{a}{2}x^2+bx+\left(\frac{a}{2}+b\right)x^2+2\left(\frac{a}{3}+\frac{b}{2}\right)x+\frac{a}{4}+\frac{b}{3}=x^2+C$$

$$(a+b)\,x^2+\left(\frac{2}{3}a+2b\right)x+\frac{a}{4}+\frac{b}{3}=x^2+C$$

両辺の係数を比較して

$$a+b=1 \quad \cdots\cdots ②$$

$$\frac{2}{3}a+2b=0 \quad \cdots\cdots ③$$

$$\frac{a}{4}+\frac{b}{3}=C \quad \cdots\cdots ④$$

②，③より　　$a=\frac{3}{2}$，$b=-\frac{1}{2}$

これを④に代入して　　$C=\frac{5}{24}$

以上より　　$f(x)=\dfrac{3}{2}x-\dfrac{1}{2},\ C=\dfrac{5}{24}$　……(答)

解法 2

与式より

$$\int_0^x f(y)\,dy+x^2\int_0^1 f(y)\,dy+2x\int_0^1 yf(y)\,dy+\int_0^1 y^2f(y)\,dy=x^2+C$$

両辺を x で微分すると

$$f(x)+2x\int_0^1 f(y)\,dy+2\int_0^1 yf(y)\,dy=2x$$

ここで

$$\int_0^1 f(y)\,dy=a \quad \cdots\cdots①,\quad \int_0^1 yf(y)\,dy=b \quad \cdots\cdots②$$

とおくと

$$f(x)=2x-2ax-2b=2(1-a)x-2b \quad \cdots\cdots③$$

③を①に代入して

$$a=\int_0^1\{2(1-a)y-2b\}\,dy=\Big[(1-a)y^2-2by\Big]_0^1=1-a-2b$$

よって　　$2a+2b=1$　……④

③を②に代入して

$$b=\int_0^1\{2(1-a)y^2-2by\}\,dy=\left[\frac{2}{3}(1-a)y^3-by^2\right]_0^1=\frac{2}{3}(1-a)-b$$

よって　　$a+3b=1$　……⑤

④，⑤より　　$a=b=\dfrac{1}{4}$

これを③に代入して　　$f(x)=\dfrac{3}{2}x-\dfrac{1}{2}$　……(答)

また，与式に $x=0$ を代入すると

$$\int_0^1 y^2f(y)\,dy=C$$

よって

$$C=\int_0^1\left(\frac{3}{2}y^3-\frac{1}{2}y^2\right)dy=\left[\frac{3}{8}y^4-\frac{1}{6}y^3\right]_0^1=\frac{5}{24} \quad \cdots\cdots(\text{答})$$

121 2008年度〔1〕 Level A

ポイント (右辺)−(左辺) の積分計算を偶関数，奇関数に注意して実行する。

解 法

$f'(x)=2ax+b$ より

$$6\int_{-1}^{1}\{f(x)\}^2dx-\int_{-1}^{1}(1-x^2)\{f'(x)\}^2dx$$

$$=\int_{-1}^{1}\{6(ax^2+bx+c)^2-(1-x^2)(2ax+b)^2\}dx$$

$$=\int_{-1}^{1}\{10a^2x^4+16abx^3+(-4a^2+7b^2+12ac)x^2+(-4ab+12bc)x-b^2+6c^2\}dx$$

$$=2\int_{0}^{1}\{10a^2x^4+(-4a^2+7b^2+12ac)x^2-b^2+6c^2\}dx$$

$$=2\left[2a^2x^5+\frac{-4a^2+7b^2+12ac}{3}x^3+(-b^2+6c^2)x\right]_0^1$$

$$=2\left(2a^2+\frac{-4a^2+7b^2+12ac}{3}-b^2+6c^2\right)$$

$$=\frac{4}{3}(a^2+6ac+9c^2+2b^2)$$

$$=\frac{4}{3}\{(a+3c)^2+2b^2\}\geqq 0$$

よって，与式は成立する。 (証明終)

122　2007年度〔2〕　Level A

ポイント　まず，3次関数とその接線 l の共有点を求め，2つのグラフを図示する。次いで積分により体積を求める。

解法

$f(x)=x^3-2x^2-x+2$ とおくと，$f'(x)=3x^2-4x-1$ となる。
よって，点 $(1,\ 0)$ における接線 l の方程式は

$$y=f'(1)(x-1) \qquad y=-2x+2$$

接線 l と $y=f(x)$ の共有点の x 座標は

$$x^3-2x^2-x+2=-2x+2$$

すなわち $x(x-1)^2=0$ より

$$x=0,\ 1 \quad (x=1 \text{ で接し，} x=0 \text{ で交わる})$$

$0<x<1$ では

$$f(x)-(-2x+2)=x(x-1)^2>0$$

であるから，その区間では曲線が接線より上にある。さらに

$$f(x)=(x+1)(x-1)(x-2)$$

であるから，曲線と接線で囲まれた部分は右図の網かけ部分となる。

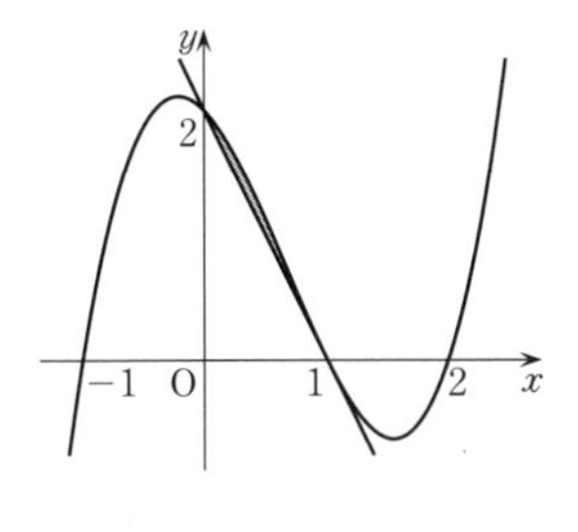

ゆえに，求める体積を V とすると

$$V=\pi\int_0^1\{(x^3-2x^2-x+2)^2-(-2x+2)^2\}dx$$

$$=\pi\int_0^1(x^6-4x^5+2x^4+8x^3-11x^2+4x)\,dx$$

$$=\pi\left[\frac{x^7}{7}-\frac{2}{3}x^6+\frac{2}{5}x^5+2x^4-\frac{11}{3}x^3+2x^2\right]_0^1$$

$$=\pi\left(\frac{1}{7}-\frac{2}{3}+\frac{2}{5}+2-\frac{11}{3}+2\right)$$

$$=\frac{22}{105}\pi \quad \cdots\cdots(\text{答})$$

〔注1〕　$a\leqq x\leqq b$ の範囲において，$y=f(x)$ と x 軸とで囲まれた部分を x 軸のまわりに回転すると，その体積は

$$V=\pi\int_a^b\{f(x)\}^2dx \quad (\Leftarrow \text{回転体の体積の公式})$$

となる。ただし，本問ではこれを少し応用して，曲線 $y=x^3-2x^2-x+2$ と両軸とで囲まれた $0\leqq x\leqq 1$ の部分の回転体の体積から，直線 $y=-2x+2$ と x 軸とで囲まれた部分の回転体の体積を差し引いた体積が問われている（回転体の形状は，内部がえぐられた薄い

お椀のような形である)。

〔注 2〕 本問の場合には，$y=g(x)=-2x+2\ (0\leqq x\leqq 1)$ は線分で，この線分と両軸とで囲まれた部分が回転してできる立体は円錐である（底面の半径は 2，高さは 1）。したがって，その体積は，［解法］のように積分 $\pi\int_0^1(-2x+2)^2dx$ によらなくても，単純に $\frac{1}{3}\cdot\pi\cdot 2^2\cdot 1=\frac{4}{3}\pi$ としてもよい。

123　2006年度　〔4〕（文理共通）　Level　A

ポイント　$x \leqq 0$ での $f(x)$ の式を求め，$y=f(x)$（$x \leqq 0$）のグラフを原点に関して対称移動することによって，$x>0$ での $f(x)$ の式を求める。接線との上下関係を明示するためにグラフの概形を描くとよい。

解　法

条件より，$x \leqq 0$ における $f(x)$ を

$$f(x)=a\left(x+\frac{1}{2}\right)^2+\frac{1}{4}\quad (a \neq 0)$$

とおくことができ，これが原点を通ることより

$$a\left(0+\frac{1}{2}\right)^2+\frac{1}{4}=0 \qquad \therefore \quad a=-1$$

ゆえに，$x \leqq 0$ では

$$f(x)=-\left(x+\frac{1}{2}\right)^2+\frac{1}{4}=-x^2-x$$

また，$y=f(x)$ のグラフは原点に関して対称だから，$x>0$ においては

$$f(x)=-f(-x)=-\{-(-x)^2-(-x)\}=x^2-x$$

次に，$x<0$ のとき

$$f'(x)=-2x-1$$

より　$f'(-1)=1$

また　$f(-1)=0$

であるから，$x=-1$ における接線の方程式は

$$y=1\cdot(x+1)+0 \qquad \therefore \quad y=x+1$$

接線と曲線 $y=f(x)$ との $x>0$ における交点は

$$x^2-x=x+1$$

$$x^2-2x-1=0 \qquad \therefore \quad x=1\pm\sqrt{2}$$

$x>0$ より　　$x=1+\sqrt{2}$

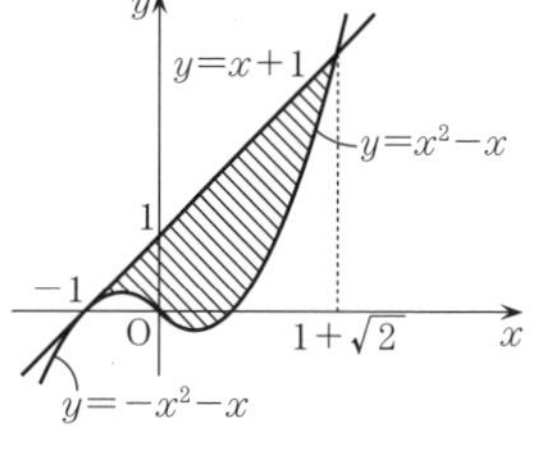

以上より，求める面積（右図の斜線部分）を S とすると

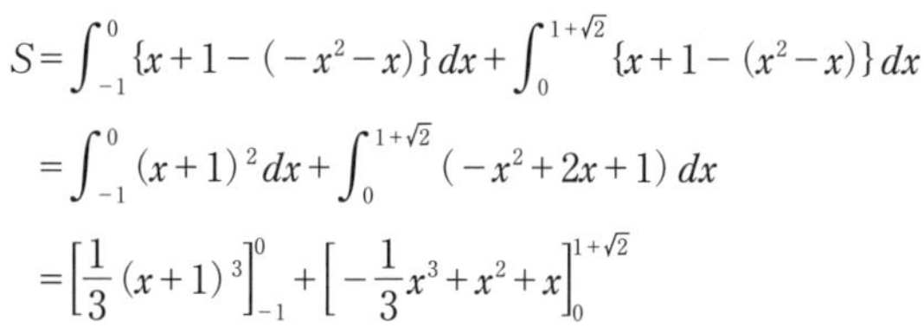

$$S=\int_{-1}^{0}\{x+1-(-x^2-x)\}\,dx+\int_{0}^{1+\sqrt{2}}\{x+1-(x^2-x)\}\,dx$$

$$=\int_{-1}^{0}(x+1)^2\,dx+\int_{0}^{1+\sqrt{2}}(-x^2+2x+1)\,dx$$

$$=\left[\frac{1}{3}(x+1)^3\right]_{-1}^{0}+\left[-\frac{1}{3}x^3+x^2+x\right]_{0}^{1+\sqrt{2}}$$

$$=\frac{1}{3}-\frac{1}{3}(1+\sqrt{2})^3+(1+\sqrt{2})^2+(1+\sqrt{2})$$

$$=2+\frac{4\sqrt{2}}{3}$$ ……(答)

124　2004年度〔2〕　Level A

ポイント　[解法1]　定積分と面積の関係に注目する。グラフと x 軸との交点を α として，積分区間を2つに分け，長方形（正方形）の面積と比較する。

[解法2]　一般に区間 $a \leqq x \leqq b$ で $f(x) \geqq g(x)$ のとき $\int_a^b f(x)\,dx \geqq \int_a^b g(x)\,dx$ であることを用いる。$-1 \leqq x \leqq 0$ と $0 \leqq x \leqq 1$ で場合分けする。

解法 1

直線 $x=-1$ と x 軸および曲線 $y=f(x)$ で囲まれた部分の面積を S_1，直線 $x=1$ と x 軸および曲線 $y=f(x)$ で囲まれた部分の面積を S_2 とする。また，曲線 $y=f(x)$ と x 軸の交点の x 座標を α　$(0<\alpha<1)$ とする。グラフより

$S_1>1$ であるから　　$\int_{-1}^{\alpha} f(x)\,dx \geqq 1$　……①

$S_2<2$ であるから　　$\int_{\alpha}^{1} \{-f(x)\}\,dx \leqq 2$　すなわち　$\int_{\alpha}^{1} f(x)\,dx \geqq -2$　……②

①，②より

$$\int_{-1}^{1} f(x)\,dx = \int_{-1}^{\alpha} f(x)\,dx + \int_{\alpha}^{1} f(x)\,dx \geqq 1+(-2) = -1$$

（証明終）

解法 2

グラフより，$-1 \leqq x \leqq 0$ のとき $f(x) \geqq 1$，$0 \leqq x \leqq 1$ のとき $f(x) \geqq -2$ であるから

$$\int_{-1}^{1} f(x)\,dx = \int_{-1}^{0} f(x)\,dx + \int_{0}^{1} f(x)\,dx$$

$$\geqq \int_{-1}^{0} 1\,dx + \int_{0}^{1} (-2)\,dx = 1+(-2) = -1$$

（証明終）

125 2003年度 〔2〕 Level A

ポイント (1) 判別式による。

(2) 2交点の x 座標を α, β とおいて，S を α, β で表し，L を k, α, β で表す。

解 法

(1) 両式から y を消去すると

$$x^2+x=kx+k-1$$

$$x^2-(k-1)x-k+1=0 \quad \cdots\cdots ①$$

C と l が相異なる2点で交わるための k の条件は，①の判別式を D とすると

$$D=(k-1)^2-4(-k+1)=(k-1)(k+3)>0$$

$\therefore \quad k<-3,\ 1<k \quad \cdots\cdots$(答)

(2) ①の2解（P，Q の x 座標）を α, β $(\alpha<\beta)$ とする。

直線 l の傾きが k であることより　$L=\sqrt{k^2+1}\,(\beta-\alpha)$

また，面積 S は右図の網かけ部分となるので

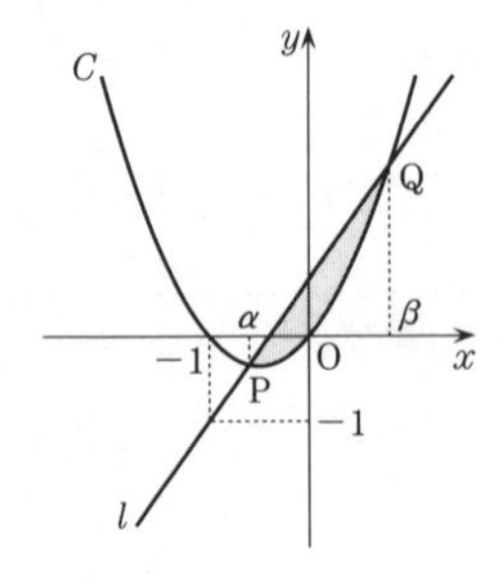

$$S=\int_\alpha^\beta\{kx+k-1-(x^2+x)\}\,dx$$

$$=-\int_\alpha^\beta(x-\alpha)(x-\beta)\,dx=\frac{(\beta-\alpha)^3}{6}$$

よって　$$\frac{S}{L^3}=\frac{\frac{1}{6}(\beta-\alpha)^3}{(k^2+1)^{\frac{3}{2}}(\beta-\alpha)^3}=\frac{1}{6(k^2+1)^{\frac{3}{2}}}$$

ここで，(1)の結果より $k^2+1>2$ であるから

$$(k^2+1)^{\frac{3}{2}}>2\sqrt{2} \qquad \therefore \quad 0<\frac{1}{6(k^2+1)^{\frac{3}{2}}}<\frac{1}{6\cdot 2\sqrt{2}}=\frac{\sqrt{2}}{24}$$

すなわち　$0<\dfrac{S}{L^3}<\dfrac{\sqrt{2}}{24} \quad \cdots\cdots$(答)

126　2000年度〔5〕　Level B

ポイント　$2\int_0^1|t^2-at|\,dt$ は定数であるからこれを c とおき，$y=x^2-ax$ と $y=c$ のグラフの $0\leqq x\leqq 1$ における共有点の個数を調べる。a の値での場合分けによる。

[解法１]　実際に積分計算を行う。

[解法２]　$\int_0^1|t^2-at|\,dt$ の図形的意味を利用する。

解法１

$2\int_0^1|t^2-at|\,dt=c$ とおくと，明らかに $c>0$ である。

放物線 $y=x^2-ax$ と直線 $y=c$ の，$0\leqq x\leqq 1$ における共有点の個数が，求める解の個数である。

(i)　$a<0$ のとき

$0\leqq t\leqq 1$ では $t^2-at\geqq 0$ となるから

$$c=2\int_0^1(t^2-at)\,dt$$

$$=2\left[\frac{t^3}{3}-\frac{a}{2}t^2\right]_0^1=\frac{2}{3}-a$$

$a<0$ のとき，$y=x^2-ax$ のグラフは右図のようになり

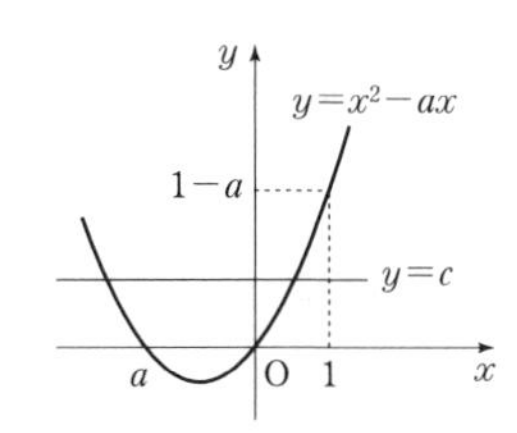

$$0<\frac{2}{3}-a<1-a$$

であるから，求める解の個数は１個である。

(ii)　$0\leqq a\leqq 1$ のとき

$$c=2\left\{\int_0^a(-t^2+at)\,dt+\int_a^1(t^2-at)\,dt\right\}$$

$$=2\left(\left[-\frac{t^3}{3}+\frac{a}{2}t^2\right]_0^a+\left[\frac{t^3}{3}-\frac{a}{2}t^2\right]_a^1\right)$$

$$=\frac{2}{3}a^3-a+\frac{2}{3}$$

$0\leqq a\leqq 1$ のとき，$y=x^2-ax$ のグラフは右図のようになる。

$c=2\int_0^1|t^2-at|\,dt>0$ は明らかだから，$c\leqq 1-a$ のとき，求める解の個数は１個であり，$c>1-a$ のとき０個である。

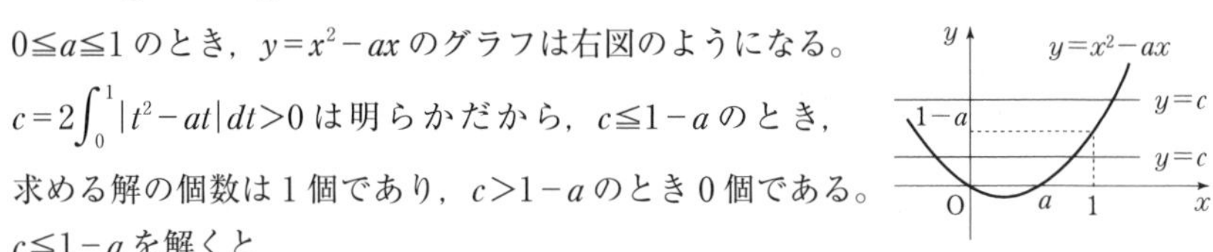

$c\leqq 1-a$ を解くと

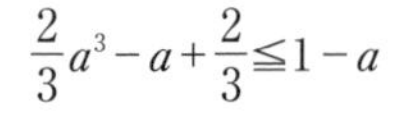

$$\frac{2}{3}a^3-a+\frac{2}{3}\leqq 1-a$$

$$a^3 \leqq \frac{1}{2} \qquad \therefore \quad a \leqq \frac{1}{\sqrt[3]{2}} \ (<1)$$

よって，$0 \leqq a \leqq \dfrac{1}{\sqrt[3]{2}}$ のとき 1 個，$\dfrac{1}{\sqrt[3]{2}} < a \leqq 1$ のとき 0 個である。

(iii)　$1 < a$ のとき

$0 \leqq x \leqq 1$ では $x^2 - ax \leqq 0$ となり，一方，$c > 0$ だから，求める解の個数は 0 個である。

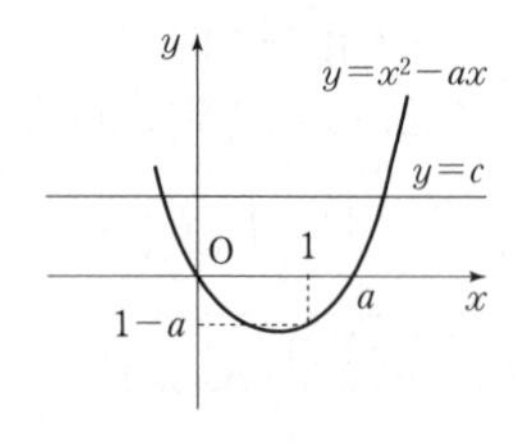

以上をまとめると

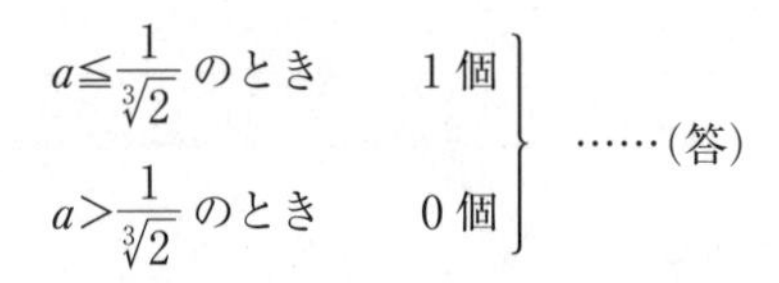

$$\left.\begin{array}{ll} a \leqq \dfrac{1}{\sqrt[3]{2}} \text{ のとき} & 1 \text{ 個} \\ a > \dfrac{1}{\sqrt[3]{2}} \text{ のとき} & 0 \text{ 個} \end{array}\right\} \quad \cdots\cdots(\text{答})$$

解法 2

放物線 $y = x^2 - ax$ と直線 $y = 2\displaystyle\int_0^1 |t^2 - at|\,dt$（$= c$ とおく）の $0 \leqq x \leqq 1$ における共有点の個数を調べればよい。

(i)　$a < 0$ のとき，放物線 $y = x^2 - ax$ のグラフは右図のようになり，$\displaystyle\int_0^1 |t^2 - at|\,dt$ は図の斜線部分の面積である。その面積は△OAB の面積より小さいから

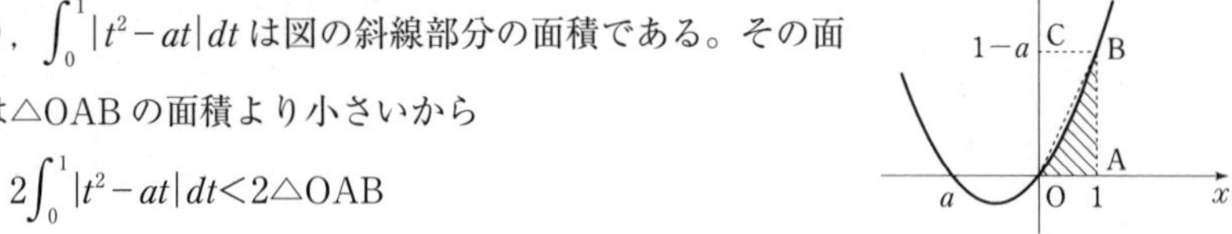

$$2\int_0^1 |t^2 - at|\,dt < 2\triangle \text{OAB}$$

$$= \text{長方形OABC} = 1 - a$$

すなわち

$$0 < 2\int_0^1 |t^2 - at|\,dt < 1 - a$$

よって，$y = x^2 - ax$ と直線 $y = 2\displaystyle\int_0^1 |t^2 - at|\,dt$ は 1 点で交わる。

(ii)　$0 \leqq a \leqq 1$ のとき，$y = x^2 - ax$ のグラフは右図のようになり，$\displaystyle\int_0^1 |t^2 - at|\,dt$ は図の斜線部分の面積（の和）である。これは明らかに正だから，この面積の 2 倍が $1 - a$ より大きい $\left(\text{つまり，面積が } \dfrac{1}{2}(1-a) \text{ より大きい}\right)$ とき，共有点の個数は 0 個であり，$1 - a$ 以下のとき，共有点の個数は 1 個である。$\dfrac{1}{2}(1-a)$ は△OAB の面積であるから

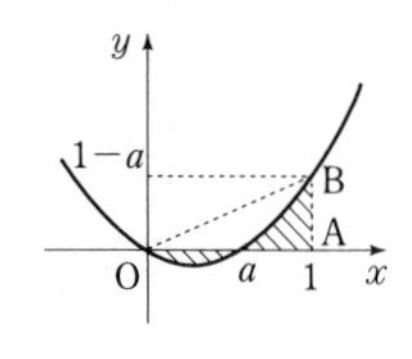

$$\frac{1}{2}(1-a)-\int_0^1|t^2-at|\,dt=\triangle\mathrm{OAB}-(\text{図の斜線部分の面積})$$

$$=(\text{OBと}x\text{軸と放物線で囲まれる部分の面積})$$
$$-(x\text{軸と放物線で囲まれる部分の面積})$$
$$=(\text{OBと放物線で囲まれる部分の面積})$$
$$-2(x\text{軸と放物線で囲まれる部分の面積})$$
$$=\int_0^1\{-x(x-1)\}\,dx-2\int_0^a\{-x(x-a)\}\,dx$$
$$=\frac{(1-0)^3}{6}-2\cdot\frac{(a-0)^3}{6}$$
$$=\frac{1}{6}(1-2a^3)$$

よって，$1-2a^3\geqq0$ つまり $(0\leqq)a\leqq\dfrac{1}{\sqrt[3]{2}}$ のとき１点で交わり，$1-2a^3<0$ つまり

$\dfrac{1}{\sqrt[3]{2}}<a(\leqq1)$ のとき共有点はない。

(iii)　$a>1$ のとき，$y=x^2-ax$ のグラフは右図のようになり，$0\leqq x\leqq1$ では常に $x^2-ax\leqq0$ だから，放物線 $y=x^2-ax$ と直線 $y=2\int_0^1|t^2-at|\,dt$ (>0) が $0\leqq x\leqq1$ で交わることはない。

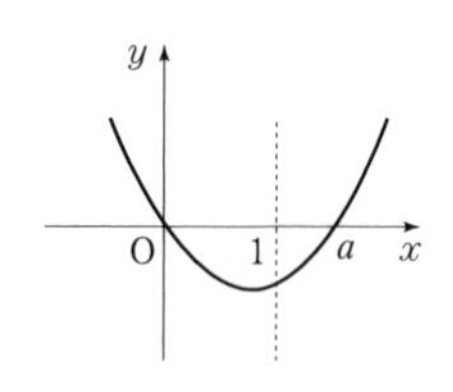

以上をまとめると

$a\leqq\dfrac{1}{\sqrt[3]{2}}$ のとき解は１個，$a>\dfrac{1}{\sqrt[3]{2}}$ のとき解は０個　……(答)

127　1999年度〔2〕（文理共通）　Level A

ポイント　P，Qのx座標をそれぞれα，βとして，面積1という条件から$(\beta-\alpha)^2$についての条件式を求め，これをRの座標$(X,\ Y)$で表す。

解法

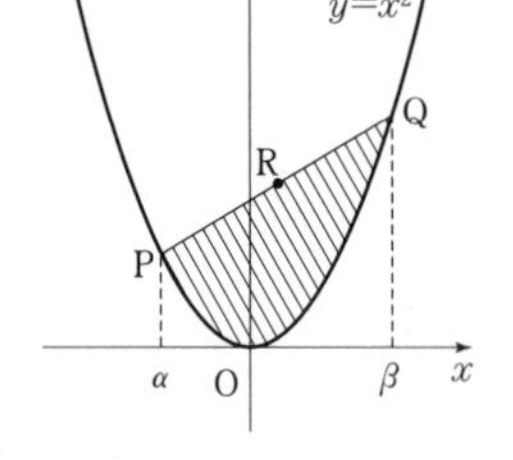

$P(\alpha,\ \alpha^2)$，$Q(\beta,\ \beta^2)$とおく。$\alpha<\beta$としても一般性を失わない。

直線PQの方程式は

$$y-\alpha^2=\frac{\beta^2-\alpha^2}{\beta-\alpha}(x-\alpha)$$

$$\therefore\quad y=(\alpha+\beta)x-\alpha\beta$$

よって，放物線$y=x^2$と線分PQが囲む部分の面積は

$$\int_\alpha^\beta\{(\alpha+\beta)x-\alpha\beta-x^2\}dx=\int_\alpha^\beta\{-(x-\alpha)(x-\beta)\}dx=\frac{(\beta-\alpha)^3}{6}$$

ゆえに

$$\frac{(\beta-\alpha)^3}{6}=1\qquad\therefore\quad(\beta-\alpha)^2=\sqrt[3]{36}\quad\cdots\cdots①$$

$R(X,\ Y)$とすると，RはPQの中点であるから

$$X=\frac{\alpha+\beta}{2},\quad Y=\frac{\alpha^2+\beta^2}{2}$$

これより　　$\alpha+\beta=2X$

ゆえに　　$2\alpha\beta=(\alpha+\beta)^2-(\alpha^2+\beta^2)=4X^2-2Y$

よって

$$(\beta-\alpha)^2=(\alpha+\beta)^2-4\alpha\beta=(2X)^2-2(4X^2-2Y)$$
$$=4Y-4X^2\quad\cdots\cdots②$$

①，②より　　$Y=X^2+\dfrac{\sqrt[3]{36}}{4}$

P，Qは放物線上を動くから，Xはすべての実数値をとる。

したがって，Rが描く図形の方程式は

$$y=x^2+\frac{\sqrt[3]{36}}{4}\quad\cdots\cdots(答)$$

研究　一般に，放物線$C：y=x^2$上の動点P，Qに対して，線分PQとCで囲まれる部分の面積が一定値kであるとき，線分PQの中点Rが描く曲線C'は

$$y=x^2+\sqrt[3]{\left(\frac{3}{4}k\right)^2}$$

となることが，［解法］と同様の方法で示される。このとき，$\mathrm{P}(\alpha,\ \alpha^2)$，$\mathrm{Q}(\beta,\ \beta^2)$，$\mathrm{R}(X,\ Y)$ とすると，$2X=\alpha+\beta$ であるが，この左辺は C' の R における接線の傾き，右辺は線分 PQ の傾きであるから，C' の R における接線が直線 PQ になっている。すなわち，線分 PQ と C で囲まれる面積が一定であるとき，線分 PQ はその中点 R の描く放物線 C' に R で接しながら動く。これを逆に表現すると，放物線 $y=x^2+m$ $(m>0)$ の接線 l と放物線 $C：y=x^2$ で囲まれる部分の面積はつねに $\dfrac{4}{3}\sqrt{m^3}$ であり，この接線 l が C から切り取る線分の中点は l と放物線 $y=x^2+m$ の接点であるということになる。

128 1998年度〔4〕 Level A

ポイント [解法1] ABに平行な接線を利用する。

[解法2] 成分を用いた三角形の面積公式を用いる。

解法 1

直線ABの方程式は

$$y=\frac{a^2-b^2}{a-b}(x-a)+a^2$$

$$\therefore\quad y=(a+b)x-ab$$

ゆえに

$$s=\int_a^b\{(a+b)x-ab-x^2\}dx$$

$$=-\int_a^b(x-a)(x-b)\,dx$$

$$=\frac{(b-a)^3}{6}\quad\cdots\cdots①$$

また，$S(\mathrm{P})$ が最大になるのは，Pにおける放物線の接線が直線ABと平行になるときであり，そのときのPの x 座標を c とすると，$(x^2)'=2x$ より

$$2c=a+b\qquad\therefore\quad c=\frac{a+b}{2}$$

（この値は確かに t の条件 $a<t<b$ を満たしている。）

$\mathrm{P}(c,\ c^2)$ を通り，y 軸に平行な直線が直線ABと交わる点をQとすると

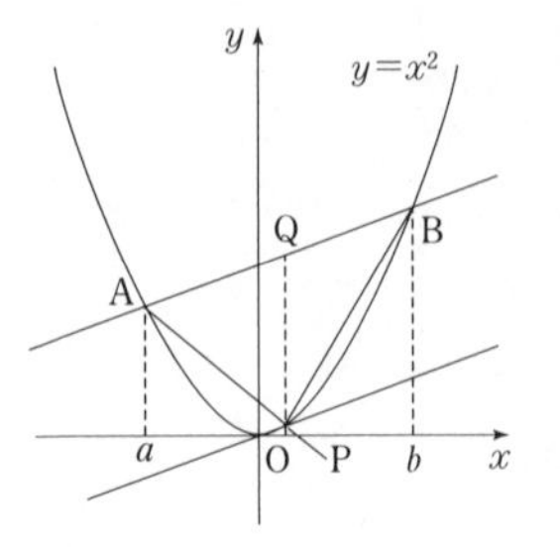

$$\mathrm{PQ}=(a+b)\cdot\frac{a+b}{2}-ab-\left(\frac{a+b}{2}\right)^2=\frac{(a-b)^2}{4}$$

よって，$S(\mathrm{P})$ の最大値 S は

$$S=\frac{1}{2}\cdot\frac{(a-b)^2}{4}\cdot(b-a)=\frac{(b-a)^3}{8}\quad\cdots\cdots②$$

①，②より

$$s:S=\frac{1}{6}(b-a)^3:\frac{1}{8}(b-a)^3=4:3\quad\cdots\cdots(答)$$

解法 2

（①までは［解法 1］に同じ）

$\overrightarrow{\mathrm{PA}}=(a-t,\ a^2-t^2)$，$\overrightarrow{\mathrm{PB}}=(b-t,\ b^2-t^2)$ なので

$$S(\mathrm{P})=\frac{1}{2}|(a-t)(b^2-t^2)-(a^2-t^2)(b-t)|$$

$$=\frac{1}{2}(t-a)(b-t)(b-a)\quad (a<t<b \text{ より})$$

$$=-\frac{1}{2}(b-a)\left\{\left(t-\frac{a+b}{2}\right)^2-\frac{(a-b)^2}{4}\right\}$$

$$\leqq\frac{1}{8}(b-a)^3$$

等号は $t=\dfrac{a+b}{2}$ （$a<t<b$ を満たす）で成り立つ。

よって　　$S=\dfrac{1}{8}(b-a)^3$

（以下，［解法 1］に同じ）

§10 複素数平面・行列ほか

129 2007年度〔1〕問1（文理共通）

解 法

ケーリー・ハミルトンの定理より

$$A^2-(2-1)A+(-2+4)E=O$$

$$A^2-A+2E=O$$

よって

$$\begin{aligned}&A^6+2A^4+2A^3+2A^2+2A+3E\\&=(A^2-A+2E)(A^4+A^3+A^2+A+E)+A+E\\&=A+E\quad(\because\ A^2-A+2E=O)\\&=\begin{pmatrix}2&4\\-1&-1\end{pmatrix}+\begin{pmatrix}1&0\\0&1\end{pmatrix}=\begin{pmatrix}3&4\\-1&0\end{pmatrix}\end{aligned}$$ ……(答)

〔注〕 以下のように次々に次数を下げていくことで求めてもよい。

$$A^2=A-2E$$

$$A^3=A^2-2A=(A-2E)-2A=-A-2E$$

$$A^4=-A^2-2A=-(A-2E)-2A=-3A+2E$$

$$A^5=-3A^2+2A=-3(A-2E)+2A=-A+6E$$

$$A^6=-A^2+6A=-(A-2E)+6A=5A+2E$$

130 2005年度〔3〕

解法 1

$\frac{\alpha}{\beta}$ と $\frac{\overline{\alpha}}{\overline{\beta}}$ は互いに共役だから，$\frac{\alpha}{\beta}+\frac{\overline{\alpha}}{\overline{\beta}}=2$ は，$\frac{\alpha}{\beta}$ の実部が1であることと同値である。

すなわち

$$\frac{\alpha}{\beta}=1+ki \quad (k \text{は任意の実数。ただし，} \alpha\neq\beta \text{より } k\neq 0)$$

$$\therefore \quad \frac{\alpha-\beta}{\beta}=ki \Longrightarrow \frac{\alpha-\beta}{0-\beta}=-ki$$

ここで，O(0)，A(α)，B(β) とおくと，$\angle$OBA$=\pm 90^\circ$ となり，3点0，α，β でできる三角形は，$\angle$B$=90^\circ$ の直角三角形である。 ……(答)

〔注1〕 $1+ki=\gamma$ とし，A(α)，B(β)，C(γ)，D(1) とすると

$\frac{\alpha}{\beta}=\frac{\gamma}{1}$ であるから

$$\triangle\text{OBA}\backsim\triangle\text{ODC}$$

$$\left(\frac{|\alpha|}{|\beta|}=\frac{|\gamma|}{1} \text{ より} \quad \frac{\text{OA}}{\text{OB}}=\frac{\text{OC}}{\text{OD}}\right.$$

$$\left.\arg\frac{\alpha}{\beta}=\arg\gamma \text{ より} \quad \angle\text{BOA}=\angle\text{DOC}\right)$$

が成り立つ。このことから，$\angle$OBA$=90^\circ$ を導いてもよい。

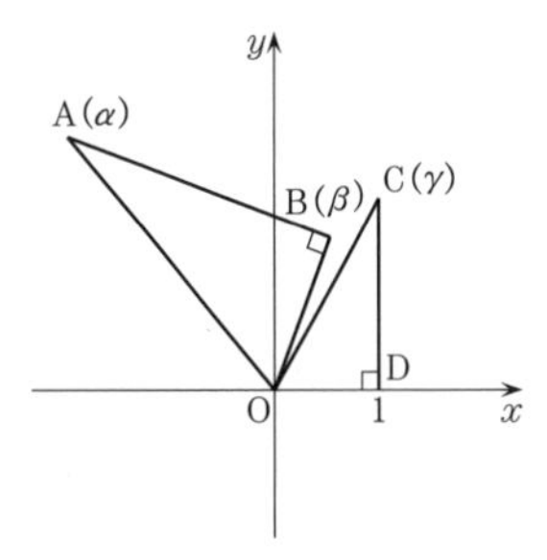

解法 2

与式の分母を払うと

$$\alpha\overline{\beta}+\overline{\alpha}\beta=2\beta\overline{\beta}$$

$$\beta\overline{\beta}-\frac{1}{2}\alpha\overline{\beta}-\frac{1}{2}\overline{\alpha}\beta=0$$

$$\left(\beta-\frac{1}{2}\alpha\right)\left(\overline{\beta}-\frac{1}{2}\overline{\alpha}\right)=\frac{1}{4}\alpha\overline{\alpha}$$

$$\left|\beta-\frac{1}{2}\alpha\right|^2=\frac{1}{4}|\alpha|^2 \quad \cdots\cdots①$$

$$|2\beta-\alpha|^2=|\alpha|^2$$

$$\therefore \quad |2\beta-\alpha|=|\alpha|$$

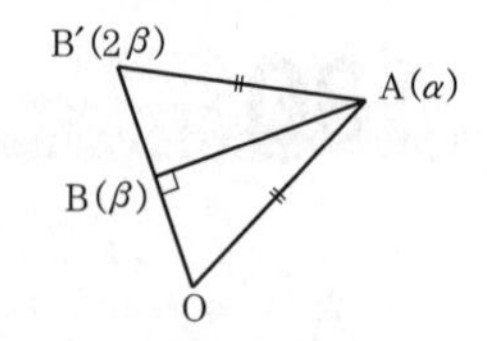

よって，A(α)，B(β)，B′(2β) とするとき，△OAB′は AO＝AB′の二等辺三角形となる。ゆえに，OB′の中点Bにおいては，∠OBA＝90° が成り立つ。すなわち，3点0，α，βでできる三角形は ∠β＝90° の直角三角形である。

……(答)

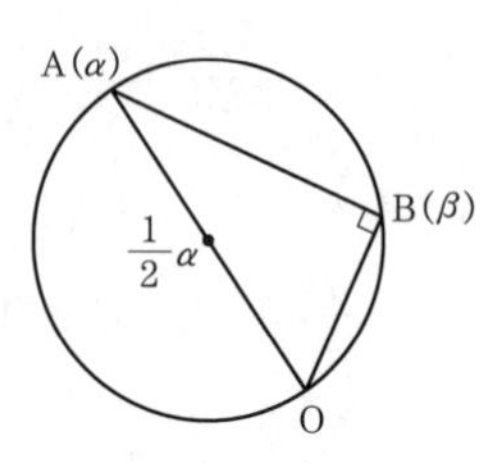

〔注2〕 ①を $\left|\beta-\dfrac{1}{2}\alpha\right|=\dfrac{1}{2}|\alpha|$ と書けば，β は中心 $\dfrac{1}{2}\alpha$，半径 $\dfrac{1}{2}|\alpha|$ の円周上，つまり OA を直径とする円周上にあることがわかる。円周角の性質より∠β＝90° である。

131 2004年度〔4〕

解法

α, β, c^2 で三角形ができることより，α と β は虚数（互いに共役）であり，しかも，α, β の実部は c^2 ではない。まず，与えられた2次方程式が虚数解をもつことより，判別式を D とするとき

$$D=(3-2c)^2-4(c^2+5)=-12c-11<0$$

$$\therefore \quad c>-\frac{11}{12} \quad \cdots\cdots①$$

また，互いに共役な虚数 α, β の実部は $\frac{1}{2}(\alpha+\beta)$ であるから，解と係数の関係より

$$\alpha+\beta=-(3-2c)=2c-3$$

これを用いて

$$\frac{1}{2}(\alpha+\beta)=\frac{1}{2}(2c-3)\neq c^2$$

$$2c^2-2c+3\neq 0 \qquad \therefore \quad 2\left(c-\frac{1}{2}\right)^2+\frac{5}{2}\neq 0$$

これは，c が実数であることより，必ず成立している。

よって，α, β, c^2 で三角形ができるための条件は①となる。このとき，三角形の重心が0であるための条件は

$$\frac{1}{3}(\alpha+\beta+c^2)=0$$

$$c^2+2c-3=0$$

$$(c+3)(c-1)=0$$

$$\therefore \quad c=-3,\ 1 \quad \cdots\cdots②$$

①，②より，求める c は

$$c=1 \quad \cdots\cdots(答)$$

132　1999年度〔4〕

解法 1

(1)　複素数 z が単位円上にある $\Longleftrightarrow |z|=1 \Longleftrightarrow |z|^2=1 \Longleftrightarrow z\overline{z}=1 \Longleftrightarrow \overline{z}=\dfrac{1}{z}$

したがって，複素数 z が単位円上にあるための必要十分条件は，$\overline{z}=\dfrac{1}{z}$ である。

(証明終)

(2)　z_k $(k=1,\ 2,\ 3,\ 4)$ が単位円上にあるから，(1)より

$$\overline{z_k}=\frac{1}{z_k}\quad (k=1,\ 2,\ 3,\ 4)$$

これより

$$\begin{aligned}\overline{w}&=\frac{(\overline{z_1}-\overline{z_3})(\overline{z_2}-\overline{z_4})}{(\overline{z_1}-\overline{z_4})(\overline{z_2}-\overline{z_3})}\\&=\frac{\left(\dfrac{1}{z_1}-\dfrac{1}{z_3}\right)\left(\dfrac{1}{z_2}-\dfrac{1}{z_4}\right)}{\left(\dfrac{1}{z_1}-\dfrac{1}{z_4}\right)\left(\dfrac{1}{z_2}-\dfrac{1}{z_3}\right)}\\&=\frac{(z_3-z_1)(z_4-z_2)}{(z_4-z_1)(z_3-z_2)}\\&=\frac{(z_1-z_3)(z_2-z_4)}{(z_1-z_4)(z_2-z_3)}\\&=w\end{aligned}$$

よって，w は実数である。　(証明終)

(3)　z_k $(k=1,\ 2,\ 3)$ が単位円上にあるから，(1)より

$$\overline{z_k}=\frac{1}{z_k}\quad (k=1,\ 2,\ 3)$$

これより

$$\begin{aligned}\overline{w}&=\frac{(\overline{z_1}-\overline{z_3})(\overline{z_2}-\overline{z_4})}{(\overline{z_1}-\overline{z_4})(\overline{z_2}-\overline{z_3})}\\&=\frac{\left(\dfrac{1}{z_1}-\dfrac{1}{z_3}\right)\left(\dfrac{1}{z_2}-\overline{z_4}\right)}{\left(\dfrac{1}{z_1}-\overline{z_4}\right)\left(\dfrac{1}{z_2}-\dfrac{1}{z_3}\right)}\\&=\frac{(z_3-z_1)(1-z_2\overline{z_4})}{(1-z_1\overline{z_4})(z_3-z_2)}\end{aligned}$$

$$=\frac{(z_1-z_3)(1-z_2\overline{z_4})}{(1-z_1\overline{z_4})(z_2-z_3)}$$

w は実数であるから，$\overline{w}=w$ である。これより

$$\frac{(z_1-z_3)(1-z_2\overline{z_4})}{(1-z_1\overline{z_4})(z_2-z_3)}=\frac{(z_1-z_3)(z_2-z_4)}{(z_1-z_4)(z_2-z_3)}\quad (z_1\neq z_3,\ \ z_2\neq z_3)$$

$$(1-z_2\overline{z_4})(z_1-z_4)=(1-z_1\overline{z_4})(z_2-z_4)$$

$$z_1+z_2|z_4|^2=z_2+z_1|z_4|^2$$

$$(z_1-z_2)(1-|z_4|^2)=0$$

$$|z_4|^2=1\quad (\because\ \ z_1\neq z_2)$$

$$\therefore\ \ |z_4|=1$$

したがって，z_4 は単位円上にある。　　　　(証明終)

解 法 2

(2)　$\arg\left(\dfrac{z_1-z_3}{z_2-z_3}\right)=\arg(z_1-z_3)-\arg(z_2-z_3)=\angle z_2z_3z_1$

$\arg\left(\dfrac{z_2-z_4}{z_1-z_4}\right)=\arg(z_2-z_4)-\arg(z_1-z_4)=\angle z_1z_4z_2$

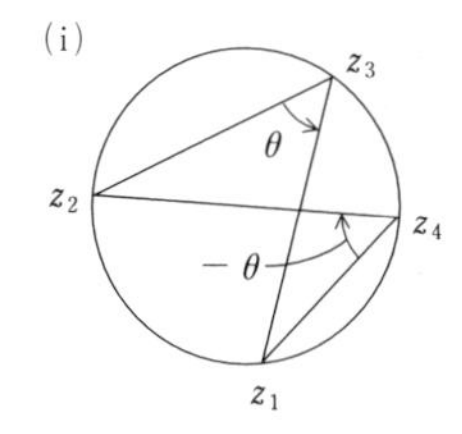

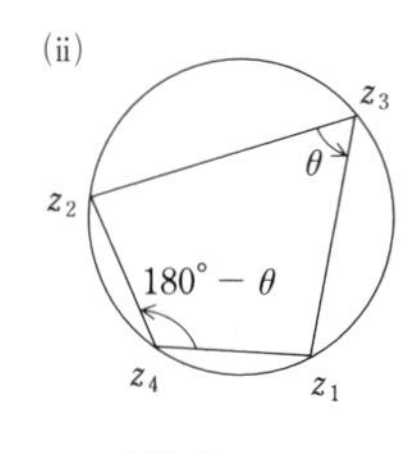

$\begin{cases}\theta>0\\ 180^\circ-\theta>0\end{cases}$

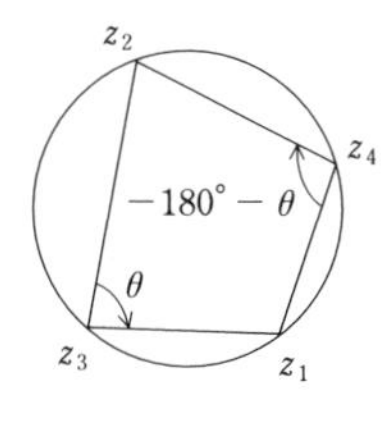

$\begin{cases}\theta<0\\ -180^\circ-\theta<0\end{cases}$

$\angle z_2z_3z_1=\theta$ とすると，z_1，z_2，z_3，z_4 は同一円上にあるから

(i)　z_3 と z_4 が隣り合うとき

$$\angle z_1z_4z_2=-\theta$$

(ii)　z_3 と z_4 が隣り合わないとき

$$\angle z_1z_4z_2=180^\circ-\theta\quad \text{または}\quad -180^\circ-\theta$$

よって，$w=\dfrac{z_1-z_3}{z_2-z_3}\cdot\dfrac{z_2-z_4}{z_1-z_4}$ について

$$\arg w=\arg\frac{z_1-z_3}{z_2-z_3}+\arg\frac{z_2-z_4}{z_1-z_4}=\angle z_2z_3z_1+\angle z_1z_4z_2$$

$$=0^\circ\quad \text{または}\quad 180^\circ\quad \text{または}\quad -180^\circ$$

したがって，w は実数である。　　　　(証明終)

(3)　w は実数であるから

$$\arg w = \angle z_2 z_3 z_1 + \angle z_1 z_4 z_2 = 180^\circ \times n \quad (n \text{ は整数})$$

$\angle z_2 z_3 z_1 = \theta$ とすると　　$\angle z_1 z_4 z_2 = -\theta + 180^\circ \times n$

(i)　n が偶数のとき

$$\angle z_1 z_4 z_2 = -\theta + 360^\circ \times m_1 \quad (n = 2m_1,\ m_1 \text{ は整数})$$

よって，$\angle z_1 z_4 z_2 = \angle z_1 z_3 z_2$（360° の整数倍の違いを無視して）となり，$z_3$ と z_4 は弦 $z_1 z_2$ を見込む角が等しくなるので，z_4 は単位円上の $\overparen{z_1 z_2}$ 上にある。

(ii)　n が奇数のとき

$$\begin{cases} \theta > 0 \text{ のとき} & \angle z_1 z_4 z_2 = (180^\circ - \theta) + 360^\circ \times m_2 \quad (n = 2m_2 + 1,\ m_2 \text{ は整数}) \\ \theta < 0 \text{ のとき} & \angle z_1 z_4 z_2 = (-180^\circ - \theta) + 360^\circ \times m_3 \quad (n = 2m_3 - 1,\ m_3 \text{ は整数}) \end{cases}$$

よって，$\angle z_1 z_4 z_2 + \angle z_2 z_3 z_1 = 180^\circ$ または $\angle z_2 z_4 z_1 + \angle z_1 z_3 z_2 = 180^\circ$（360° の整数倍を無視して）となるので，$z_4$ は単位円上で，弦 $z_1 z_2$ に関して z_3 と反対側にある。

したがって，(i)，(ii)いずれの場合も，z_4 は単位円上にある。　　（証明終）

付　録

付録１　整数の基礎といくつかの有名定理

幾何同様，整数のエッセンスは論理配列にあり，繊細です。たとえば整数の定理の中で最重要な定理の一つに「素因数分解の一意性の定理」があります。それは

「２以上のどのような整数も素数のみの有限個の積に一意的に表される」

という定理です。すなわち

「２以上のどのような整数も素数のみの有限個の積に書けて，しかも，どのような方法（理由）のもとで素数のみの積に表したとしてもそこに現れる素数の種類と各素数の個数はもとの数ごとに一通りである」

という定理です。一見，あたりまえに思えるこの定理は多くの整数の問題を考えるときに，商と余りの一意性の定理とともに，それらの解答の根拠として横たわっています。例として，$\sqrt{2}$ は無理数であることの証明を考えてみます。教科書や参考書によく見られる証明でもよいのですが，より簡潔な証明に次のものがあります。

（証明）　$\sqrt{2}$ が有理数であるとすると，適当な自然数 a，b を用いて $\sqrt{2}=\dfrac{a}{b}$ とおくことができる。

両辺を平方し分母を払うと　　$2b^2=a^2$　……(＊)

a^2，b^2 を素因数分解して現れる各素因数の個数はどちらも偶数なので，(＊)の左辺の素因数２の個数は奇数。一方，右辺のどの素因数の個数も偶数。これは矛盾である。ゆえに，$\sqrt{2}$ は無理数である。　　　　（証明終）

(＊)の両辺が表す数の素因数分解の一意性が保証されなければ，この証明が根拠を失うことは明らかです。同じようなことは他の証明でもよく現れます。

ユークリッドはこの「素因数分解の一意性の定理」を導くために，有名な「ユークリッドの互除法」から始まるほんの僅かな定理による実に印象的な物語を残しました。互除法を２数の最大公約数を求めるアルゴリズムととらえるだけではその真価を理解することにはなりません。「ユークリッドの互除法」から，「２数の最大公約数はもとの２数の整数倍の和で表される」ことを導き，次いで，「a と b が互いに素で，a が bc を割り切るならば a は c を割り切る」こと，さらに，「素数 p が ab を割り切るならば，p は a または b を割り切る」ことを導き，これを用いて「素因数分解の一意性の定理」を導くというストーリーが大切なのです。この流れが整数の基礎の要諦です。

§１では，これを導くユークリッドの論理と高木貞治の論理を紹介します。現在の日本の学校教育では前者によっていますが，2000 年頃までは後者が用いられていました。§２では，いくつかの易しめの有名な定理を取り上げます。§３では，初等整

数論の基本的な有名定理ですが，§２より進んだ定理を取り上げます。特に，互いに素な２数についての「重要定理Ｂ」からその後の４つの有名な定理のすべてが一挙に，しかも独立に得られることを味わってください。

なお，整数 m，n に対して，m が n を割り切ることを $m|n$ と表すことがあります。また，整数 a と b の最大公約数（*the greatest common divisor, G. C. D.*）を $(a,\ b)$ で表すこともあります。いずれも学習指導要領外の記号ですが，整数論では一般的な記号であり，記述が簡略化される利点もあるので用いることとします。

§１　≪互除法からの帰結≫

互除法の原理：整数 a，b，c，d について $a=bc+d$ が成り立つとき，a と b の最大公約数と b と d の最大公約数は一致する。

この証明にはいくつかのバリエーションがありますが，「p が a と b の公約数」$\Longleftrightarrow$「p が b と d の公約数」を示すことで解決します。

（証明）

- p が a と b の公約数なら，$a=pa'$，$b=pb'$ となる整数 a'，b' が存在し，$d=a-bc=p(a'-b'c)$ となり，$p|d$ である。一方で，$p|b$ であるから，p は b と d の公約数である。
- p が b と d の公約数なら，$b=pb'$，$d=pd'$ となる整数 b'，d' が存在し，$a=bc+d=p(b'c+d')$ となり，$p|a$ である。一方で，$p|b$ であるから，p は a と b の公約数である。

以上から，a と b の公約数の集合と b と d の公約数の集合は一致する。ゆえに，それらの（有限）集合の要素の最大値である最大公約数は一致する。　（証明終）

この「互除法の原理」から，次の定理が導かれます。

ユークリッドの互除法：a と b を自然数とし，$r_0=b$ とおく。

$r_1=0$ または $r_0>r_1>\cdots>r_n>0$ となる整数 r_1，$\cdots$，r_n と q_0，$\cdots$，q_n が存在し，次式が成り立つ。

$$
\begin{aligned}
a &= q_0r_0+r_1\\
r_0 &= q_1r_1+r_2\\
r_1 &= q_2r_2+r_3\\
&\ \ \vdots\\
r_{n-2} &= q_{n-1}r_{n-1}+r_n\\
r_{n-1} &= q_nr_n
\end{aligned}
$$

このとき，a と b の最大公約数 g について，$r_1=0$ のときは $g=b$，$r_1\neq 0$ のときは $g=r_n$ である。

（証明）　a を b で割ったときの商を q_0，余りを r_1 として，$r_1=0$ のときは第１式で終わり，$r_1 \neq 0$ のときは r_0 を r_1 で割ったときの商を q_1，余りを r_2 とする。同様のことを繰り返していくと，$r_1 \neq 0$ のときには $r_0 > r_1 > \cdots > r_n > 0$ かつ $r_{n-1} = q_n r_n$ となる自然数 n が存在する。

このとき，「互除法の原理」により

$$g = (a,\ b) = (r_0,\ r_1) = \cdots = (r_{n-1},\ r_n) = (r_n,\ 0) = r_n$$

となる。　(証明終)

次いで，最大公約数 $g = (a,\ b)$ に対して，$g = xa + yb$ となる整数 x，y が存在することを示します。これは少し一般化した次の命題の形で証明します。ここでは，a を b で割った商が q_0，余りが r_1 のような設定は必要ないことに注意してください。単に整数からなる一連の関係式が並んでいれば成り立つように一般化してあります。

準備命題A：整数からなる一連の関係式

$$a = q_0 r_0 + r_1$$
$$r_0 = q_1 r_1 + r_2$$
$$r_1 = q_2 r_2 + r_3$$
$$\vdots$$
$$r_{n-2} = q_{n-1} r_{n-1} + r_n$$

が与えられたとき，$b = r_0$ として，任意の自然数 m $(1 \leqq m \leqq n)$ に対して，$r_m = x_m a + y_m b$ となる整数 x_m，y_m が存在する。

証明は m についての帰納法によります。

(証明)　(I)　• $m=1$ のとき，$r_1 = 1 \cdot a + (-q_0)\, b$ なので，$x_1 = 1$，$y_1 = -q_0$ とするとよい。

• $m=2$ のとき，$r_2 = r_0 - q_1 r_1 = b - q_1(a - q_0 b) = (-q_1)\, a + (1 + q_1 q_0)\, b$ なので，$x_2 = -q_1$，$y_2 = 1 + q_1 q_0$ とするとよい。

(II)　$m = k,\ k-1$ $(2 \leqq k \leqq n-1)$ のとき主張が正しいと仮定する。すると，$r_k = x_k a + y_k b$，$r_{k-1} = x_{k-1} a + y_{k-1} b$ となる整数 x_k，y_k，x_{k-1}，y_{k-1} が存在する。これを $r_{k-1} = q_k r_k + r_{k+1}$ に代入すると，$r_{k+1} = r_{k-1} - q_k r_k = (x_{k-1} a + y_{k-1} b) - q_k (x_k a + y_k b) = (x_{k-1} - q_k x_k)\, a + (y_{k-1} - q_k y_k)\, b$ となる。

よって，$x_{k+1} = x_{k-1} - q_k x_k$，$y_{k+1} = y_{k-1} - q_k y_k$ とすれば，$m = k+1$ に対しても主張は成り立つ。

(I)，(II)より，任意の自然数 m $(1 \leqq m \leqq n)$ に対して，$r_m = x_m a + y_m b$ となる整数 x_m，y_m が存在する。　(証明終)

この「準備命題A」と「ユークリッドの互除法」によって，次の定理が導かれたことになります。

最大公約数の生成定理：a と b の最大公約数 g に対して，$g=xa+yb$ となる整数 x，y が存在する。

特に a と b が互いに素（正の公約数が１のみの自然数）のときには $g=1$ であるから，次の定理が成り立ちます。

１の生成定理：a と b が互いに素のとき，$1=xa+yb$ となる整数 x，y が存在する。

この「１の生成定理」から，次の「重要定理Ａ」が得られます。

重要定理Ａ：(1)　互いに素な自然数 a，b について，a が bc を割り切るならば，a は c を割り切る。

(2)　p を素数，a，b を自然数とする。p が ab を割り切るならば，p は a，b の少なくとも一方を割り切る。

（証明）(1)　a と b が互いに素であるから，最大公約数は１である。よって，$xa+yb=1$ となる整数 x，y が存在する。

両辺に c を乗じて，$xac+ybc=c$ であり，ac，bc は a で割り切れるから，左辺は a で割り切れる。ゆえに，a は c を割り切る。（証明終）

(2)　素数 p が a の約数でないならば，p と a は互いに素であるから，(1)によって，b が p で割り切れる。また，p が a の約数のときは a が p で割り切れる。

ゆえに，p は a，b の少なくとも一方を割り切る。（証明終）

以上の「重要定理Ａ」に至る論理が「ユークリッドの互除法」の真骨頂であり，見事です。

さて，この「重要定理Ａ」から素因数分解の一意性が導かれますが，その前に，ユークリッドはまず，２以上のどのような整数も有限個の素数のみの積に書けるという「素因数分解の可能性」を準備します。これは論理配列として不可欠であり，その証明も実に鮮やかなのでこれを紹介します。まず，次の「準備命題Ｂ」を用意します。

準備命題Ｂ：２以上の任意の自然数 N に対して，N の１以外の正の約数のうち最小のものを n とすると，n は素数である。

（証明）n が素数でないとすると，n は１でも n でもない正の約数をもつ。その１つを m とすると

$$1<m<n\leqq N \quad \cdots\cdots①$$

また，$m|n$ かつ $n|N$ より　$m|N$　……②

①，②から，m は１以外の N の約数で n より小となる。これは n の最小性に矛盾する。ゆえに，n は素数である。（証明終）

> **素因数分解の可能性**：2以上のどのような自然数もそれ自身が素数であるか，または2個以上の有限個の素数のみの積に書ける。

（証明）　素数でもなく，2個以上の有限個の素数のみの積にも書けないような2以上の自然数があったとする。そのような自然数のうちの最小のものを N とする。このとき，$N \geqq 4$ としてよい。
「準備命題B」により，$N=pN'$ となる素数 p と自然数 N' がある。N は素数ではないので，$2 \leqq N' < N$ である。
N の最小性により，N' は素数であるか，または2個以上の有限個の素数のみの積に書ける。すると，$N=pN'$ より，N は2個以上の有限個の素数のみの積に書ける。
これは矛盾である。　（証明終）

この証明も初めて触れると新鮮です。次いで，目標だった素因数分解の一意性の証明を行います。

> **素因数分解の一意性の定理**：素数からなる有限集合 $S=\{p_1,\ \cdots,\ p_s\}$，$S'=\{q_1,\ \cdots,\ q_t\}$ と自然数 $\alpha_1,\ \alpha_2,\ \cdots,\ \alpha_s,\ \beta_1,\ \beta_2,\ \cdots,\ \beta_t$ があって，${p_1}^{\alpha_1}{p_2}^{\alpha_2}\cdots{p_s}^{\alpha_s}={q_1}^{\beta_1}{q_2}^{\beta_2}\cdots{q_t}^{\beta_t}$ が成り立つならば，$S=S'$ である。このとき，$s=t$ で，$\alpha_k=\beta_k$（$k=1,\ 2,\ \cdots,\ s$）となる。

（証明）　$q_1 \mid {p_1}^{\alpha_1}{p_2}^{\alpha_2}\cdots{p_s}^{\alpha_s}$ であるから，「重要定理A」の(2)により，q_1 は $p_1,\ \cdots,\ p_s$ のいずれかを割り切る。
それを p_1 としても一般性を失わない。q_1，p_1 が素数であることから，$q_1=p_1$ となり，$q_1 \in S$ である。他の $q_2,\ \cdots,\ q_t$ についても同様なので，$S' \subset S$ である。同様に $S \subset S'$ であるから，$S=S'$ である。特に，$s=t$ であり，${p_1}^{\alpha_1}{p_2}^{\alpha_2}\cdots{p_s}^{\alpha_s}={p_1}^{\beta_1}{p_2}^{\beta_2}\cdots{p_s}^{\beta_s}$ ……(＊) となる。ここで，$\alpha_1 < \beta_1$ とすると，$s=1$ のときは(＊)から，$1={p_1}^{\beta_1-\alpha_1}$ となり矛盾。$s \geqq 2$ のときは，約分により，${p_2}^{\alpha_2}\cdots{p_s}^{\alpha_s}={p_1}^{\beta_1-\alpha_1}{p_2}^{\beta_2}\cdots{p_s}^{\beta_s}$ となり，最初と同様に，p_1 は $p_2,\ \cdots,\ p_s$ のいずれかに一致するが，これは矛盾。
$\alpha_1 > \beta_1$ としても同じく矛盾が出るので　$\alpha_1=\beta_1$
他の α_k，β_k についても同様である。　（証明終）
「重要定理A」から，$S=S'$ を導くことが上の証明の要です。

この一連のユークリッドの論法とは別に，高木貞治（1875～1960）は著書『初等整数論講義』において，次のように互除法を準備しない論理で「重要定理A」を導いています。これも見事なので以下に紹介しておきます。

【高木貞治の方法】（事前の準備が約数，倍数，最小公倍数，最大公約数の定義だけであることに注意）

定理Ⅰ：自然数 a，b の任意の公倍数 l は最小公倍数 L の倍数である。

（証明）l を L で割ったときの商を q，余りを r とする。$l=Lq+r$，$0 \leqq r < L$ である。
$r=l-Lq$ と，l も L も a と b の公倍数であることから，r も a と b の公倍数である。
$r \neq 0$ とすると，$0<r<L$ であるから，r は L よりも小さい正の整数である。これは L が最小公倍数であることに反する。ゆえに，$r=0$ となり，l は L の倍数である。
（証明終）

定理Ⅱ：自然数 a，b の任意の公約数 g は最大公約数 G の約数である。

（証明）G と g の最小公倍数を L として，L が G であることを示す。すると，g は $G\,(=L)$ の約数であることになる。
a，b はどちらも G と g の公倍数なので，「定理Ⅰ」から，L の倍数である。すなわち，L は a と b の公約数である。よって，$L \leqq G$ である。一方，L は G の倍数なので $L \geqq G$ でもある。ゆえに，$L=G$ である。（証明終）

定理Ⅲ：2つの自然数 a，b の積 ab は，最大公約数 G と最小公倍数 L の積 GL に等しい。

（証明）$L=aa'$，$L=bb'$（a'，b' は自然数）……①と書ける。ab は a と b の公倍数なので，「定理Ⅰ」から，L の倍数である。
よって，$ab=Lc$（c は自然数）……②と書け，①を②に代入して

$$\begin{cases} ab=aa'c \\ ab=bb'c \end{cases} \text{から} \quad \begin{cases} b=a'c \\ a=b'c \end{cases} \quad \cdots\cdots③$$

したがって，c は a，b の公約数で，「定理Ⅱ」から，$G=cd$（d は自然数）……④と書ける。
a，b は $G=cd$ で割り切れるので，③から，a'，b' は d で割り切れる。
そこで，$a'=a''d$，$b'=b''d$（a''，b'' は自然数）とおいて，①に代入すると

$$L=aa''d,\ L=bb''d$$

よって，$\dfrac{L}{d}$ は a，b の公倍数だが，L は a，b の最小公倍数であることから

$$d=1$$

したがって，④から　$G=c$
ゆえに，②から，$ab=LG$ である。（証明終）

定理Ⅳ（＝重要定理A）：互いに素な自然数 a，b について，a が bc を割り切るならば a は c を割り切る。

（証明）a と b は互いに素なので，a と b の最大公約数は1であり，「定理Ⅲ」により a と b の最小公倍数は ab である。bc が a で割り切れることから，bc は a と b の公

倍数である。よって，「定理Ⅰ」から，bc は ab で割り切れる。

ゆえに，c は a で割り切れる。　(証明終)

〔注１〕「定理Ⅱ」はユークリッドの「最大公約数の生成定理」を用いて次のように示すことができる。

(証明)　$a=a'g$，$b=b'g$（a'，b' は自然数）とする。$G=xa+yb$ となる整数 x，y が存在し，$G=(xa'+yb')g$ となり，$g|G$ である。　(証明終)

〔注２〕「定理Ⅲ」の高木の証明は少しわかりにくい。少し工夫して，よく知られた次の命題(＊)を準備してから導くほうがわかりやすいかもしれない。

(＊)　２つの自然数 a，b とその最大公約数 G に対して，$a=a'G$，$b=b'G$ であるならば，$a'b'G$ は a，b の最小公倍数 L に等しい。

((＊)の証明)　$a'b'G=l$ とおく。$l=ab'=a'b$ から，l は a，b の公倍数であり，「定理Ⅰ」より，$l=Lq$　……①（q は自然数）とおける。$L=am$，$L=bn$（m，n は整数）とおけるから

$$a'b'G=l=Lq=\begin{cases} amq=a'Gmq & \cdots\cdots② \\ bnq=b'Gnq & \cdots\cdots③ \end{cases}$$

②より　$b'=mq$　……②′

③より　$a'=nq$　……③′

a'，b' が互いに素であることと，②′，③′から，$q=1$ となり，①から，$l=L$ である。

(証明終)

この命題(＊)を用いると，$ab=LG$ が次のように得られる。

命題(＊)と $a=a'G$，$b=b'G$ から

$ab=a'G\cdot b'G=a'b'G\cdot G=LG$　(証明終)

§２　≪いくつかの易しい有名定理≫

まず，主に素数に関する基礎的な有名定理で，高校生にも易しく理解できるものを紹介します。

素数の無限定理（ユークリッド）：どんな有限個の相異なる素数が与えられても，それらと異なる素数が存在する(素数は無限に存在する)。

(証明)　有限個の相異なる素数 a，b，…，c が与えられたとする。$N=a\times b\times\cdots\times c+1$ という数 N を考える。

N は a，b，…，c のどれよりも大きいから，これらのいずれとも異なる。

- N が素数のとき，N 自身が a，b，…，c と異なる素数である。
- N が素数ではないとき，N の任意の素因数 d（この存在はすでに示してある）は a，b，…，c とは異なる。

　なぜなら，たとえば $d=a$ とすると，$N=a\times b\times\cdots\times c+1$ において，N も $a\times b\times\cdots\times c$ も a で割り切れるので，１も素数 a で割り切れることになり，矛盾。

　よって，d は a，b，…，c とは異なる素数である。

以上から，素数が有限個となることはない。　(証明終)

〔注〕 この証明を紹介すると，ときどき「素数を小さいほうから順に有限個乗じたものに1を加えたものは素数である」と勘違いする生徒がいるが，これは誤り。$2+1=3$，$2\cdot3+1=7$，$2\cdot3\cdot5+1=31$，$2\cdot3\cdot5\cdot7+1=211$，$2\cdot3\cdot5\cdot7\cdot11+1=2311$ は素数であるが，$2\cdot3\cdot5\cdot7\cdot11\cdot13+1=30031=59\cdot509$ は素数ではない。また，$3\cdot5\cdot7+1=106=2\cdot53$ などの例もある。ユークリッドの証明の優れた点は，$a\times b\times\cdots\times c+1$ という数から，与えられた素数 a，b，…，c とは異なる素数の存在を示したことである。なお，上の証明を若干変更した次のような証明もある。

（別証明） 素数の個数が有限であるとして，それらすべてを a，b，…，c とする。$N=a\times b\times\cdots\times c+1$ という数 N を考える。N は a，b，…，c のどれよりも大きいから，これらのいずれとも異なり，したがって，素数ではない。一方，N には素因数が存在し，それは a，b，…，c のいずれかに一致しなければならない。それを a としてもよく，$N=aN'$（N' は自然数）とすると，$1=a(N'-b\times\cdots\times c)$ から，1が2以上の約数 a をもつことになり，矛盾。ゆえに，素数の個数は有限ではない。　（証明終）

完全数（ユークリッド）：n を自然数とし，$p=1+2+2^2+\cdots+2^{n-1}+2^n$，$N=2^np$ とおく。p が素数のとき，N 以外の N の正の約数すべての和を S とすると，$S=N$ である。

（証明） p は素数であるから，$N=2^np$ の約数は

$$1,\ 2,\ 2^2,\ \cdots,\ 2^{n-1},\ 2^n,\ p,\ 2p,\ 2^2p,\ \cdots,\ 2^{n-1}p,\ 2^np\,(=N)$$

よって

$$S=(1+2+2^2+\cdots+2^{n-1}+2^n)+p(1+2+2^2+\cdots+2^{n-1})$$
$$=p+p\cdot\frac{2^n-1}{2-1}=2^np=N$$

（証明終）

〔注〕 一般に正の整数 N について，N 以外の N の正の約数すべての和が N となるとき，N を完全数という。完全数に関する本定理は高校生にちょうどよいレベルの内容であるが，これはユークリッドの『原論』第9巻の最終定理でもある。

また，$p=1+2+\cdots+2^{n-1}+2^n=\dfrac{2^{n+1}-1}{2-1}=2^{n+1}-1$ であるが，一般に 2^k-1（k は自然数）の形の素数をメルセンヌ素数という。メルセンヌ（1588～1648）はフランスの神父で，この形の素数の研究で有名である。メルセンヌ素数とそれから得られる完全数の例として，次のものがある。

- $k=2$ のときの $3\,(=1+2)$
  このとき，$2\cdot3=6$ の正の約数は1，2，3，6で　$1+2+3=6$
- $k=3$ のときの $7\,(=1+2+4)$
  このとき，$4\cdot7=28$ の正の約数は1，2，4，7，14，28で　$1+2+4+7+14=28$
- $k=5$ のときの $31\,(=1+2+4+8+16)$
  このとき，$16\cdot31=496$ の正の約数は1，2，4，8，16，31，62，124，248，496で
  $1+2+4+8+16+31+62+124+248=496$

メルセンヌ素数：$n\,(\geqq 2)$ を自然数とする。2^n-1 が素数ならば，n は素数である。

（証明）　$n\,(\geqq 2)$ が素数ではないとする。$n=ab$（a，b は2以上の自然数）と書ける。

よって

$$2^n-1=2^{ab}-1=(2^a)^b-1=X^b-1 \quad (2^a=X\text{ とおく})$$
$$=(X-1)(X^{b-1}+X^{b-2}+\cdots+X+1) \quad \cdots\cdots ①$$

$a\geqq 2$，$b\geqq 2$ より，①の2つの因数は2以上の自然数であり，2^n-1 が素数という仮定に矛盾する。ゆえに，n は素数である。　（証明終）

〔注〕　n が素数だからといって，2^n-1 が素数とは限らない。$2^2-1=3$，$2^3-1=7$，$2^5-1=31$，$2^7-1=127$ は素数だが，$2^{11}-1=2047=23\cdot 89$ は素数ではない。

$2^{2^r}+1$ の形の素数をフェルマー素数といいます。次は，これに関する命題です。

フェルマー素数：自然数 k に対して，2^k+1 が素数であれば，$k=2^r$ となる0以上の整数 r が存在する。

（証明）　$k=2^rm$（r は0以上の整数，m は正の奇数）とすると，$2^k=2^{2^rm}=(2^{2^r})^m$ となる（k に含まれる素因数2の個数を r とすると，k は必ず 2^rm の形で表現できる）。

$a=2^{2^r}(\geqq 2)$ とおくと，$2^k=a^m$ と表され

$$2^k+1=a^m+1=a^m-(-1)^m$$
$$=(a+1)(a^{m-1}-a^{m-2}+a^{m-3}-\cdots+a^2-a+1) \quad \cdots\cdots(*)$$

ここで，$m\geqq 3$ とすると

$$(*)\text{の第2因数}=a^{m-2}(a-1)+a^{m-4}(a-1)+\cdots+a(a-1)+1\geqq 2$$

また，$a+1$ は3以上の整数である。これは 2^k+1 が素数という条件に矛盾する。

ゆえに，奇数 m は1となり，$k=2^r$ である。　（証明終）

〔注〕　①　$(*)$の各因数が2以上であることの確認を忘れないこと。

②　$2^{2^r}+1$ の形の数が素数になるとは限らない。実際，$2^1+1=3$，$2^2+1=5$，$2^4+1=17$，$2^8+1=257$，$2^{16}+1=65537$ は素数だが，$2^{32}+1=4294967297=641\times 6700417$ は素数ではない。$r\geqq 5$ ではすべて合成数である，すなわちフェルマー素数は最初の5個のみであると思われているが，まだ証明されていない。

§3　≪いくつかの少し進んだ有名定理≫

このセクションはユークリッドから離れて，互いに素な2数についての「重要定理B」と，それから得られる4つの有名な定理（「フェルマーの小定理」，「孫子の定理」，「オイラー関数の乗法性の定理」，「ウィルソンの定理」）を取り上げます。この「重要定理B」は「素因数分解の一意性の定理」と同様に，§1の「重要定理A」から簡単に導かれます。しかも「素因数分解の一意性の定理」と同じようにかなり強力で，例えば，上記の4つの定理を独立に一気に導くことができます。

重要定理B：自然数 a（$\geqq 2$）と b が互いに素のとき，b，$2b$，$3b$，$\cdots$，$(a-1)b$，ab の a 個の数を a で割った余りはすべて異なる。

（証明）　a で割ったときの余りが等しいような ib と jb（i，j は $1\leqq i<j\leqq a$ をみたす整数）が（1組でも）存在したとする。

このとき，$a|jb-ib$ から，$a|(j-i)b$ となる。ここで，a と b は互いに素なので，「重要定理A」の(1)から，$a|j-i$ であるが，一方で，$1\leqq j-i\leqq a-1$ であるから，$j-i$ は a の倍数とはなり得ないので矛盾。ゆえに，余りはすべて異なる。

（証明終）

〔注〕　a で割った余りは0から $a-1$ まで a 個あるから，この定理から，b，$2b$，$\cdots$，$(a-1)b$，ab を a で割ると，順序を無視して，0から $a-1$ までのすべての余りがちょうど1個ずつ現れる。特に余りが0となるのは ab だけなので，b，$2b$，$\cdots$，$(a-1)b$ を a で割った余りは全体として1，2，$\cdots$，$a-1$ に一致することになる。

また，c を任意の整数として，$b+c$，$2b+c$，$\cdots$，$(a-1)b+c$，$ab+c$ の a 個の数を a で割るとすべての余りが1個ずつ現れるという事実もまったく同様に導かれる。

フェルマーの小定理：自然数 a と素数 p が互いに素のとき，a^{p-1} を p で割った余りは常に1である。

（証明）　a と p は互いに素なので，「重要定理B」から，a，$2a$，$\cdots$，$(p-1)a$ を p で割った余りは全体として，1，2，$\cdots$，$p-1$ に等しい。よって，適当な整数 t_1，t_2，$\cdots$，t_{p-1} を用いて

$$a\cdot 2a\cdot\ \cdots\ \cdot(p-1)a=(1+t_1p)(2+t_2p)\cdots(p-1+t_{p-1}p)\quad\cdots\cdots①$$

となる。両辺をそれぞれ変形すると

$$1\cdot 2\cdot\ \cdots\ \cdot(p-1)a^{p-1}=1\cdot 2\cdot\ \cdots\ \cdot(p-1)+(p\text{ の倍数})$$

となる。この右辺の第1項を移項すると，$1\cdot 2\cdot 3\cdot\ \cdots\ \cdot(p-1)(a^{p-1}-1)=(p\text{ の倍数})$ となる。

よって，$1\cdot 2\cdot 3\cdot\ \cdots\ \cdot(p-1)(a^{p-1}-1)$ は p で割り切れる。ここで，p は素数なので，$1\cdot 2\cdot\ \cdots\ \cdot(p-1)$ は p と互いに素であり，「重要定理A」の(1)から，$a^{p-1}-1$ が p で割り切れなければならない。ゆえに，a^{p-1} を p で割ったときの余りは1である。

（証明終）

〔注1〕　p が素数であることは証明の最後のほうで効いていることに注意。

〔注2〕　合同式を使うと記述は簡潔になる。すなわち，上の証明中の①以下を次のようにする。

$$1\cdot 2\cdot\ \cdots\ \cdot(p-1)a^{p-1}\equiv 1\cdot 2\cdot\ \cdots\ \cdot(p-1)\pmod{p}$$

ここで，p は素数であるから，$1\cdot 2\cdot\ \cdots\ \cdot(p-1)$ は p と互いに素である。

ゆえに　$a^{p-1}\equiv 1\pmod{p}$　（証明終）

〔注 3〕 この定理の証明をフェルマー（1607〜1665）が残したわけではない。オイラー（1707〜1783）が少し拡張した命題に直して証明している。その証明は数学的帰納法を明確に意識した最初の例とも言われている。それをそのまま問題にしたものが，京都大学の入試で出題されているので，以下に紹介する。

［問題（京大 1977 年度文系，原文通り）］

p が素数であれば，どんな自然数 n についても n^p-n は p で割り切れる。このことを，n についての数学的帰納法で証明せよ。

（解答） (I) $n=1$ のとき，明らかに $p|n^p-n$ である。

(II) 1 以上のある自然数 k に対して，$p|k^p-k$ ……① と仮定する。

二項定理から，$(k+1)^p=k^p+\sum_{i=1}^{p-1}{}_p\mathrm{C}_ik^i+1$ なので

$$(k+1)^p-(k+1)=(k^p-k)+\sum_{i=1}^{p-1}{}_p\mathrm{C}_ik^i \quad \cdots\cdots②$$

ここで，p は素数なので，$i=1,\ 2,\ \cdots,\ p-1$ に対して

$$p|{}_p\mathrm{C}_i \quad \cdots\cdots③$$

①，③より，②の右辺は p で割り切れ，したがって，$p|(k+1)^p-(k+1)$ である。

(I), (II)から，数学的帰納法により，任意の自然数 n に対して，$p|n^p-n$ である。

（証明終）

この問題の命題を用いると，素数 p と任意の正の整数 a に対して，$p|a^p-a$ すなわち $p|a(a^{p-1}-1)$ が成り立つ。

ここで，a と p が互いに素であるとき $p|a^{p-1}-1$ となり，a^{p-1} を p で割った余りは 1 である（フェルマーの小定理）。

孫子の定理：2 以上の自然数 a，b が互いに素ならば，a で割って r 余り，b で割って s 余るような自然数で ab 以下のものがただ 1 つ存在する。

（証明） 下表を利用する。

1	2	$\cdots$	s	$\cdots$	$b-2$	$b-1$	b
$1+b$	$2+b$	$\cdots$	$s+b$	$\cdots$	$(b-2)+b$	$(b-1)+b$	$2b$
$1+2b$	$2+2b$	$\cdots$	$s+2b$	$\cdots$	$(b-2)+2b$	$(b-1)+2b$	$3b$
$\vdots$	$\vdots$	$\vdots$	$\vdots$	$\vdots$	$\vdots$	$\vdots$	$\vdots$
$1+(a-1)b$	$2+(a-1)b$	$\cdots$	$s+(a-1)b$	$\cdots$	$(b-2)+(a-1)b$	$(b-1)+(a-1)b$	ab

［I］ 表中の数で，b で割って s 余る数は，$s+kb$（$k=0,\ 1,\ 2,\ \cdots,\ a-1$）（表中の囲みの数）の形の数に限る（明らか）。

［II］ 一般に任意の自然数 c を固定するごとに，$c,\ c+b,\ c+2b,\ \cdots,\ c+(a-1)b$（各列の数）の a 個の数を a で割った余りは，順序を無視して，0 から $a-1$ までがすべて 1 個ずつ現れる（「重要定理 B」の〔注〕）。よって，表の各列の中には a で割って r 余る数はただ 1 つ存在する。

［I］，［II］より，表中の数で，a で割って r 余り，b で割って s 余るような自然数で ab 以下のものがただ 1 つ存在する。（証明終）

2以上の整数Nに対して，Nより小さな自然数でNと互いに素なものの個数をオイラー関数と言い，$\varphi(N)$ と表します。これについては次の定理が基本的です。

オイラー関数の乗法性の定理：2以上の自然数a，bが互いに素ならば，
$\varphi(ab)=\varphi(a)\varphi(b)$ である。

（証明）（次の(A)と(B)は容易なので証明省略）

(A)　a，b，cを自然数とするとき，「cとabが互いに素 $\Longleftrightarrow$ cとaが互いに素かつcとbが互いに素」である。

(B)　k，bを自然数，mを0以上の整数とするとき，「$k+mb$とbが互いに素 $\Longleftrightarrow$ kとbが互いに素」である。

次いで，下表を利用する。

1	2	$\cdots$	k	$\cdots$	$b-2$	$b-1$	b
$1+b$	$2+b$	$\cdots$	$k+b$	$\cdots$	$(b-2)+b$	$(b-1)+b$	$2b$
$1+2b$	$2+2b$	$\cdots$	$k+2b$	$\cdots$	$(b-2)+2b$	$(b-1)+2b$	$3b$
$\vdots$	$\vdots$	$\vdots$	$\vdots$	$\vdots$	$\vdots$	$\vdots$	$\vdots$
$1+(a-1)b$	$2+(a-1)b$	$\cdots$	$k+(a-1)b$	$\cdots$	$(b-2)+(a-1)b$	$(b-1)+(a-1)b$	ab

［Ⅰ］(B)から，上の表中の数で，bと互いに素な数は，bと互いに素なkごとに，kを含む縦の列の数（表中の囲みの数）のすべてに限る。このような列はちょうど$\varphi(b)$ 列ある。

［Ⅱ］一般に任意の自然数cを固定するごとに，c，$c+b$，$c+2b$，$\cdots$，$c+(a-1)b$（各列の数）のa個の数をaで割った余りは，順序を無視して，0から$a-1$までがすべて1個ずつ現れる（「重要定理B」の〔注〕）。よって，表の各列の中にはaと互いに素な数がちょうど$\varphi(a)$ 個ある。

［Ⅰ］，［Ⅱ］より，表中の数でbと互いに素かつaと互いに素な数は$\varphi(a)\varphi(b)$ 個ある。このことと(A)から，$\varphi(ab)=\varphi(a)\varphi(b)$ である。（証明終）

最後は次の定理です。

ウィルソンの定理：pを素数とすると，$(p-1)!$をpで割った余りは$p-1$である。
（合同式を用いると，$(p-1)!\equiv-1 \pmod{p}$）

（証明）（合同式を用いた記述で行う）

$p=2$のときは明らかなので，$p\geqq3$とする。kを1，2，$\cdots$，$p-1$のいずれにとっても，kはpと互いに素なので，$jk\equiv1 \pmod{p}$ となるjが1，2，$\cdots$，$p-1$の中にただ1つ存在する（「重要定理B」）。このとき

［Ⅰ］$k=1$なら$j=1$，$k=p-1$なら$j=p-1$である（$(p-1)(p-1)=p^2-2p+1\equiv1 \pmod{p}$ より）。

［Ⅱ］$2\leqq k\leqq p-2$なら，$2\leqq j\leqq p-2$かつ$j\neq k$である。

なぜなら，$j=1$，$p-1$ なら[Ⅰ]で k と j の役割を入れかえて考えると，それぞれ $k=1$，$p-1$ となってしまうことと，$j=k$ なら $k^2\equiv 1 \pmod{p}$ から，$(k-1)(k+1)\equiv 0 \pmod{p}$ より，$k\equiv 1 \pmod{p}$ または $k\equiv -1 \pmod{p}$ となり，$k=1$ または $k=p-1$ となってしまうからである。

[Ⅰ]と[Ⅱ]によって，$k\neq 1$，$k\neq p-1$ なら，k 毎に $jk\equiv 1 \pmod{p}$ となる j を k とペアにして，$(p-1)!$ を書き直してみると

$$(p-1)!\equiv 1\cdot(1)^{\frac{p-3}{2}}\cdot(p-1)\equiv p-1\equiv -1 \pmod{p}$$

（証明終）

〔注〕 例として，$p=11$ では

$$(p-1)!=10!=1\cdot(2\cdot 6)\cdot(3\cdot 4)\cdot(5\cdot 9)\cdot(7\cdot 8)\cdot 10\equiv 10\equiv -1 \pmod{11}$$

実はこの定理は2以上の自然数 p について，p が素数であるための十分条件にもなっている。それが次である。

> **ウィルソンの定理の逆**：自然数 $p\,(\geqq 2)$ について，$(p-1)!\equiv -1 \pmod{p}$ ならば，p は素数である。

（証明） p が素数でないとすると，$p=ab$ かつ $1<a\leqq b<p$ となる自然数 a，b が存在する。$a=b$ のときと $a<b$ のときで場合を分けて考える。

- $a=b=2$ ならば，$p=4$ なので，$(p-1)!=3!=6\equiv 2 \pmod{4}$ となり，$(p-1)!\equiv -1 \pmod{p}$ に反する。
- $a=b>2$ ならば，$a<2a<a^2=p$ から，$(p-1)!\equiv 1\cdot\cdots\cdot a\cdot\cdots\cdot 2a\cdot\cdots\cdot(a^2-1)\equiv 0 \pmod{p}$ となり，$(p-1)!\equiv -1 \pmod{p}$ に反する。
- $a<b$ ならば，$a<b<ab=p$ から，$(p-1)!\equiv 1\cdot\cdots\cdot a\cdot\cdots\cdot b\cdot\cdots\cdot(ab-1)\equiv 0 \pmod{p}$ となり，$(p-1)!\equiv -1 \pmod{p}$ に反する。

いずれのときも矛盾が生じるので，p は素数でなければならない。（証明終）

付録2　空間の公理と基礎定理集

空間図形を扱ううえでの基礎的な事項を紹介します。各定理についている *Question* は定理の証明の一部分ですが，易しいレベルのものです。必要なものについては最後に略解を付してあります。時間がない場合には略解に目を通しながら読み進めてください。

まず，最初に必要な最小限の公理をまとめておきます。

空間の公理

Ⅰ．同一直線上にない3点を通る平面が唯1つ存在する。
（点と平面の関係の規定）

Ⅱ．1つの直線上の2点が1つの平面上にあれば，その直線上のすべての点がその平面上にある。　（直線と平面の関係の規定）

Ⅲ．2つの平面が1点を共有するなら，少なくとも別の1点を共有する。
（平面と平面の関係の規定）

Ⅳ．4つ以上の点で1つの平面上にはないような4点の組が存在する。
（平面を超える存在ー空間ーの保障）

Ⅴ．空間においても三角形の合同定理が成り立つ。

これらの諸公理を組み合わせると次のようなことがらを導くことができます。これは難しいことではないので各自で確認してみてください。

- **1つの直線とその上にない1点を含む平面が唯1つ存在する。　（公理Ⅰ＆Ⅱ）**
- **交わる2直線を含む平面が唯1つ存在する。　（公理Ⅰ＆Ⅱ）**
- **異なる2平面が共有点をもつなら，共有点の全体は直線である。**
（公理Ⅰ＆Ⅱ＆Ⅲ）

さて，空間の幾何の要諦は平面の幾何と同様に垂直・平行・合同・線分の比などです。直線と平面の垂直の定義は次のように与えられます。

定義１　直線と平面の垂直の定義

直線 h が平面 α に垂直であるとは，α 上にあって h と交わる任意の直線と h が垂直であることである。

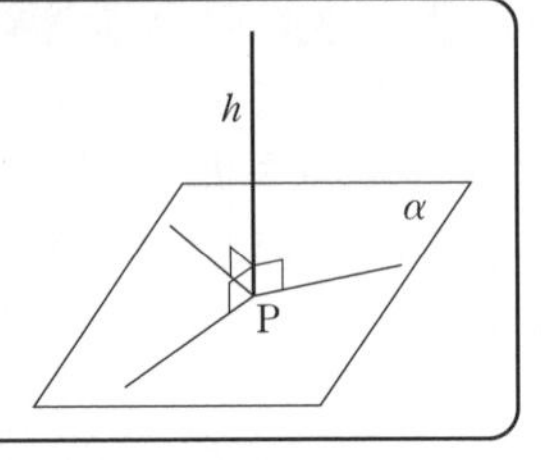

これがユークリッドの与えた定義です。実は平面 α と点Pを共有する直線 h が，Pを通る α 上の異なる２本の直線と垂直でありさえすれば，Pを通る α 上の他の任意の直線と垂直であることを導くことができます（**基礎定理１**）。この基礎定理１によって，直線 h が平面 α と垂直であるための判定条件は

「Pを通る異なる２本の直線と垂直である」

こととなります。

さらに現在では，（α 上の）Pを通らない直線 m について，m と平行でPを通る直線 m' が h と垂直であるとき，$m \perp h$ と約束することもあります。このように約束しておくと，直線 h が平面 α と垂直であるための判定条件は

「α 上の平行ではない２本の直線と垂直である」

こととなります。

それでは基礎定理の紹介に移ります。

基礎定理１：１つの直線 h が，交わる２直線 l，m に垂直ならば，その２直線を含む平面に垂直である。

この証明のためには，l，m の交点をPとして，l，m で定まる平面上のPを通る任意の直線 n に対して，$h \perp n$ となることを示します。

PQ＝PR となる異なる２点Q，Rを直線 h 上にとり，右図で

$\triangle APQ \equiv \triangle APR$，　$\triangle CPQ \equiv \triangle CPR$，

$\triangle ACQ \equiv \triangle ACR$，　$\triangle ABQ \equiv \triangle ABR$，

$\triangle BPQ \equiv \triangle BPR$

を順次示し，最後に $\angle BPQ = \angle BPR = 90^\circ$ を導く。

【*Q1*】これを示せ。

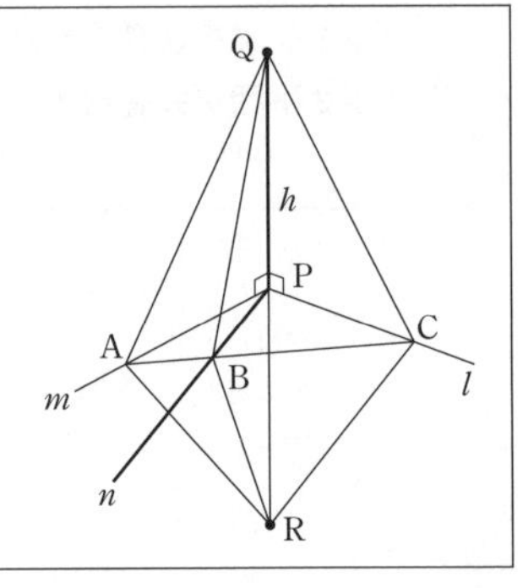

基礎定理 2：1つの直線に1点で直交する3直線は同一平面上にある。

点Pで直線 g と直交する3直線を l, m, n として，l, m, n が同一平面上にあることを示します。この証明は少々テクニカルです。

l, m で定まる平面を α とし，g, n で定まる平面を β とします。$n \notin \alpha$ と仮定して矛盾を導きます。

$n \notin \alpha$, $n \in \beta$ より α と β は異なり，しかも点Pを共有するので，α と β の交線を考えることができる。これを h とする。

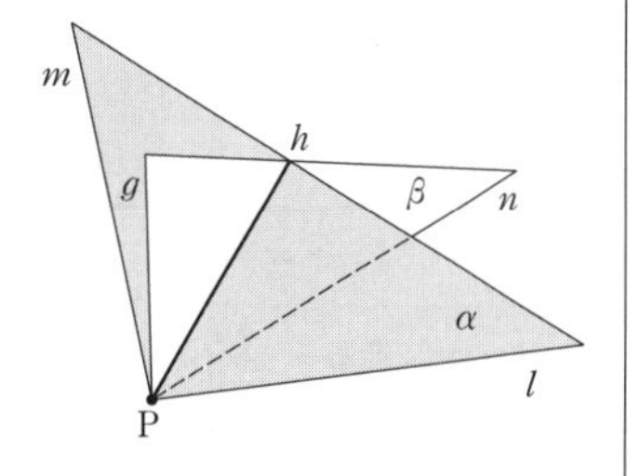

・$h \neq n$　……① である（$h \in \alpha$ なので，$h = n$ なら $n \in \alpha$ となってしまう）。

・仮定より，$n \perp g$　……②

・$h \in \alpha$ と $g \perp \alpha$ より，$h \perp g$　……③（基礎定理1）

①，②，③から，平面 β 内の直線 g にその上の点Pから平面 β 内で2本の垂線 h, n が引けることになり，矛盾。ゆえに $n \in \alpha$ である。

基礎定理 3：1つの平面に垂直な2直線は平行である。

「2直線が平行である」とは同一平面上にあって共有点をもたないことを意味します。$l \perp \alpha$ かつ $m \perp \alpha \Longrightarrow l /\!/ m$ を示します（l, m が同一平面上にあることを示す。次頁の図も参照）。

平行な2直線 l, m と平面 α の交点を各々 A, Bとする。l 上に点C（≠A）をとり，α 上に $AB \perp DB$ かつ $AC = BD$ となる点Dをとる。

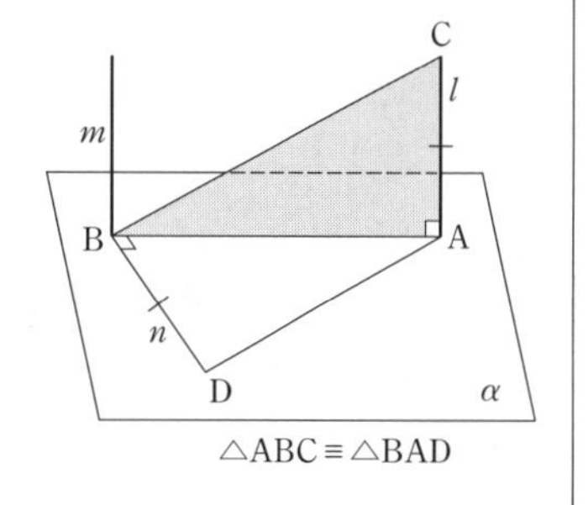

△ABC≡△BAD

【*Q2*】

(1)　△ABC≡△BAD を確認せよ。

(2)　△ACD≡△BDC を確認せよ。

(3)　$BD \perp BC$ を確認せよ。

(4)　基礎定理2により，m, l が同一平面上にあることを示せ。

すると，この平面上で $l \perp AB$ かつ $m \perp AB$ であるから $l /\!/ m$（l と m は共有点をもたない）となる。

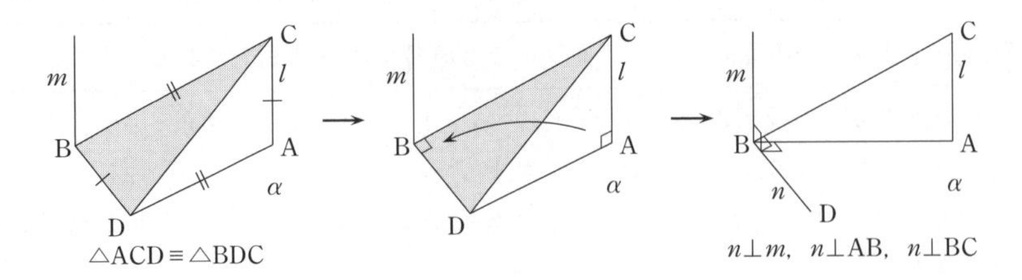

基礎定理 4：平行な 2 直線の一方が 1 つの平面に垂直ならば，他方もその平面に垂直である。

$l /\!/ m$ かつ $l \perp \alpha \Longrightarrow m \perp \alpha$ を示します。

l, m で定まる平面を β とする。
α 上で AB⊥DB かつ AC＝BD となる点 D をとる。

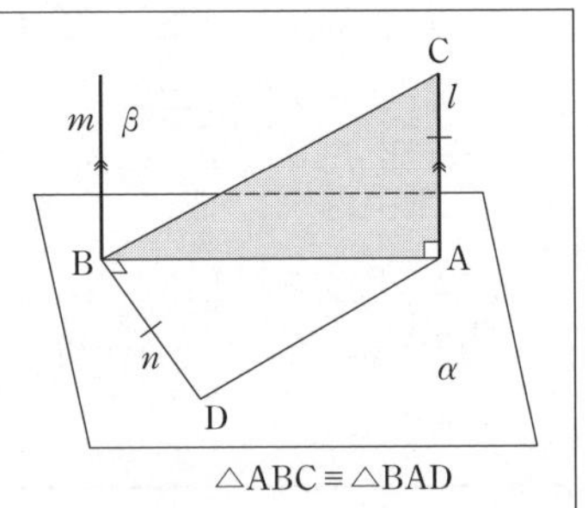

【*Q3*】

(1)　△ABC≡△BAD を確認せよ。
(2)　△ACD≡△BDC を確認せよ。
(3)　BD⊥BC を確認せよ。
(4)　$n \perp \beta$, よって $m \perp n$ となることを確認せよ。
(5)　$m \perp \alpha$ を示せ。

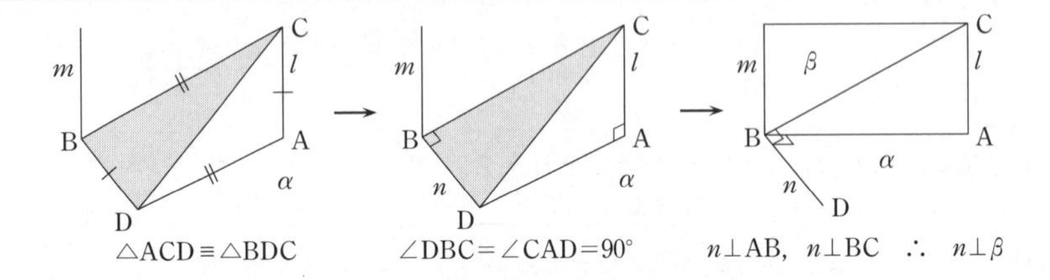

基礎定理 5：1 つの直線に平行な 2 直線は平行である。

この定理は，3 直線が同一平面上にあるときは平面の幾何で同位角（錯角）の利用から容易に導くことができます（中学）。3 本の直線が同一平面上にあるわけではないときが問題であって，日本では昔から難問とされていますが，ユークリッドの論理に従うと今までの定理から自然に導かれます。結局は何を前提とするかという論理の問題です。

$l /\!/ m$ かつ $n /\!/ m \Longrightarrow l /\!/ n$ を示します。

l，m で定まる平面上で m に垂線 AB を立てる。
n，m で定まる平面上で m に垂線 CB を立てる。
平面 ABC を α とする。

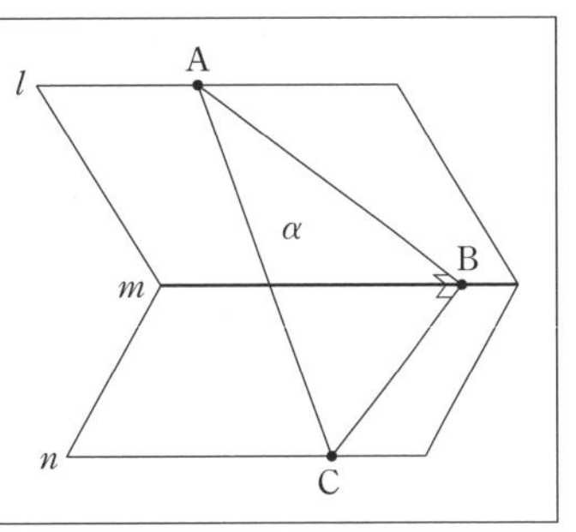

【*Q4*】

(1)　基礎定理 4 により，$l\perp\alpha$ と $n\perp\alpha$ を確認せよ。

(2)　基礎定理 3 により，$l /\!/ n$ を確認せよ。

基礎定理 6：平面 α とその上にない点 A に対して以下の手順で α 上の点 P をとる。

①　α 上で直線 l をとる。

②　A から l に垂線 AQ を下ろす。このとき，$AQ\perp\alpha$ ならば P＝Q とする。

そうでないならば，

③　α 上で Q から直線 l の垂線 m を引く。

④　A から m に垂線 AP を下ろす。

このとき，$AP\perp\alpha$ である。

この定理の内容は，平面 α とその上にない点 A に対して A から α に垂線 AP を作図する方法で，**垂線 AP の存在証明**になっている重要な定理です。日本では**三垂線の定理**と呼ばれています。もちろん，平面上での垂線の作図は前提とします。

AP＝QB となる点 B を l 上にとる。

【*Q5*】

(1)　$\triangle APQ\equiv\triangle BQP$ を確認せよ。

(2)　$\triangle APB\equiv\triangle BQA$ を確認せよ。

(3)　$AP\perp BP$ を確認せよ。

(4)　$AP\perp\alpha$ を確認せよ。

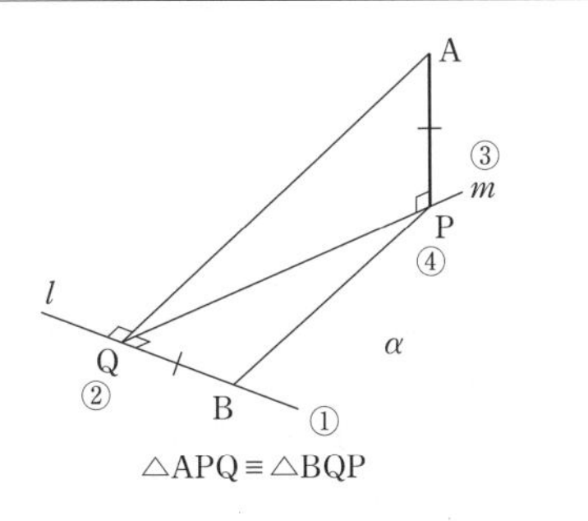

$\triangle APQ\equiv\triangle BQP$

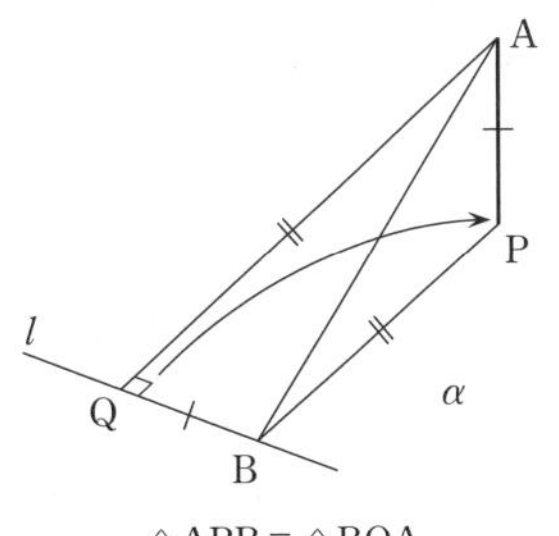

$\triangle APB\equiv\triangle BQA$

上の証明はユークリッドによるものですが，日本では次の証明が一般的です。

$l \perp \mathrm{AQ}$，$l \perp \mathrm{PQ}$ から
　　$l \perp$ 平面 APQ
　$\therefore$　$\mathrm{AP} \perp l$
これと $\mathrm{AP} \perp \mathrm{PQ}$ から
　　$\mathrm{AP} \perp \alpha$

三垂線の定理の本来の形と証明はユークリッドの通りですが，これを次のようにまとめ直すことができます。

平面 α とその上にない点A，および α 上の直線 l とその上の点Q，および α 上の点Pに対して，次が成り立つ。

$$\mathrm{AQ} \perp l,\ \mathrm{PQ} \perp l,\ \mathrm{AP} \perp \mathrm{PQ} \Longrightarrow \mathrm{AP} \perp \alpha$$

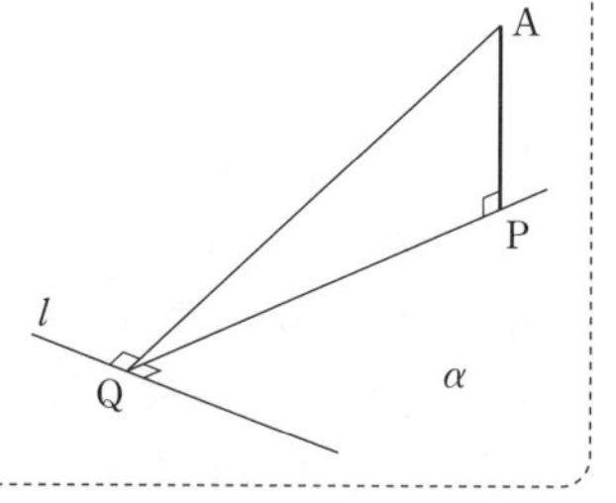

現在ではこの他に仮定と結論を一部入れ替えた2つの命題とあわせ，すべてまとめて「**三垂線の定理**」と呼んでいます。それを次に記しておきます。

三垂線の定理
平面 α とその上にない点A，および α 上の直線 l とその上の点Q，および α 上の点Pに対して，次が成り立つ。

$$\mathrm{AQ} \perp l,\ \mathrm{PQ} \perp l,\ \mathrm{AP} \perp \mathrm{PQ} \Longrightarrow \mathrm{AP} \perp \alpha$$
$$\mathrm{AP} \perp \alpha,\ \mathrm{AQ} \perp l \Longrightarrow \mathrm{PQ} \perp l$$
$$\mathrm{AP} \perp \alpha,\ \mathrm{PQ} \perp l \Longrightarrow \mathrm{AQ} \perp l$$

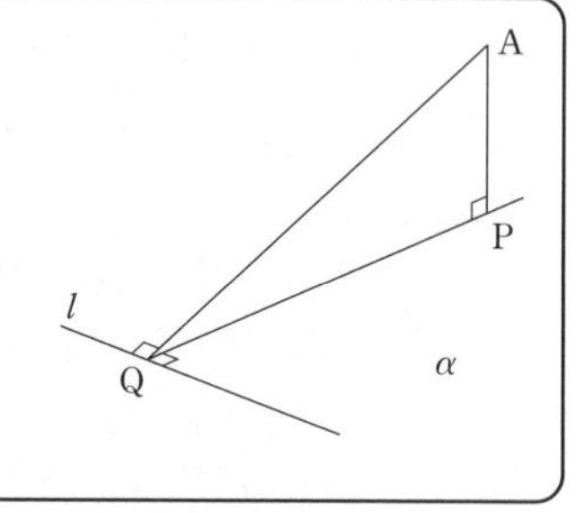

第2・3の形の命題の証明も各自で考えてみてください。この第2・3の形の三垂線の定理のほうが応用としては多く用いられますので，記憶にとどめておくようにしてください。

基礎定理7：平行な2平面と第3の平面の交線は平行である。

「平行な2平面」とは共有点をもたない2平面のことです。平行な2平面を α，β，第3の平面を γ とし，α と γ の交線を l，β と γ の交線を m として，$l /\!/ m$ を示します。

【*Q6*】

右図を参考にしてこの定理を示せ。

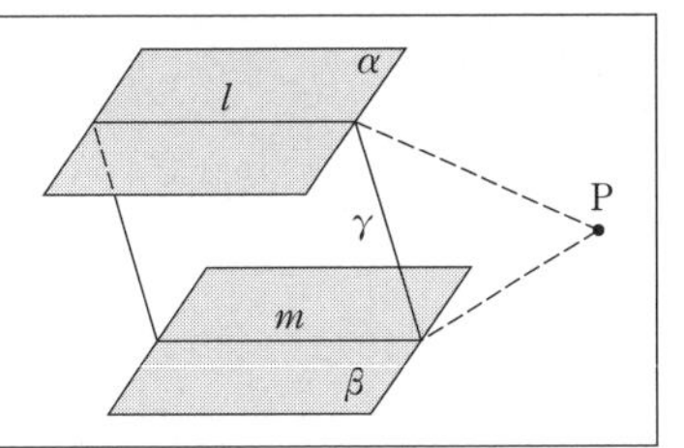

基礎定理 8：1 つの直線に垂直な 2 平面は平行である。

直線 AB に垂直な 2 平面 α，β が交わるとして矛盾を導きます。

【*Q7*】

右図を参考にしてこの定理を示せ。

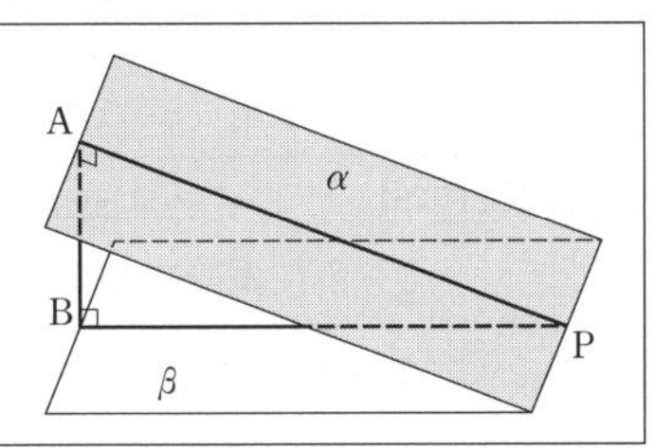

続いて，平面の成す角を取り上げます。

定義 2　平面の成す角の定義

交わる 2 平面の成す角とは，交線上の点から各平面上で立てた垂線の成す角である。

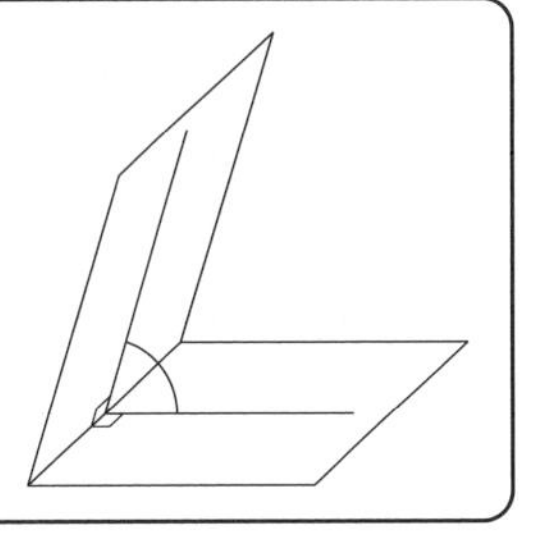

この角は交線上の点のとり方によらず一定です。

【*Q8*】

右図を参考にしてこの理由を示せ。

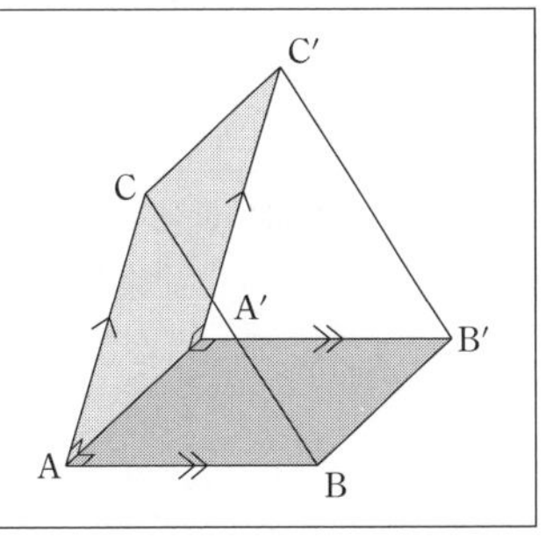

特にこの角が直角のとき，**この 2 平面は垂直である**といいます。

基礎定理 9：ある平面に垂直な直線を含む平面はその平面に垂直である。

直線 l が平面 α に垂直であるとします。l を含む平面を β として $\alpha\perp\beta$ を示します。

【*Q9*】
右図を参考にしてこの定理を示せ。

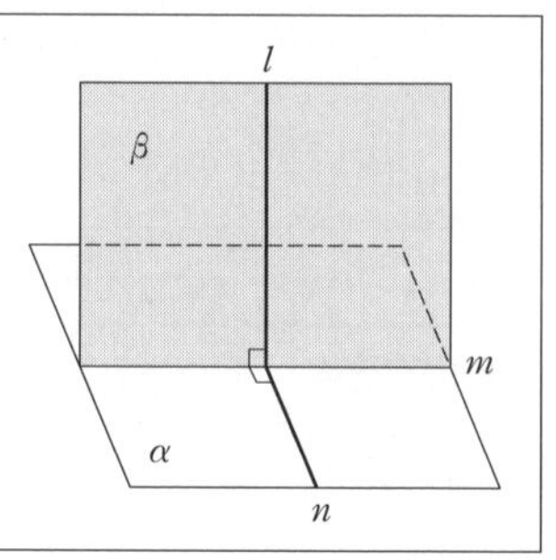

基礎定理 10：交わる 2 平面が第 3 の平面に垂直ならば，その 2 平面の交線は第 3 の平面に垂直である。

平面 α と β が平面 γ に垂直であるとします。α と β の交線を l として，$l\perp\gamma$ を示します。次に α と γ の交線を m，β と γ の交線を n とし，l と γ の交点を P とします。$l\perp\gamma$ ではないとして矛盾を導きます。

この証明は少し立て込んでいますので以下に紹介します。

$l\perp\gamma$ ではないと仮定する。

- P から α 内で m に垂線 g を立て，β 内で n に垂線 h を立てる。
- $\alpha\perp\gamma$，$g\perp m$，定義 1 から $g\perp\gamma$
- $\beta\perp\gamma$，$h\perp n$，定義 1 から $h\perp\gamma$
- g と h は異なる（一致するなら l となり，$l\perp\gamma$）。
- γ に P から 2 本の垂線 g，h が存在することになり矛盾。

ゆえに $l\perp\gamma$ でなければならない。

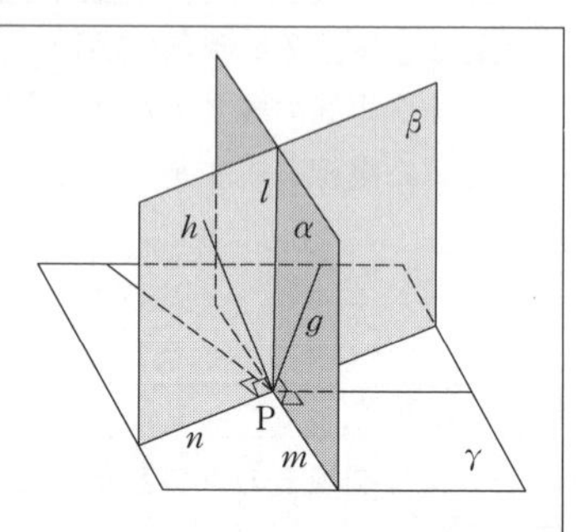

以上で，空間の幾何の基礎定理の紹介を終えます。

【*Q1* 解答】

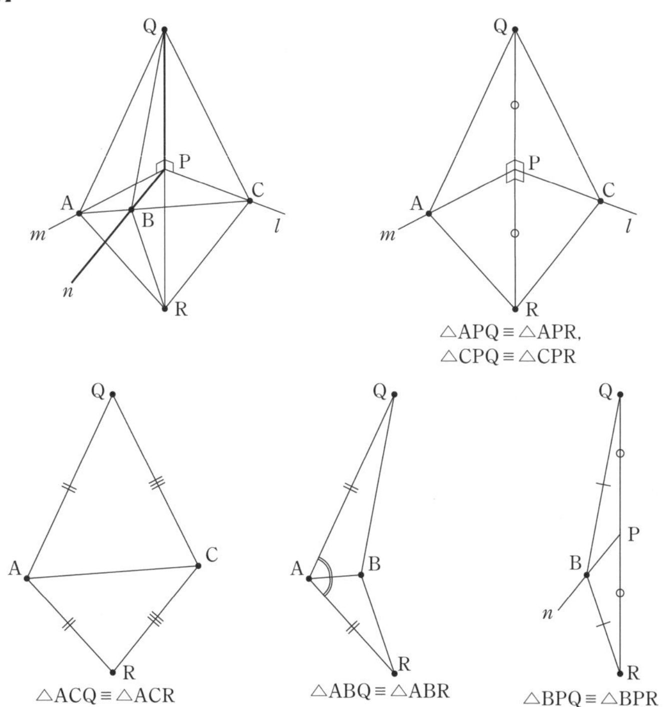

【*Q2* ⑷解答】

$n\perp m$，$n\perp$AB，$n\perp$BC から直線 m，AB，BC は同一平面上にあるので m と AC (l) はその平面上にある。

【*Q3* ⑸解答】

$m /\!/ l$ と $l\perp$AB から　　$m\perp$AB

これと⑷の $m\perp n$ から　　$m\perp\alpha$

【*Q6* 解答】

l と m は平面 γ 上にある。いま，l と m が共有点 P をもつとする。

P は l 上の点なので平面 α 上の点である。

一方，P は m 上の点なので平面 β 上の点でもある。

これは $\alpha /\!/ \beta$ に矛盾する。

【*Q7* 解答】

α と β の共有点が存在するとして，その 1 点を P とする。

AB⊥AP と AB⊥BP から

　　△ABP の内角の和＞$2\angle R$

三角形の内角の和は 180° なので，これは矛盾。

【*Q8* 解答】

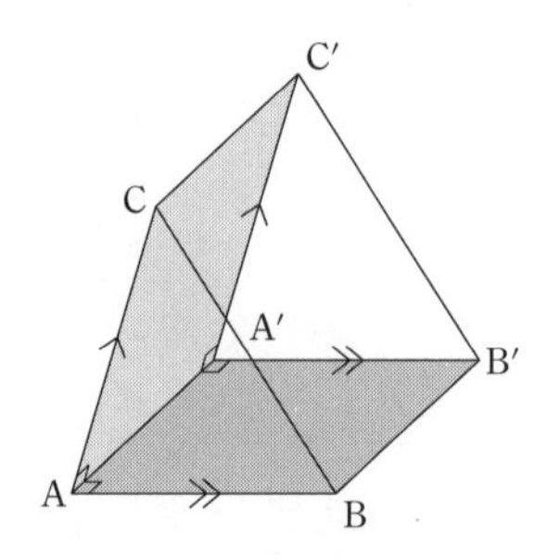

交線上に A′ をとり，そこから交線に垂直な線分 A′B′，A′C′ を A′B′ = AB，A′C′ = AC となるようにとる。

AB∥A′B′，AC∥A′C′ より四角形 ABB′A′，ACC′A′ は平行四辺形となるので

　　AA′∥BB′ かつ AA′∥CC′

よって，基礎定理 5 により

　　BB′∥CC′　……①

また　　BB′ = CC′ (= AA′)　……②

①，②から　　BC = B′C′

よって　　△ABC ≡ △A′B′C′（三辺相等）

ゆえに　　∠BAC = ∠B′A′C′

【*Q9* 解答】

l と α の交点から α 上で m に垂線 n を立てる。

$l \perp \alpha$ から　　$l \perp n$

すなわち　　$\alpha \perp \beta$

平面の方程式・点と平面の距離

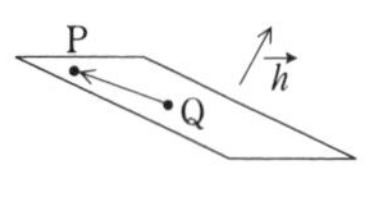

一般に空間の点Q $(x_0,\ y_0,\ z_0)$ を通り，ベクトル $\vec{h}=(l,\ m,\ n)$ に垂直な平面 α 上の任意の点 P $(x,\ y,\ z)$ に対して，$\vec{h}\cdot\overrightarrow{\mathrm{QP}}=0$ ……(＊) が成り立ち，逆に(＊)を満たす点Pは平面 α 上に存在する。

$$(*) \iff l(x-x_0)+m(y-y_0)+n(z-z_0)=0 \quad \cdots\cdots(**)$$

であることから，(＊＊)を平面 α の方程式という。

【(＊＊)で，$lx_0+my_0+nz_0=k$ とおくと　$lx+my+nz=k$ ……(＊＊＊)

よって，平面の方程式は必ず(＊＊＊)の形に書ける。

逆に $\vec{h}=(l,\ m,\ n)\neq\vec{0}$ のとき，この式を満たす点の集合 S は，$\vec{h}$ に垂直な平面となることが次のように示される。

$l\neq0$ のとき（$m\neq0$，$n\neq0$ のときも同様），$\left(\frac{k}{l},\ 0,\ 0\right)$ は(＊＊＊)を満たすから $S\neq\phi$ である。S の任意の点 P $(x_0,\ y_0,\ z_0)$ に対して

$$\vec{h}\cdot\overrightarrow{\mathrm{QP}}=l\left(x_0-\frac{k}{l}\right)+my_0+nz_0=lx_0+my_0+nz_0-k=0$$

であるから P＝Q または $\vec{h}\perp\overrightarrow{\mathrm{PQ}}$ となる。ゆえに，S は $\vec{h}$ に垂直な平面となる。】

平面の方程式は公式として用いてよい。

さらに，(＊＊＊)で与えられる平面と，空間内の点 A $(a,\ b,\ c)$ との距離を d とすると，$d=\dfrac{|la+mb+nc-k|}{\sqrt{l^2+m^2+n^2}}$ ……① となることが次のように示される（これも公式として用いてよい）。

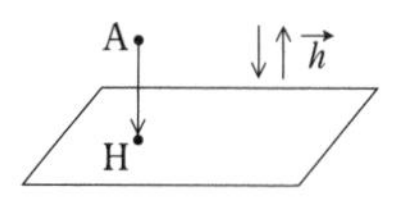

Aから平面に下ろした垂線の足を H $(x_0,\ y_0,\ z_0)$ とする。

$\vec{h}_0=\dfrac{1}{\sqrt{l^2+m^2+n^2}}\vec{h}$ とおくと，$|\vec{h}_0|=1$ で，$\overrightarrow{\mathrm{AH}}/\!/\vec{h}_0$ から $\overrightarrow{\mathrm{AH}}=\pm d\vec{h}_0$ である（複号は向きが一致するとき＋，逆のとき－である。以下，複号同順)。

$l_0=\dfrac{l}{\sqrt{l^2+m^2+n^2}}$，$m_0=\dfrac{m}{\sqrt{l^2+m^2+n^2}}$，$n_0=\dfrac{n}{\sqrt{l^2+m^2+n^2}}$ とおくと

$$x_0=a\pm dl_0,\quad y_0=b\pm dm_0,\quad z_0=c\pm dn_0$$

これを(＊＊＊)に代入してまとめると

$$la+mb+nc-k=\mp d\sqrt{l^2+m^2+n^2}$$

これと $d\geqq0$ から①を得る。　　（証明終）

京大の文系数学25カ年［第12版］ 別冊 問題編

（　）は解答編のページ数

§1　整　数……………………………………………… 2（ 8）
§2　図形と計量・図形と方程式…………………………… 8（ 39）
§3　方程式・不等式・領域 ……………………………… 12（ 63）
§4　三角関数・対数関数 ………………………………… 18（ 99）
§5　平面図形・平面ベクトル…………………………… 23（110）
§6　空間図形・空間ベクトル…………………………… 26（121）
§7　数　列……………………………………………… 32（163）
§8　確率・個数の処理 …………………………………… 35（172）
§9　整式の微積分………………………………………… 43（207）
§10　複素数平面・行列ほか …………………………… 50（248）

年度別出題リスト ……………………………………………… 52

§1 整　数

	内　　容	年度	レベル
1	2進法，4進法	2021〔1〕問1	A
2	p が素数なら p^4+14 が素数でないことの証明	2021〔5〕	A
3	m，n の3次式が16で割り切れるための条件	2020〔3〕	B
4	整数 n の3次式が素数となるような n の値	2018〔3〕	A
5	2と5以外の素因数をもたない100桁の自然数の個数	2017〔2〕	C
6	$\tan\theta$ の加法定理と不定方程式	2017〔4〕	B
7	n 進法表記の等式を満たす n の値	2016〔3〕	B
8	整式の剰余と分数式が整数となる条件	2015〔5〕	B
9	x^n を2次式で割ったときの余りの係数が互いに素であることの証明	2013〔3〕	A
10	$(p^n)!$ が p で割り切れる回数	2009〔5〕	A
11	4個の整数の決定	2007〔3〕	B
12	有理数・無理数に関する論証	2007〔5〕	B
13	不定方程式	2005〔4〕	A
14	不定方程式	2004〔5〕	B
15	$2p$ で割った余りが等しい2つの平方数	2003〔4〕	B
16	余りによる場合分け	2001〔3〕	A
17	三角形の辺の長さ	2000〔4〕	C
18	100で割った余り	1999〔3〕	B

この分野は倍数・約数といった整除の問題の他に，広い意味での数の理論としての有理数・無理数の判定に関する問題などからなります。

本書ではより深めた内容の基礎付けを解答編の［付録1］に収録しましたので理解を深める一助としてください。

整数の理論は幾何同様に，興味深く，感動をおぼえるものです。しかし，限られた時間，極度の緊張状態のもとでの試験問題になると，気づかないとできないという側面もあり，できたと思っても思い違いや根拠記述に飛躍があることも稀ではなく，正答率はみなさんが想像するより低いものです。勉強してもなかなか解けない時期もあると思いますが，粘り強く勉強されることを期待します。

1　2021 年度〔1〕問1　Level A

10 進法で表された数 6.75 を 2 進法で表せ。また，この数と 2 進法で表された数 101.0101 との積として与えられる数を 2 進法および 4 進法で表せ。

2　2021 年度〔5〕　Level A

p が素数ならば p^4+14 は素数でないことを示せ。

3　2020 年度〔3〕　Level B

a を奇数とし，整数 m，n に対して，

$$f(m,\ n)=mn^2+am^2+n^2+8$$

とおく。$f(m,\ n)$ が 16 で割り切れるような整数の組 $(m,\ n)$ が存在するための a の条件を求めよ。

4　2018 年度〔3〕（文理共通）　Level A

n^3-7n+9 が素数となるような整数 n をすべて求めよ。

5　2017 年度〔2〕　Level C

次の問に答えよ。ただし，$0.3010<\log_{10}2<0.3011$ であることは用いてよい。

(1) 100 桁以下の自然数で，2 以外の素因数を持たないものの個数を求めよ。

(2) 100 桁の自然数で，2 と 5 以外の素因数を持たないものの個数を求めよ。

6 2017 年度 〔4〕（文理共通(一部)） Level B

p，q を自然数，α，β を

$$\tan\alpha=\frac{1}{p},\quad \tan\beta=\frac{1}{q}$$

を満たす実数とする。このとき，次の問に答えよ。

(1) 次の条件

(A) $\tan(\alpha+2\beta)=2$

を満たす p，q の組 $(p,\ q)$ のうち，$q\leqq 3$ であるものをすべて求めよ。

(2) 条件(A)を満たす p，q の組 $(p,\ q)$ で，$q>3$ であるものは存在しないことを示せ。

7 2016 年度 〔3〕 Level B

n を 4 以上の自然数とする。数 2，12，1331 がすべて n 進法で表記されているとして，

$$2^{12}=1331$$

が成り立っている。このとき n はいくつか。十進法で答えよ。

8 2015 年度 〔5〕 Level B

a，b，c，d，e を正の有理数として整式

$$f(x)=ax^2+bx+c$$
$$g(x)=dx+e$$

を考える。すべての正の整数 n に対して $\dfrac{f(n)}{g(n)}$ は整数であるとする。このとき，$f(x)$ は $g(x)$ で割り切れることを示せ。

9　2013年度〔3〕　Level A

n と k を自然数とし，整式 x^n を整式 $(x-k)(x-k-1)$ で割った余りを $ax+b$ とする。

(1) a と b は整数であることを示せ。

(2) a と b をともに割り切る素数は存在しないことを示せ。

10　2009年度〔5〕（文理共通）　Level A

p を素数，n を正の整数とするとき，$(p^n)!$ は p で何回割り切れるか。

11　2007年度〔3〕（文理共通）　Level B

p を3以上の素数とする。4個の整数 a，b，c，d が次の3条件

$$a+b+c+d=0,\quad ad-bc+p=0,\quad a \geqq b \geqq c \geqq d$$

を満たすとき，a，b，c，d を p を用いて表せ。

12　2007年度〔5〕　Level B

n を1以上の整数とするとき，次の2つの命題はそれぞれ正しいか。正しいときは証明し，正しくないときはその理由を述べよ。

命題 p：ある n に対して，$\sqrt{n}$ と $\sqrt{n+1}$ は共に有理数である。

命題 q：すべての n に対して，$\sqrt{n+1}-\sqrt{n}$ は無理数である。

13　2005年度〔4〕　Level A

$a^3-b^3=65$ を満たす整数の組 $(a,\ b)$ をすべて求めよ。

14　2004年度〔5〕　Level B

n，a，bを0以上の整数とする。a，bを未知数とする方程式

(＊)　$a^2+b^2=2^n$

を考える。

(1)　$n \geqq 2$とする。a，bが方程式(＊)を満たすならば，a，bはともに偶数であることを証明せよ。(ただし，0は偶数に含める。)

(2)　0以上の整数nに対して，方程式(＊)を満たす0以上の整数の組$(a,\ b)$をすべて求めよ。

15　2003年度〔4〕　Level B

pは3以上の素数であり，x，yは$0 \leqq x \leqq p$，$0 \leqq y \leqq p$をみたす整数であるとする。このときx^2を$2p$で割った余りと，y^2を$2p$で割った余りが等しければ，$x=y$であることを示せ。

16　2001年度〔3〕　Level A

任意の整数nに対し，n^9-n^3は9で割り切れることを示せ。

17 2000年度〔4〕 Level C

三角形 ABC において辺 BC，CA，AB の長さをそれぞれ a，b，c とする。この三角形 ABC は次の条件(イ)，(ロ)，(ハ)を満たすとする。

(イ) ともに 2 以上である自然数 p と q が存在して

$$a=p+q,\quad b=pq+p,\quad c=pq+1$$

となる。

(ロ) 自然数 n が存在して，a，b，c のいずれかは 2^n である。

(ハ) ∠A，∠B，∠C のいずれかは 60° である。

このとき次の問に答えよ。

(1) ∠A，∠B，∠C を大きさの順に並べよ。

(2) a，b，c を求めよ。

18 1999年度〔3〕 Level B

0 以上の整数 x に対して，$C(x)$ で x の下 2 桁を表すことにする。たとえば，$C(12578)=78$，$C(6)=6$ である。n を 2 でも 5 でも割り切れない正の整数とする。

(1) x，y が 0 以上の整数のとき，$C(nx)=C(ny)$ ならば，$C(x)=C(y)$ であることを示せ。

(2) $C(nx)=1$ となる 0 以上の整数 x が存在することを示せ。

§2 図形と計量・図形と方程式

	内　　容	年度	レベル
19	直線と双曲線の2交点を結ぶ線分の中点の軌跡	2022〔4〕	A
20	正方形の辺上の動点と頂点を結ぶ線分の垂直二等分線の長さの最小値	2018〔2〕	A
21	直線と折れ線が共有点をもつための係数の条件	2015〔1〕	B
22	円に内接する四角形の面積の最小値	2015〔2〕	A
23	三角形についての平面図形の命題の真偽	2012〔4〕	A
24	角の二等分線の長さ	2011〔1〕(1)	A
25	角の二等分線・三角形の面積	2010〔1〕(2)	A
26	36°を頂角とする二等辺三角形の等辺上の点と底辺の長さ	2010〔4〕	A
27	三角形の内角と面積	2009〔4〕	A
28	三角形における角の二等分線の性質	2008〔2〕	A
29	鋭角三角形上の点と3頂点との距離についての不等式	1999〔1〕	A
30	直角三角形と内接円	1998〔1〕	B

この分野は，平面上の点・直線・円および三角形について，図形と計量，図形と方程式の範囲で処理できる問題からなります。難易度は低めの問題が多いので確実に解きたい分野です。

図形の問題設定やその処理には初等幾何・座標設定・三角関数・ベクトル・微積分など多くの手段が考えられます。本書の解答編でも，できるだけ複数の解法を示しましたので参考にしてください。問題設定や処理に必要な知識の観点から他の分野に分類した図形問題も数多くあります。

19 2022年度〔4〕 Level A

a，bを正の実数とする。直線L：$ax+by=1$と曲線$y=-\frac{1}{x}$との2つの交点のうち，y座標が正のものをP，負のものをQとする。また，Lとx軸との交点をRとし，Lとy軸との交点をSとする。a，bが条件

$$\frac{\mathrm{PQ}}{\mathrm{RS}}=\sqrt{2}$$

を満たしながら動くとき，線分PQの中点の軌跡を求めよ。

20 2018年度〔2〕 Level A

1辺の長さが1の正方形ABCDにおいて，辺BC上にBとは異なる点Pを取り，線分APの垂直2等分線が辺AB，辺ADまたはその延長と交わる点をそれぞれQ，Rとする。

(1) 線分QRの長さを$\sin\angle\mathrm{BAP}$を用いて表せ。

(2) 点Pが動くときの線分QRの長さの最小値を求めよ。

21 2015年度〔1〕 Level B

直線$y=px+q$が，$y=x^2-x$のグラフとは交わるが，$y=|x|+|x-1|+1$のグラフとは交わらないような$(p,\ q)$の範囲を図示し，その面積を求めよ。

22 2015年度〔2〕（文理共通） Level A

次の2つの条件を同時に満たす四角形のうち面積が最小のものの面積を求めよ。

(a) 少なくとも2つの内角は$90°$である。

(b) 半径1の円が内接する。ただし，円が四角形に内接するとは，円が四角形の4つの辺すべてに接することをいう。

23 2012年度〔4〕（文理共通(一部)） Level A

次の命題(*p*)，(*q*)のそれぞれについて，正しいかどうか答えよ。正しければ証明し，正しくなければ反例を挙げて正しくないことを説明せよ。

(*p*) 正 n 角形の頂点から3点を選んで内角の1つが $60°$ である三角形を作ることができるならば，n は3の倍数である。

(*q*) $\triangle ABC$ と $\triangle A'B'C'$ において，$AB=A'B'$，$BC=B'C'$，$\angle A=\angle A'$ ならば，これら2つの三角形は合同である。

24 2011年度〔1〕(1) Level A

辺AB，辺BC，辺CAの長さがそれぞれ12，11，10の三角形ABCを考える。$\angle A$ の2等分線と辺BCの交点をDとするとき，線分ADの長さを求めよ。

25 2010年度〔1〕(2) Level A

$\triangle ABC$ において $AB=2$，$AC=1$ とする。$\angle BAC$ の二等分線と辺BCの交点をDとする。$AD=BD$ となるとき，$\triangle ABC$ の面積を求めよ。

26 2010年度〔4〕 Level A

点Oを中心とする正十角形において，A，Bを隣接する2つの頂点とする。線分OB上に $OP^2=OB\cdot PB$ を満たす点Pをとるとき，$OP=AB$ が成立することを示せ。

27 2009年度〔4〕 Level A

平面上で，鋭角三角形 $\triangle OAB$ を辺OBに関して折り返して得られる三角形を $\triangle OBC$，$\triangle OBC$ を辺OCに関して折り返して得られる三角形を $\triangle OCD$，$\triangle OCD$ を辺ODに関して折り返して得られる三角形を $\triangle ODE$ とする。$\triangle OAB$ と $\triangle OBE$ の面積比が $2:3$ のとき，$\sin\angle AOB$ の値を求めよ。

28 2008年度 〔2〕（文理共通） Level A

AB＝AC である二等辺三角形 ABC を考える。辺 AB の中点をMとし，辺 AB を延長した直線上に点 N を，AN：NB＝2：1 となるようにとる。このとき ∠BCM ＝∠BCN となることを示せ。ただし，点Nは辺 AB 上にはないものとする。

29 1999年度 〔1〕 Level A

鋭角三角形△ABC において，辺 BC の中点を M，A から辺 BC にひいた垂線を AH とする。点 P を線分 MH 上に取るとき，

$$AB^2+AC^2 \geqq 2AP^2+BP^2+CP^2$$

となることを示せ。

30 1998年度 〔1〕（文理共通） Level B

直角三角形に半径 r の円が内接していて，三角形の 3 辺の長さの和と円の直径との和が 2 となっている。このとき以下の問に答えよ。

(1) この三角形の斜辺の長さを r で表せ。

(2) r の値が問題の条件を満たしながら変化するとき，この三角形の面積の最大値を求めよ。

§3 方程式・不等式・領域

	内　　容	年度	レベル
31	整式の除法	2019〔1〕問1	A
32	絶対値を含む2次関数の最小値と図示	2019〔2〕	B
33	2次不等式が解をもつための係数の条件と図示	2019〔3〕	B
34	αが解ならα^3も解となる実数係数の3次方程式の決定	2016〔5〕	C
35	定点と球面上の点を結ぶ直線とxy平面の交点	2015〔4〕	A
36	2つの2次方程式の解の判別式と論理	2014〔1〕	A
37	2次関数の合成関数が常に正であるための条件	2013〔1〕	A
38	2次の対称式を満たすx, yに対する別の対称式の値	2012〔3〕	A
39	領域と式の最大値・最小値	2010〔2〕	A
40	4次方程式の解の個数	2008〔3〕	A
41	連立方程式の解	2006〔1〕	A
42	2次方程式が重解をもつことの証明	2006〔3〕	A
43	2次方程式の解の分離と領域	2005〔1〕	A
44	4次方程式の解	2002〔3〕	A
45	不等式からの整数値の決定	2002〔5〕	A
46	実部が0の複素数を解にもつ4次方程式	2001〔1〕	A
47	n個の数に関する不等式	2001〔4〕	B
48	無理不等式と領域（円の中心の存在範囲）	2001〔5〕	A
49	n個の数に関する不等式	2000〔2〕	B
50	分数不等式	1998〔3〕	C

この分野は微積分を用いずに処理ができる不等式の問題，2次方程式の解の分離と領域の問題，多項式・代数方程式の問題などからなります。

「条件Aを満たすようなBが存在するためのCの範囲（条件）」とか，「すべてのAに対して条件Bが成り立つためのCの範囲（条件）」という形の問題を論理的に正確にとらえ記述する作業を，限られた時間で処理するのは易しいことではありません。このような問題では，複数の変数（文字）が現れるわけですが，そのうちの1つの変数（例えばx）の取り得る値の範囲とは「与えられた条件を満たす他の変数が実数として存在するためのその変数（x）の条件」として求められるということを明確に意識することも大切なことです。これに領域の図示が加わると，時間がたちまちのうちに経過することはよく経験することだと思います。いわゆる完答に至らない場合もあるとは思いますが，このような問題で論理的な思考と記述を訓練するのは大切なことです。またn個の数に関する不等式の問題については，それらの大小による順序や最大値・最小値を設定することが糸口となりますが，やはり根拠記述に配慮した答案作成を心がけるようにしてください。

31　2019年度〔1〕問1　Level A

a は実数とする。x に関する整式 $x^5+2x^4+ax^3+3x^2+3x+2$ を整式 x^3+x^2+x+1 で割ったときの商を $Q(x)$，余りを $R(x)$ とする。$R(x)$ の x の1次の項の係数が1のとき，a の値を定め，さらに $Q(x)$ と $R(x)$ を求めよ。

32　2019年度〔2〕　Level B

a は実数とし，b は正の定数とする。x の関数 $f(x)=x^2+2(ax+b|x|)$ の最小値 m を求めよ。さらに，a の値が変化するとき，a の値を横軸に，m の値を縦軸にとって m のグラフをかけ。

33　2019年度〔3〕　Level B

a，b，c は実数とする。次の命題が成立するための，a と c がみたすべき必要十分条件を求めよ。さらに，この $(a,\ c)$ の範囲を図示せよ。

命題：すべての実数 b に対して，ある実数 x が不等式 $ax^2+bx+c<0$ をみたす。

34　2016年度〔5〕　Level C

実数を係数とする3次式 $f(x)=x^3+ax^2+bx+c$ に対し，次の条件を考える。

(イ)　方程式 $f(x)=0$ の解であるすべての複素数 α に対し，α^3 もまた $f(x)=0$ の解である。

(ロ)　方程式 $f(x)=0$ は虚数解を少なくとも1つもつ。

この2つの条件(イ)，(ロ)を同時に満たす3次式をすべて求めよ。

35 2015年度〔4〕 Level A

xyz 空間の中で，(0, 0, 1) を中心とする半径 1 の球面 S を考える。点Qが (0, 0, 2) 以外の S 上の点を動くとき，点Qと点P(1, 0, 2) の2点を通る直線 l と平面 $z=0$ との交点をRとおく。Rの動く範囲を求め，図示せよ。

36 2014年度〔1〕 Level A

$0 \leqq \theta < 90^\circ$ とする。x についての4次方程式

$$\{x^2-2(\cos\theta)x-\cos\theta+1\}\{x^2+2(\tan\theta)x+3\}=0$$

は虚数解を少なくとも1つ持つことを示せ。

37 2013年度〔1〕 Level A

a を2以上の実数とし，$f(x)=(x+a)(x+2)$ とする。このとき $f(f(x))>0$ がすべての実数 x に対して成り立つような a の範囲を求めよ。

38 2012年度〔3〕（文理共通） Level A

実数 x，y が条件 $x^2+xy+y^2=6$ を満たしながら動くとき

$$x^2y+xy^2-x^2-2xy-y^2+x+y$$

がとりうる値の範囲を求めよ。

39 2010年度〔2〕 Level A

座標平面上の点 $\mathrm{P}(x, y)$ が $4x+y \leqq 9$，$x+2y \geqq 4$，$2x-3y \geqq -6$ の範囲を動くとき，$2x+y$，x^2+y^2 のそれぞれの最大値と最小値を求めよ。

40 2008年度 〔3〕（文理共通） Level A

定数 a は実数であるとする。方程式

$$(x^2+ax+1)(3x^2+ax-3)=0$$

を満たす実数 x はいくつあるか。a の値によって分類せよ。

41 2006年度 〔1〕 Level A

放物線 $C: y=x^2$ と2直線 $l_1: y=px-1$, $l_2: y=-x-p+4$ は1点で交わるという。このとき実数 p の値を求めよ。

42 2006年度 〔3〕（文理共通） Level A

$Q(x)$ を2次式とする。整式 $P(x)$ は $Q(x)$ では割り切れないが，$\{P(x)\}^2$ は $Q(x)$ で割り切れるという。このとき2次方程式 $Q(x)=0$ は重解を持つことを示せ。

43 2005年度 〔1〕（文理共通） Level A

xy 平面上の原点と点 $(1,\ 2)$ を結ぶ線分（両端を含む）を L とする。曲線 $y=x^2+ax+b$ が L と共有点を持つような実数の組 $(a,\ b)$ の集合を ab 平面上に図示せよ。

44 2002年度 〔3〕（文理共通） Level A

$f(x)=x^4+ax^3+bx^2+cx+1$ は整数を係数とする x の4次式とする。4次方程式 $f(x)=0$ の重複も込めた4つの解のうち，2つは整数で残りの2つは虚数であるという。このとき $a,\ b,\ c$ の値を求めよ。

45 2002年度〔5〕 Level A

4個の整数1，a，b，cは$1<a<b<c$を満たしている。これらの中から相異なる2個を取り出して和を作ると，$1+a$から$b+c$までのすべての整数の値が得られるという。a，b，cの値を求めよ。

46 2001年度〔1〕 Level A

未知数xに関する方程式

$$x^4-x^3+x^2-(a+2)x-a-3=0$$

が，虚軸上の複素数を解に持つような実数aをすべて求めよ。

(編集部注)　虚軸上の複素数とは，実部が0である複素数のことである。

47 2001年度〔4〕 Level B

nを2以上の整数とする。実数a_1，a_2，…，a_nに対し，

$$S=a_1+a_2+\cdots+a_n$$

とおく。$k=1$，2，…，nについて，不等式

$$-1<S-a_k<1$$

が成り立っているとする。

$a_1\leqq a_2\leqq\cdots\leqq a_n$のとき，すべての$k$について$|a_k|<2$が成り立つことを示せ。

48 2001年度〔5〕 Level A

xy平面内の$-1\leqq y\leqq 1$で定められる領域Dと，中心がPで原点Oを通る円Cを考える。CがDに含まれるという条件のもとで，Pが動きうる範囲を図示し，その面積を求めよ。

49　2000 年度 〔2〕　Level B

実数 x_1, …, x_n ($n \geqq 3$) が条件

$$x_{k-1}-2x_k+x_{k+1}>0 \quad (2 \leqq k \leqq n-1)$$

を満たすとし，x_1, …, x_n の最小値を m とする。このとき，$x_l=m$ となる l ($1 \leqq l \leqq n$) の個数は 1 または 2 であることを示せ。

50　1998 年度 〔3〕　Level C

a, b は実数で $a \neq b$, $ab \neq 0$ とする。このとき不等式

$$\frac{x-b}{x+a}-\frac{x-a}{x+b}>\frac{x+a}{x-b}-\frac{x+b}{x-a}$$

を満たす実数 x の範囲を求めよ。

§4 三角関数・対数関数

	内　　容	年度	レベル
51	$5.4<\log_4 2022<5.5$ の証明	2022〔1〕	A
52	桁数と最高位からの2桁の数字・対数の値の評価	2019〔1〕問2	B
53	三角方程式の解がただ1つであるための条件	2012〔5〕	B
54	対数関数を含む不等式の表す領域	2009〔3〕	A
55	三角方程式の解の個数	2008〔4〕	A
56	対数による数値の評価	2005〔2〕	A
57	三角関数の最大値・最小値	2004〔1〕	A
58	三角方程式	2002〔4〕	A

この分野は三角関数・対数関数に関する問題からなります。ただし，三角関数・対数関数を用いる問題で他分野に収録したものも多数あります。

基本的な諸定理・公式はその導き方も含めて身につけてください。

51　2022年度〔1〕（文理共通）　Level A

$5.4<\log_4 2022<5.5$ であることを示せ。ただし，$0.301<\log_{10}2<0.3011$ であることは用いてよい。

52　2019年度〔1〕問2　Level B

8.94^{18} の整数部分は何桁か。また最高位からの2桁の数字を求めよ。例えば，12345.6789 の最高位からの2桁は 12 を指す。解答に際して常用対数の値が必要なときは，21～22 ページの常用対数表を利用すること。

53　2012年度〔5〕　Level B

次の条件(＊)を満たす正の実数の組 $(a,\ b)$ の範囲を求め，座標平面上に図示せよ。
(＊)　$\cos a\theta=\cos b\theta$ かつ $0<\theta\leqq\pi$ となる θ がちょうど1つある。

54　2009年度〔3〕（文理共通）　Level A

x，y は $x\neq 1$，$y\neq 1$ をみたす正の数で，不等式

$$\log_x y+\log_y x>2+(\log_x 2)(\log_y 2)$$

をみたすとする。このとき x，y の組 $(x,\ y)$ の範囲を座標平面上に図示せよ。

55　2008年度〔4〕　Level A

$0\leqq x<2\pi$ のとき，方程式

$$2\sqrt{2}(\sin^3 x+\cos^3 x)+3\sin x\cos x=0$$

を満たす x の個数を求めよ。

56 2005年度〔2〕（文理共通） Level A

$2^{10}<\left(\dfrac{5}{4}\right)^n<2^{20}$ を満たす自然数 n は何個あるか。

ただし，$0.301<\log_{10}2<0.3011$ である。

57 2004年度〔1〕（文理共通（一部）） Level A

$$f(\theta)=\cos 4\theta-4\sin^2\theta$$

とする。$0^\circ \leqq \theta \leqq 90^\circ$ における $f(\theta)$ の最大値および最小値を求めよ。

58 2002年度〔4〕 Level A

$0\leqq\theta<360$ とし，a は定数とする。

$$\cos 3\theta^\circ-\cos 2\theta^\circ+3\cos\theta^\circ-1=a$$

を満たす θ の値はいくつあるか。a の値によって分類せよ。

常用対数表(一)

数	0	1	2	3	4	5	6	7	8	9
1.0	.0000	.0043	.0086	.0128	.0170	.0212	.0253	.0294	.0334	.0374
1.1	.0414	.0453	.0492	.0531	.0569	.0607	.0645	.0682	.0719	.0755
1.2	.0792	.0828	.0864	.0899	.0934	.0969	.1004	.1038	.1072	.1106
1.3	.1139	.1173	.1206	.1239	.1271	.1303	.1335	.1367	.1399	.1430
1.4	.1461	.1492	.1523	.1553	.1584	.1614	.1644	.1673	.1703	.1732
1.5	.1761	.1790	.1818	.1847	.1875	.1903	.1931	.1959	.1987	.2014
1.6	.2041	.2068	.2095	.2122	.2148	.2175	.2201	.2227	.2253	.2279
1.7	.2304	.2330	.2355	.2380	.2405	.2430	.2455	.2480	.2504	.2529
1.8	.2553	.2577	.2601	.2625	.2648	.2672	.2695	.2718	.2742	.2765
1.9	.2788	.2810	.2833	.2856	.2878	.2900	.2923	.2945	.2967	.2989
2.0	.3010	.3032	.3054	.3075	.3096	.3118	.3139	.3160	.3181	.3201
2.1	.3222	.3243	.3263	.3284	.3304	.3324	.3345	.3365	.3385	.3404
2.2	.3424	.3444	.3464	.3483	.3502	.3522	.3541	.3560	.3579	.3598
2.3	.3617	.3636	.3655	.3674	.3692	.3711	.3729	.3747	.3766	.3784
2.4	.3802	.3820	.3838	.3856	.3874	.3892	.3909	.3927	.3945	.3962
2.5	.3979	.3997	.4014	.4031	.4048	.4065	.4082	.4099	.4116	.4133
2.6	.4150	.4166	.4183	.4200	.4216	.4232	.4249	.4265	.4281	.4298
2.7	.4314	.4330	.4346	.4362	.4378	.4393	.4409	.4425	.4440	.4456
2.8	.4472	.4487	.4502	.4518	.4533	.4548	.4564	.4579	.4594	.4609
2.9	.4624	.4639	.4654	.4669	.4683	.4698	.4713	.4728	.4742	.4757
3.0	.4771	.4786	.4800	.4814	.4829	.4843	.4857	.4871	.4886	.4900
3.1	.4914	.4928	.4942	.4955	.4969	.4983	.4997	.5011	.5024	.5038
3.2	.5051	.5065	.5079	.5092	.5105	.5119	.5132	.5145	.5159	.5172
3.3	.5185	.5198	.5211	.5224	.5237	.5250	.5263	.5276	.5289	.5302
3.4	.5315	.5328	.5340	.5353	.5366	.5378	.5391	.5403	.5416	.5428
3.5	.5441	.5453	.5465	.5478	.5490	.5502	.5514	.5527	.5539	.5551
3.6	.5563	.5575	.5587	.5599	.5611	.5623	.5635	.5647	.5658	.5670
3.7	.5682	.5694	.5705	.5717	.5729	.5740	.5752	.5763	.5775	.5786
3.8	.5798	.5809	.5821	.5832	.5843	.5855	.5866	.5877	.5888	.5899
3.9	.5911	.5922	.5933	.5944	.5955	.5966	.5977	.5988	.5999	.6010
4.0	.6021	.6031	.6042	.6053	.6064	.6075	.6085	.6096	.6107	.6117
4.1	.6128	.6138	.6149	.6160	.6170	.6180	.6191	.6201	.6212	.6222
4.2	.6232	.6243	.6253	.6263	.6274	.6284	.6294	.6304	.6314	.6325
4.3	.6335	.6345	.6355	.6365	.6375	.6385	.6395	.6405	.6415	.6425
4.4	.6435	.6444	.6454	.6464	.6474	.6484	.6493	.6503	.6513	.6522
4.5	.6532	.6542	.6551	.6561	.6571	.6580	.6590	.6599	.6609	.6618
4.6	.6628	.6637	.6646	.6656	.6665	.6675	.6684	.6693	.6702	.6712
4.7	.6721	.6730	.6739	.6749	.6758	.6767	.6776	.6785	.6794	.6803
4.8	.6812	.6821	.6830	.6839	.6848	.6857	.6866	.6875	.6884	.6893
4.9	.6902	.6911	.6920	.6928	.6937	.6946	.6955	.6964	.6972	.6981
5.0	.6990	.6998	.7007	.7016	.7024	.7033	.7042	.7050	.7059	.7067
5.1	.7076	.7084	.7093	.7101	.7110	.7118	.7126	.7135	.7143	.7152
5.2	.7160	.7168	.7177	.7185	.7193	.7202	.7210	.7218	.7226	.7235
5.3	.7243	.7251	.7259	.7267	.7275	.7284	.7292	.7300	.7308	.7316
5.4	.7324	.7332	.7340	.7348	.7356	.7364	.7372	.7380	.7388	.7396

小数第5位を四捨五入し，小数第4位まで掲載している。

常用対数表(二)

数	0	1	2	3	4	5	6	7	8	9
5.5	.7404	.7412	.7419	.7427	.7435	.7443	.7451	.7459	.7466	.7474
5.6	.7482	.7490	.7497	.7505	.7513	.7520	.7528	.7536	.7543	.7551
5.7	.7559	.7566	.7574	.7582	.7589	.7597	.7604	.7612	.7619	.7627
5.8	.7634	.7642	.7649	.7657	.7664	.7672	.7679	.7686	.7694	.7701
5.9	.7709	.7716	.7723	.7731	.7738	.7745	.7752	.7760	.7767	.7774
6.0	.7782	.7789	.7796	.7803	.7810	.7818	.7825	.7832	.7839	.7846
6.1	.7853	.7860	.7868	.7875	.7882	.7889	.7896	.7903	.7910	.7917
6.2	.7924	.7931	.7938	.7945	.7952	.7959	.7966	.7973	.7980	.7987
6.3	.7993	.8000	.8007	.8014	.8021	.8028	.8035	.8041	.8048	.8055
6.4	.8062	.8069	.8075	.8082	.8089	.8096	.8102	.8109	.8116	.8122
6.5	.8129	.8136	.8142	.8149	.8156	.8162	.8169	.8176	.8182	.8189
6.6	.8195	.8202	.8209	.8215	.8222	.8228	.8235	.8241	.8248	.8254
6.7	.8261	.8267	.8274	.8280	.8287	.8293	.8299	.8306	.8312	.8319
6.8	.8325	.8331	.8338	.8344	.8351	.8357	.8363	.8370	.8376	.8382
6.9	.8388	.8395	.8401	.8407	.8414	.8420	.8426	.8432	.8439	.8445
7.0	.8451	.8457	.8463	.8470	.8476	.8482	.8488	.8494	.8500	.8506
7.1	.8513	.8519	.8525	.8531	.8537	.8543	.8549	.8555	.8561	.8567
7.2	.8573	.8579	.8585	.8591	.8597	.8603	.8609	.8615	.8621	.8627
7.3	.8633	.8639	.8645	.8651	.8657	.8663	.8669	.8675	.8681	.8686
7.4	.8692	.8698	.8704	.8710	.8716	.8722	.8727	.8733	.8739	.8745
7.5	.8751	.8756	.8762	.8768	.8774	.8779	.8785	.8791	.8797	.8802
7.6	.8808	.8814	.8820	.8825	.8831	.8837	.8842	.8848	.8854	.8859
7.7	.8865	.8871	.8876	.8882	.8887	.8893	.8899	.8904	.8910	.8915
7.8	.8921	.8927	.8932	.8938	.8943	.8949	.8954	.8960	.8965	.8971
7.9	.8976	.8982	.8987	.8993	.8998	.9004	.9009	.9015	.9020	.9025
8.0	.9031	.9036	.9042	.9047	.9053	.9058	.9063	.9069	.9074	.9079
8.1	.9085	.9090	.9096	.9101	.9106	.9112	.9117	.9122	.9128	.9133
8.2	.9138	.9143	.9149	.9154	.9159	.9165	.9170	.9175	.9180	.9186
8.3	.9191	.9196	.9201	.9206	.9212	.9217	.9222	.9227	.9232	.9238
8.4	.9243	.9248	.9253	.9258	.9263	.9269	.9274	.9279	.9284	.9289
8.5	.9294	.9299	.9304	.9309	.9315	.9320	.9325	.9330	.9335	.9340
8.6	.9345	.9350	.9355	.9360	.9365	.9370	.9375	.9380	.9385	.9390
8.7	.9395	.9400	.9405	.9410	.9415	.9420	.9425	.9430	.9435	.9440
8.8	.9445	.9450	.9455	.9460	.9465	.9469	.9474	.9479	.9484	.9489
8.9	.9494	.9499	.9504	.9509	.9513	.9518	.9523	.9528	.9533	.9538
9.0	.9542	.9547	.9552	.9557	.9562	.9566	.9571	.9576	.9581	.9586
9.1	.9590	.9595	.9600	.9605	.9609	.9614	.9619	.9624	.9628	.9633
9.2	.9638	.9643	.9647	.9652	.9657	.9661	.9666	.9671	.9675	.9680
9.3	.9685	.9689	.9694	.9699	.9703	.9708	.9713	.9717	.9722	.9727
9.4	.9731	.9736	.9741	.9745	.9750	.9754	.9759	.9763	.9768	.9773
9.5	.9777	.9782	.9786	.9791	.9795	.9800	.9805	.9809	.9814	.9818
9.6	.9823	.9827	.9832	.9836	.9841	.9845	.9850	.9854	.9859	.9863
9.7	.9868	.9872	.9877	.9881	.9886	.9890	.9894	.9899	.9903	.9908
9.8	.9912	.9917	.9921	.9926	.9930	.9934	.9939	.9943	.9948	.9952
9.9	.9956	.9961	.9965	.9969	.9974	.9978	.9983	.9987	.9991	.9996

小数第5位を四捨五入し，小数第4位まで掲載している。

§5 平面図形・平面ベクトル

	内　　容	年度	レベル
59	三角形の垂心とベクトル	2021〔1〕問2	A
60	平行四辺形と線分比	2013〔2〕	A
61	角の二等分線・位置ベクトル	2004〔3〕	A
62	内積の符号	2001〔2〕	B
63	円に内接する四角形の頂点の位置ベクトル	2000〔1〕	A

この分野は平面図形・平面ベクトルの問題からなります。「図形と計量・図形と方程式」同様，確実に解き進めてください。

平面図形に関する問題は「図形と計量・図形と方程式」に分類したものも含め，数多く出題されています。

図形処理にはベクトル・初等幾何・座標設定・三角比などいろいろな手法が考えられるので，解答編にはできるだけ複数の解法を載せてあります。自分の試みた解法だけでなく，別の観点からの解法も学んでみてください。

59 2021年度〔1〕問2 Level A

△OABにおいてOA＝3，OB＝2，∠AOB＝60°とする。△OABの垂心をHとするとき，$\overrightarrow{OH}$を$\overrightarrow{OA}$と$\overrightarrow{OB}$を用いて表せ。

60 2013年度〔2〕（文理共通） Level A

平行四辺形ABCDにおいて，辺ABを1：1に内分する点をE，辺BCを2：1に内分する点をF，辺CDを3：1に内分する点をGとする。線分CEと線分FGの交点をPとし，線分APを延長した直線と辺BCの交点をQとするとき，比AP：PQを求めよ。

61 2004年度〔3〕 Level A

△OABにおいて，$\vec{a}=\overrightarrow{OA}$，$\vec{b}=\overrightarrow{OB}$とする。

$$|\vec{a}|=3,\ |\vec{b}|=5,\ \cos(\angle AOB)=\frac{3}{5}$$

とする。このとき，∠AOBの2等分線と，Bを中心とする半径$\sqrt{10}$の円との交点の，Oを原点とする位置ベクトルを，$\vec{a}$，$\vec{b}$を用いてあらわせ。

62 2001年度〔2〕 Level B

xy平面内の相異なる4点P_1，P_2，P_3，P_4とベクトル$\vec{v}$に対し，$k \neq m$のとき$\overrightarrow{P_kP_m}\cdot\vec{v} \neq 0$が成り立っているとする。このとき，$k$と異なるすべての$m$に対し

$$\overrightarrow{P_kP_m}\cdot\vec{v}<0$$

が成り立つような点P_kが存在することを示せ。

63　2000年度〔1〕（文理共通）　Level A

円に内接する四角形ABPCは次の条件(イ)，(ロ)を満たすとする。

(イ)　三角形ABCは正三角形である。

(ロ)　APとBCの交点は線分BCを$p:1-p$（$0<p<1$）の比に内分する。

このときベクトル$\overrightarrow{\mathrm{AP}}$を$\overrightarrow{\mathrm{AB}}$，$\overrightarrow{\mathrm{AC}}$，$p$を用いて表せ。

§6 空間図形・空間ベクトル

	内　　　容	年度	レベル
64	四面体の対辺上の２点の距離の最小値	2022〔５〕	A
65	直方体の切断面の面積の最小値	2021〔４〕	A
66	単位球面上の４点に関するベクトルと内積	2020〔４〕	B
67	単位球面上の５点を頂点とする四角錐の体積の最大値	2019〔５〕	A
68	２組の対辺の長さが等しい四面体を２分割したときの体積の等値性	2018〔４〕	C
69	ねじれの位置にある２直線上の２点間の距離の最小値	2017〔３〕	B
70	３頂点と対面の重心を結ぶ直線が対面に垂直な四面体は正四面体であることの証明	2016〔４〕	B
71	空間の３直線上の３点を結ぶ線分の長さの平方和の最小値	2014〔３〕	A
72	正四面体の３辺上の３点を頂点とする三角形	2012〔２〕	A
73	四面体の高さ	2011〔２〕	B
74	直線に下ろした垂線の足の座標	2009〔１〕問１	A
75	２直線間の距離	2007〔４〕	A
76	平面に関して対称な２点	2006〔２〕	A
77	直稜四面体（垂心四面体）	2003〔３〕	B
78	四角錐の辺上の４点が同一平面上にある条件	2002〔２〕	A
79	ベクトルの内積・三角不等式	2000〔３〕	C
80	正四面体の１辺を含む平面による断面積	1998〔２〕	A

この分野は微積分を利用せずに処理ができる空間図形の問題（一部増減表を利用）からなります。2014 年度入試までの教育課程では，三垂線の定理をはじめ，空間の初等幾何の基本的な定理を学ぶ機会はありませんでしたが，2015 年度入試からは三垂線の定理が復活しています。本書では空間の幾何の基本的な公理と定理を解答編の［付録２］に収録してあります。そこで述べられていることは空間の問題を考える際にすべて前提として用いてよいことです。一通り目を通してください。

「平面図形・平面ベクトル」同様，初等幾何・ベクトル・三角比・座標設定などいろいろな処理が可能な問題が多く，複数の解法が考えられるので別解を含め検討してください。ただし，簡単な場合を除き平面の方程式の利用はあえて避けることにしました。

64　2022 年度〔5〕（文理共通）　Level A

四面体 OABC が

$$OA=4,\ OB=AB=BC=3,\ OC=AC=2\sqrt{3}$$

を満たしているとする。P を辺 BC 上の点とし，△OAP の重心を G とする。このとき，次の各問に答えよ。

(1)　$\overrightarrow{PG}\perp\overrightarrow{OA}$ を示せ。

(2)　P が辺 BC 上を動くとき，PG の最小値を求めよ。

65　2021 年度〔4〕　Level A

空間の 8 点

$$O(0,\ 0,\ 0),\ A(1,\ 0,\ 0),\ B(1,\ 2,\ 0),\ C(0,\ 2,\ 0),$$
$$D(0,\ 0,\ 3),\ E(1,\ 0,\ 3),\ F(1,\ 2,\ 3),\ G(0,\ 2,\ 3)$$

を頂点とする直方体 OABC－DEFG を考える。点 O，点 F，辺 AE 上の点 P，および辺 CG 上の点 Q の 4 点が同一平面上にあるとする。このとき，四角形 OPFQ の面積 S を最小にするような点 P および点 Q の座標を求めよ。また，そのときの S の値を求めよ。

§6

66　2020 年度〔4〕（文理共通）　Level B

k を正の実数とする。座標空間において，原点 O を中心とする半径 1 の球面上の 4 点 A，B，C，D が次の関係式を満たしている。

$$\overrightarrow{OA}\cdot\overrightarrow{OB}=\overrightarrow{OC}\cdot\overrightarrow{OD}=\frac{1}{2}$$

$$\overrightarrow{OA}\cdot\overrightarrow{OC}=\overrightarrow{OB}\cdot\overrightarrow{OC}=-\frac{\sqrt{6}}{4}$$

$$\overrightarrow{OA}\cdot\overrightarrow{OD}=\overrightarrow{OB}\cdot\overrightarrow{OD}=k$$

このとき，k の値を求めよ。ただし，座標空間の点 X，Y に対して，$\overrightarrow{OX}\cdot\overrightarrow{OY}$ は，$\overrightarrow{OX}$ と $\overrightarrow{OY}$ の内積を表す。

67　2019年度〔5〕(文理共通)　Level A

半径1の球面上の5点A，B_1，B_2，B_3，B_4は，正方形$B_1B_2B_3B_4$を底面とする四角錐をなしている。この5点が球面上を動くとき，四角錐$AB_1B_2B_3B_4$の体積の最大値を求めよ。

68　2018年度〔4〕(文理共通)　Level C

四面体ABCDはAC＝BD，AD＝BCを満たすとし，辺ABの中点をP，辺CDの中点をQとする。

(1)　辺ABと線分PQは垂直であることを示せ。

(2)　線分PQを含む平面αで四面体ABCDを切って2つの部分に分ける。このとき，2つの部分の体積は等しいことを示せ。

69　2017年度〔3〕　Level B

座標空間において原点Oと点A(0，−1，1)を通る直線をlとし，点B(0，2，1)と点C(−2，2，−3)を通る直線をmとする。l上の2点P，Qと，m上の点Rを△PQRが正三角形となるようにとる。このとき，△PQRの面積が最小となるようなP，Q，Rの座標を求めよ。

70　2016年度〔4〕　Level B

四面体OABCが次の条件を満たすならば，それは正四面体であることを示せ。

条件：頂点A，B，Cからそれぞれの対面を含む平面へ下ろした垂線は対面の重心を通る。

ただし，四面体のある頂点の対面とは，その頂点を除く他の3つの頂点がなす三角形のことをいう。

71 2014年度〔3〕（文理共通） Level A

座標空間における次の3つの直線 l，m，n を考える：

l は点A(1，0，−2) を通り，ベクトル $\vec{u}=(2,\ 1,\ -1)$ に平行な直線である。

m は点B(1，2，−3) を通り，ベクトル $\vec{v}=(1,\ -1,\ 1)$ に平行な直線である。

n は点C(1，−1，0) を通り，ベクトル $\vec{w}=(1,\ 2,\ 1)$ に平行な直線である。

Pを l 上の点として，Pから m，n へ下ろした垂線の足をそれぞれQ，Rとする。このとき，PQ^2+PR^2 を最小にするようなPと，そのときの PQ^2+PR^2 を求めよ。

72 2012年度〔2〕（文理共通） Level A

正四面体OABCにおいて，点P，Q，Rをそれぞれ辺OA，OB，OC上にとる。ただしP，Q，Rは四面体OABCの頂点とは異なるとする。△PQRが正三角形ならば，3辺PQ，QR，RPはそれぞれ3辺AB，BC，CAに平行であることを証明せよ。

73 2011年度〔2〕 Level B

四面体OABCにおいて，点Oから3点A，B，Cを含む平面に下ろした垂線とその平面の交点をHとする。$\overrightarrow{OA}\perp\overrightarrow{BC}$，$\overrightarrow{OB}\perp\overrightarrow{OC}$，$|\overrightarrow{OA}|=2$，$|\overrightarrow{OB}|=|\overrightarrow{OC}|=3$，$|\overrightarrow{AB}|=\sqrt{7}$ のとき，$|\overrightarrow{OH}|$ を求めよ。

74 2009年度〔1〕問1 Level A

xyz 空間上の2点A(−3，−1，1)，B(−1，0，0) を通る直線 l に点C(2，3，3) から下ろした垂線の足Hの座標を求めよ。

75　2007年度〔4〕　Level A

座標空間で点 (3, 4, 0) を通りベクトル $\vec{a}=(1,\ 1,\ 1)$ に平行な直線を l, 点 (2, −1, 0) を通りベクトル $\vec{b}=(1,\ -2,\ 0)$ に平行な直線を m とする。点Pは直線 l 上を，点Qは直線 m 上をそれぞれ勝手に動くとき，線分PQの長さの最小値を求めよ。

76　2006年度〔2〕　Level A

座標空間に4点A(2, 1, 0), B(1, 0, 1), C(0, 1, 2), D(1, 3, 7) がある。3点A, B, Cを通る平面に関して点Dと対称な点をEとするとき，点Eの座標を求めよ。

77　2003年度〔3〕（文理共通（一部））　Level B

四面体OABCは次の2つの条件

(i)　$\overrightarrow{\mathrm{OA}}\perp\overrightarrow{\mathrm{BC}},\ \overrightarrow{\mathrm{OB}}\perp\overrightarrow{\mathrm{AC}},\ \overrightarrow{\mathrm{OC}}\perp\overrightarrow{\mathrm{AB}}$

(ii)　4つの面の面積がすべて等しい

をみたしている。このとき，この四面体は正四面体であることを示せ。

78　2002年度〔2〕　Level A

四角形ABCDを底面とする四角錐OABCDは $\overrightarrow{\mathrm{OA}}+\overrightarrow{\mathrm{OC}}=\overrightarrow{\mathrm{OB}}+\overrightarrow{\mathrm{OD}}$ を満たしており，0と異なる4つの実数 $p,\ q,\ r,\ s$ に対して4点P, Q, R, Sを

$$\overrightarrow{\mathrm{OP}}=p\overrightarrow{\mathrm{OA}},\ \overrightarrow{\mathrm{OQ}}=q\overrightarrow{\mathrm{OB}},\ \overrightarrow{\mathrm{OR}}=r\overrightarrow{\mathrm{OC}},\ \overrightarrow{\mathrm{OS}}=s\overrightarrow{\mathrm{OD}}$$

によって定める。このときP, Q, R, Sが同一平面上にあれば $\dfrac{1}{p}+\dfrac{1}{r}=\dfrac{1}{q}+\dfrac{1}{s}$ が成立することを示せ。

79 2000年度〔3〕(文理共通(一部)) Level C

$\vec{a}=(1,\ 0,\ 0)$, $\vec{b}=(\cos 60°,\ \sin 60°,\ 0)$ とする。

(1) 長さ1の空間ベクトル$\vec{c}$に対し

$$\cos\alpha=\vec{a}\cdot\vec{c},\quad \cos\beta=\vec{b}\cdot\vec{c}$$

とおく。このとき次の不等式(＊)が成り立つことを示せ。

$$(*)\quad \cos^2\alpha-\cos\alpha\cos\beta+\cos^2\beta\leqq\frac{3}{4}$$

(2) 不等式(＊)を満たす $(\alpha,\ \beta)$ $(0°\leqq\alpha\leqq 180°,\ 0°\leqq\beta\leqq 180°)$ の範囲を図示せよ。

80 1998年度〔2〕 Level A

一辺の長さが1の正四面体OABCの辺BC上に点Pをとり，線分BPの長さをxとする。

(1) 三角形OAPの面積をxで表せ。

(2) Pが辺BC上を動くとき三角形OAPの面積の最小値を求めよ。

§7 数　列

	内　容	年度	レベル
81	数列と不等式・対数の利用	2014〔4〕	A
82	各桁の数が1，2あるいは0，1，2のn桁の整数の和	2011〔5〕	B
83	循環小数の数字の和	2003〔1〕	A
84	数列の和と一般項	2002〔1〕	A

この分野は数列の問題からなります。

数列そのものの処理に関する問題はきわめて少なく，過去25カ年では4題出題されただけです。他は整数や確率（漸化式）の問題として§1や§8に収録されています。2011年度の問題も整数の扱いと関係しています。

81　2014年度〔4〕　Level A

次の式

$$a_1=2,\ a_{n+1}=2a_n-1 \quad (n=1,\ 2,\ 3,\ \cdots)$$

で定められる数列 $\{a_n\}$ を考える。

(1) 数列 $\{a_n\}$ の一般項を求めよ。

(2) 次の不等式

$$a_n{}^2-2a_n>10^{15}$$

を満たす最小の自然数 n を求めよ。ただし，$0.3010<\log_{10}2<0.3011$ であることは用いてよい。

82　2011年度〔5〕　Level B

0以上の整数を10進法で表すとき，次の問いに答えよ。ただし，0は0桁の数と考えることにする。また n は正の整数とする。

(1) 各桁の数が1または2である n 桁の整数を考える。それらすべての整数の総和を T_n とする。T_n を n を用いて表せ。

(2) 各桁の数が0，1，2のいずれかである n 桁以下の整数を考える。それらすべての整数の総和を S_n とする。S_n が T_n の15倍以上になるのは，n がいくつ以上のときか。必要があれば，$0.301<\log_{10}2<0.302$ および $0.477<\log_{10}3<0.478$ を用いてもよい。

83　2003年度〔1〕　Level A

$\dfrac{23}{111}$ を $0.a_1a_2a_3a_4\cdots$ のように小数で表す。すなわち小数第 k 位の数を a_k とする。

このとき $\displaystyle\sum_{k=1}^{n}\frac{a_k}{3^k}$ を求めよ。

84 2002 年度 〔1〕 Level A

数列 $\{a_n\}$ の初項 a_1 から第 n 項 a_n までの和を S_n と表す。この数列が

$$a_1=0,\ \ a_2=1,\ \ (n-1)^2a_n=S_n\quad (n\geqq 1)$$

を満たすとき，一般項 a_n を求めよ。

§8 確率・個数の処理

	内　容	年度	レベル
85	三角柱の頂点間の移動経路の数と漸化式	2022〔2〕	A
86	最初に取り出した玉と同色の玉を取り出す確率と漸化式	2021〔3〕	B
87	4×4 のラテン方陣の場合の数	2020〔5〕	B
88	さいころの目の出方と確率	2019〔4〕	B
89	袋から1個の球を取り出し2個戻す n 回の操作後に球に記された数の和についての確率	2018〔5〕	B
90	さいころの目の最大値と最小値の差についての確率	2017〔5〕	A
91	独立試行で条件を満たす試行回数の最小値	2016〔2〕	B
92	最短経路と確率	2015〔3〕	B
93	正20面体のさいころの目による得点と期待値　★	2014〔5〕	A
94	数直線上の石の移動の確率	2013〔5〕	A
95	札の数が取り出された順に昇順になる確率	2012〔1〕(2)	A
96	2枚のカードの数の小さいほうについての確率	2011〔1〕(2)	A
97	5個の自然数の順列と確率	2010〔3〕	A
98	2色の球の取り出し方と確率	2009〔1〕問2	A
99	一筆がきの経路の数	2008〔5〕	C
100	四角錐の頂点間を移動する点と確率	2007〔1〕問2	A
101	白玉と黒玉の個数と組分けについての論証	2006〔5〕	C
102	3枚の札を取り出して等差数列となる確率	2005〔5〕	A
103	リーグ戦の1位チームの数の期待値　★	2003〔5〕	B
104	n 角柱の面の塗り分け方の総数	1999〔5〕	B
105	3色の玉の取り出し方と確率・期待値　★	1998〔5〕	C

この分野は確率・個数の処理の問題からなります。2015～2024年度の入試で範囲外となっている「期待値」の考え方を含む問題については★を付しています。

与えられた規則が少し複雑になる（1998年度）だけでも，場合分けの工夫など難度が増すことになります。誤った思い込みによる数え間違いもよくあることを考慮して，解答編ではできるだけ立式の根拠を記したので，参考にしてください。また，2012・2018・2019年度のように不等式を用いた問題設定では意味をとらえる上での難しさが加わります。

85 2022年度〔2〕 Level A

下図の三角柱 ABC－DEF において，Aを始点として，辺に沿って頂点を n 回移動する。すなわち，この移動経路

$$P_0 \to P_1 \to P_2 \to \cdots \to P_{n-1} \to P_n \quad (\text{ただし } P_0 = A)$$

において，P_0P_1，P_1P_2，…，$P_{n-1}P_n$ はすべて辺であるとする。また，同じ頂点を何度通ってもよいものとする。このような移動経路で，終点 P_n がA，B，Cのいずれかとなるものの総数 a_n を求めよ。

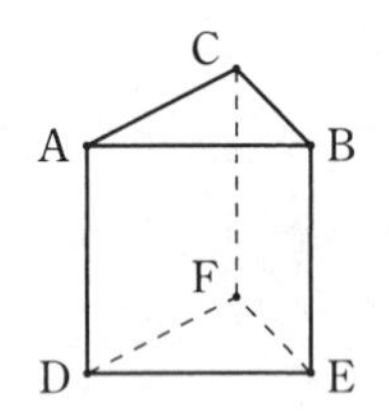

86 2021年度〔3〕 Level B

n を2以上の整数とする。1から n までの番号が付いた n 個の箱があり，それぞれの箱には赤玉と白玉が1個ずつ入っている。このとき操作(＊)を $k=1$，…，$n-1$ に対して，k が小さい方から順に1回ずつ行う。

(＊)　番号 k の箱から玉を1個取り出し，番号 $k+1$ の箱に入れてよくかきまぜる。

一連の操作がすべて終了した後，番号 n の箱から玉を1個取り出し，番号1の箱に入れる。このとき番号1の箱に赤玉と白玉が1個ずつ入っている確率を求めよ。

87 2020年度〔5〕(文理共通) Level B

縦4個，横4個のマス目のそれぞれに1，2，3，4の数字を入れていく。このマス目の横の並びを行といい，縦の並びを列という。どの行にも，どの列にも同じ数字が1回しか現れない入れ方は何通りあるか求めよ。下図はこのような入れ方の1例である。

1	2	3	4
3	4	1	2
4	1	2	3
2	3	4	1

88 2019年度〔4〕(文理共通) Level B

1つのさいころをn回続けて投げ，出た目を順にX_1，X_2，…，X_nとする。このとき次の条件をみたす確率をnを用いて表せ。ただし$X_0=0$としておく。

条件：$1 \leqq k \leqq n$をみたすkのうち，$X_{k-1} \leqq 4$かつ$X_k \geqq 5$が成立するようなkの値はただ1つである。

89　2018年度〔5〕　Level B

整数が書かれている球がいくつか入っている袋に対して，次の一連の操作を考える。ただし各球に書かれている整数は1つのみとする。

(i)　袋から無作為に球を1個取り出し，その球に書かれている整数をkとする。

(ii)　$k\neq 0$の場合，整数kが書かれた球を1個新たに用意し，取り出した球とともに袋に戻す。

(iii)　$k=0$の場合，袋の中にあった球に書かれていた数の最大値より1大きい整数が書かれた球を1個新たに用意し，取り出した球とともに袋に戻す。

整数0が書かれている球が1個入っており他の球が入っていない袋を用意する。この袋に上の一連の操作を繰り返しn回行った後に，袋の中にある球に書かれている$n+1$個の数の合計をX_nとする。例えばX_1は常に1である。以下$n\geqq 2$として次の問に答えよ。

(1)　$X_n\geqq\dfrac{(n+2)(n-1)}{2}$である確率を求めよ。

(2)　$X_n\leqq n+1$である確率を求めよ。

90　2017年度〔5〕　Level A

nを2以上の自然数とする。さいころをn回振り，出た目の最大値Mと最小値Lの差$M-L$をXとする。

(1)　$X=1$である確率を求めよ。

(2)　$X=5$である確率を求めよ。

91　2016年度〔2〕　Level B

ボタンを押すと「あたり」か「はずれ」のいずれかが表示される装置がある。「あたり」の表示される確率は毎回同じであるとする。この装置のボタンを20回押したとき，1回以上「あたり」の出る確率は36％である。1回以上「あたり」の出る確率が90％以上となるためには，この装置のボタンを最低何回押せばよいか。必要なら$0.3010<\log_{10}2<0.3011$を用いてよい。

92　2015年度〔3〕　Level B

6個の点A，B，C，D，E，Fが下図のように長さ1の線分で結ばれているとする。各線分をそれぞれ独立に確率$\frac{1}{2}$で赤または黒で塗る。赤く塗られた線分だけを通って点Aから点Eに至る経路がある場合はそのうちで最短のものの長さをXとする。そのような経路がない場合はXを0とする。このとき，$n=0$，2，4について，$X=n$となる確率を求めよ。

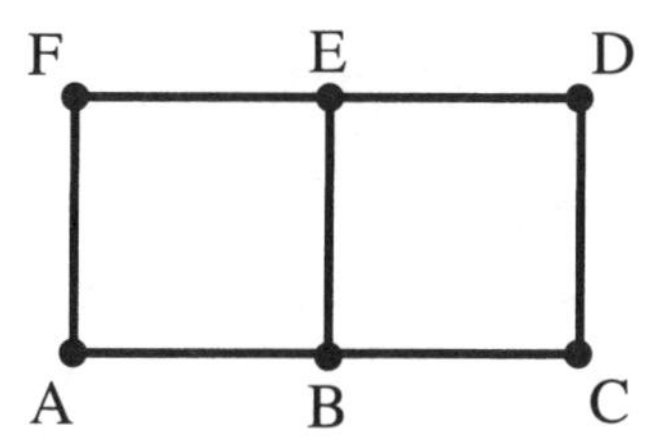

93　2014年度〔5〕★　Level A

1から20までの目がふられた正20面体のサイコロがあり，それぞれの目が出る確率は等しいものとする。A，Bの2人がこのサイコロをそれぞれ一回ずつ投げ，大きな目を出した方はその目を得点とし，小さな目を出した方は得点を0とする。また同じ目が出た場合は，A，Bともに得点を0とする。このとき，Aの得点の期待値を求めよ。

94　2013年度〔5〕（文理共通(一部)）　Level A

投げたとき表が出る確率と裏が出る確率が等しい硬貨を用意する。数直線上に石を置き，この硬貨を投げて表が出れば数直線上で原点に関して対称な点に石を移動し，裏が出れば数直線上で座標1の点に関して対称な点に石を移動する。

(1)　石が座標xの点にあるとする。2回硬貨を投げたとき，石が座標xの点にある確率を求めよ。

(2)　石が原点にあるとする。nを自然数とし，$2n$回硬貨を投げたとき，石が座標$2n$の点にある確率を求めよ。

95　2012 年度　〔1〕(2)　Level A

n を 3 以上の整数とする。1 から n までの番号をつけた n 枚の札の組が 2 つある。これら $2n$ 枚の札をよく混ぜ合わせて，札を 1 枚ずつ 3 回取り出し，取り出した順にその番号を X_1，X_2，X_3 とする。$X_1<X_2<X_3$ となる確率を求めよ。ただし一度取り出した札は元に戻さないものとする。

96　2011 年度　〔1〕(2)　(文理共通)　Level A

箱の中に，1 から 9 までの番号を 1 つずつ書いた 9 枚のカードが入っている。ただし，異なるカードには異なる番号が書かれているものとする。この箱から 2 枚のカードを同時に選び，小さいほうの数を X とする。これらのカードを箱に戻して，再び 2 枚のカードを同時に選び，小さいほうの数を Y とする。$X=Y$ である確率を求めよ。

97　2010 年度　〔3〕(文理共通)　Level A

1 から 5 までの自然数を 1 列に並べる。どの並べかたも同様の確からしさで起こるものとする。このとき 1 番目と 2 番目と 3 番目の数の和と，3 番目と 4 番目と 5 番目の数の和が等しくなる確率を求めよ。ただし，各並べかたにおいて，それぞれの数字は重複なく 1 度ずつ用いるものとする。

98　2009 年度　〔1〕問 2　(文理共通)　Level A

白球と赤球の入った袋から 2 個の球を同時に取り出すゲームを考える。取り出した 2 球がともに白球ならば「成功」でゲームを終了し，そうでないときは「失敗」とし，取り出した 2 球に赤球を 1 個加えた 3 個の球を袋にもどしてゲームを続けるものとする。最初に白球が 2 個，赤球が 1 個袋に入っていたとき，$n-1$ 回まで失敗し n 回目に成功する確率を求めよ。ただし $n\geqq 2$ とする。

99　2008年度〔5〕　Level C

正 n 角形とその外接円を合わせた図形を F とする。F 上の点Pに対して，始点と終点がともにPであるような，図形 F の一筆がきの経路の数を $N(\mathrm{P})$ で表す。正 n 角形の頂点をひとつとってAとし，$a=N(\mathrm{A})$ とおく。また正 n 角形の辺をひとつとってその中点をBとし，$b=N(\mathrm{B})$ とおく。このとき a と b を求めよ。

注：一筆がきとは，図形を，かき始めから終わりまで，筆を紙からはなさず，また同じ線上を通らずにかくことである。

100　2007年度〔1〕問2　Level A

四角形ABCDを底面とする四角錐OABCDを考える。点Pは時刻0では頂点Oにあり，1秒ごとに次の規則に従ってこの四角錐の5つの頂点のいずれかに移動する。

規則：点Pのあった頂点と1つの辺によって結ばれる頂点の1つに，等しい確率で移動する。

このとき，n 秒後に点Pが頂点Oにある確率を求めよ。

101　2006年度〔5〕　Level C

n，k は自然数で $k \leqq n$ とする。穴のあいた $2k$ 個の白玉と $2n-2k$ 個の黒玉にひもを通して輪を作る。このとき適当な2箇所でひもを切って n 個ずつの2組に分け，どちらの組も白玉 k 個，黒玉 $n-k$ 個からなるようにできることを示せ。

102　2005年度〔5〕　Level A

1から n までの番号のついた n 枚の札が袋に入っている。ただし $n \geqq 3$ とし，同じ番号の札はないとする。この袋から3枚の札を取り出して，札の番号を大きさの順に並べるとき，等差数列になっている確率を求めよ。

103 2003年度 〔5〕 ★ Level B

4チームがリーグ戦を行う。すなわち，各チームは他のすべてのチームとそれぞれ1回ずつ対戦する。引き分けはないものとし，勝つ確率はすべて$\frac{1}{2}$で，各回の勝敗は独立に決まるものとする。勝ち数の多い順に順位をつけ，勝ち数が同じであればそれらは同順位とする。1位のチーム数の期待値を求めよ。

104 1999年度 〔5〕 Level B

n，kは自然数で，$n \geqq 3$，$k \geqq 2$を満たすものとする。いま，n角柱の$n+2$個の面に1から$n+2$までの番号が書いてあるものとする。この$n+2$個の面に1面ずつ，異なるk色の中から1色ずつ選んでは塗っていく。このとき，どの隣り合う面の組も同一色では塗られない塗り方の数をP_kで表す。

(1) P_2とP_3を求めよ。

(2) $n=7$のとき，P_4を求めよ。

105 1998年度 〔5〕（文理共通） ★ Level C

袋の中に青色，赤色，白色の形の同じ玉がそれぞれ3個ずつ入っている。各色の3個の玉にはそれぞれ1，2，3の番号がついている。これら9個の玉をよくかきまぜて袋から同時に3個の玉を取り出す。取り出した3個のうちに同色のものが他になく，同番号のものも他にない玉の個数を得点とする。たとえば，青1番，赤1番，白3番を取り出したときの得点は1で，青2番，赤2番，赤3番を取り出したときの得点は0である。このとき以下の問に答えよ。

(1) 得点がnになるような取り出し方の数を$A(n)$とするとき，$A(0)$，$A(1)$，$A(2)$，$A(3)$を求めよ。

(2) 得点の期待値を求めよ。

§9 整式の微積分

	内　　容	年度	レベル
106	放物線と２接線で囲まれた図形の面積	2022〔３〕	A
107	絶対値つき２次関数の定積分	2021〔２〕	A
108	２つの放物線と接線で囲まれた図形の面積	2020〔１〕	A
109	２点で直交する２つの放物線の決定	2020〔２〕	B
110	共有点で共通の接線をもつ２つの放物線で囲まれた図形の面積	2018〔１〕	A
111	３次関数のグラフと接線で囲まれた図形の面積	2017〔１〕	A
112	円と３次関数のグラフで囲まれた図形の面積	2016〔１〕	A
113	３次関数のグラフと接線で囲まれた図形の面積	2014〔２〕	B
114	円と接する放物線の決定・円と放物線で囲まれた図形の面積	2013〔４〕	A
115	４次関数と２次関数で囲まれた図形の面積	2012〔１〕(1)	A
116	３次関数のグラフと直線の共有点の個数	2011〔３〕	A
117	絶対値つき２次関数と領域の面積	2011〔４〕	A
118	放物線と直線で囲まれた図形の面積の最小値	2010〔１〕(1)	A
119	立方体の対角線を軸とする回転体の体積	2010〔５〕	C
120	定積分の値と被積分関数の決定	2009〔２〕	A
121	定積分で表された不等式の証明	2008〔１〕	A
122	３次関数のグラフと接線の囲む部分の回転体の体積	2007〔２〕	A
123	２次関数の原点に関する対称移動・曲線と接線の囲む面積	2006〔４〕	A
124	定積分と面積	2004〔２〕	A
125	放物線と直線の交点間の距離の３乗と囲む面積の比	2003〔２〕	A
126	被積分関数に絶対値を含む定積分	2000〔５〕	B
127	放物線の弦と放物線が囲む面積と弦の中点の軌跡	1999〔２〕	A
128	放物線の弦と放物線の囲む面積・三角形の面積の最大値	1998〔４〕	A

この分野は数学Ⅱの整式の微積分の問題からなります。この分野では被積分関数に絶対値を含む問題で差がつくことが多いので，十分理解してください。

なお，2014 年度入試までの教育課程による京大文系入試においては，積分による体積計算が入試の出題範囲に入っており，実際に 2007・2010 年度に出題されていますので，積分による体積計算を要する問題も本セクションに含めていますが，現行の入試では範囲外です。

106　2022年度〔3〕　Level A

xy 平面上の2直線 L_1，L_2 は直交し，交点の x 座標は $\frac{3}{2}$ である。また，L_1，L_2 はともに曲線 $C : y=\frac{x^2}{4}$ に接している。このとき，L_1，L_2 および C で囲まれる図形の面積を求めよ。

107　2021年度〔2〕　Level A

定積分 $\int_{-1}^{1}\left|x^2-\frac{1}{2}x-\frac{1}{2}\right|dx$ を求めよ。

108　2020年度〔1〕　Level A

a を負の実数とする。xy 平面上で曲線 $C : y=|x|x-3x+1$ と直線 $l : y=x+a$ のグラフが接するときの a の値を求めよ。このとき，C と l で囲まれた部分の面積を求めよ。

109　2020年度〔2〕　Level B

x の2次関数で，そのグラフが $y=x^2$ のグラフと2点で直交するようなものをすべて求めよ。ただし，2つの関数のグラフがある点で直交するとは，その点が2つのグラフの共有点であり，かつ接線どうしが直交することをいう。

110　2018年度〔1〕　Level A

a は正の実数とし，座標平面内の点 $(x_0,\ y_0)$ は2つの曲線

$$C_1 : y=|x^2-1|,\quad C_2 : y=x^2-2ax+2$$

の共有点であり，$|x_0|\neq 1$ を満たすとする。C_1 と C_2 が $(x_0,\ y_0)$ で共通の接線をもつとき，C_1 と C_2 で囲まれる部分の面積を求めよ。

111　2017年度〔1〕　Level A

曲線 $y=x^3-4x+1$ を C とする。直線 l は C の接線であり，点 P(3, 0) を通るものとする。また，l の傾きは負であるとする。このとき，C と l で囲まれた部分の面積 S を求めよ。

112　2016年度〔1〕　Level A

xy 平面内の領域

$$x^2+y^2 \leqq 2,\quad |x| \leqq 1$$

で，曲線 $C: y=x^3+x^2-x$ の上側にある部分の面積を求めよ。

113　2014年度〔2〕　Level B

t を実数とする。$y=x^3-x$ のグラフ C へ点 P$(1,\ t)$ から接線を引く。

(1)　接線がちょうど1本だけ引けるような t の範囲を求めよ。

(2)　t が(1)で求めた範囲を動くとき，P$(1,\ t)$ から C へ引いた接線と C で囲まれた部分の面積を $S(t)$ とする。$S(t)$ の取りうる値の範囲を求めよ。

114　2013年度〔4〕　Level A

α, β を実数とする。xy 平面内で，点 (0, 3) を中心とする円 C と放物線

$$y=-\frac{x^2}{3}+\alpha x-\beta$$

が点 P$(\sqrt{3},\ 0)$ を共有し，さらに P における接線が一致している。このとき以下の問に答えよ。

(1)　α, β の値を求めよ。

(2)　円 C，放物線 $y=-\dfrac{x^2}{3}+\alpha x-\beta$ および y 軸で囲まれた部分の面積を求めよ。

115 2012年度〔1〕(1) Level A

2つの曲線 $y=x^4$ と $y=x^2+2$ とによって囲まれる図形の面積を求めよ。

116 2011年度〔3〕 Level A

実数 a が変化するとき，3次関数 $y=x^3-4x^2+6x$ と直線 $y=x+a$ のグラフの交点の個数はどのように変化するか。a の値によって分類せよ。

117 2011年度〔4〕 Level A

xy 平面上で，連立不等式

$$\begin{cases} |x| \leqq 2, \\ y \geqq x, \\ y \leqq \left|\dfrac{3}{4}x^2-3\right|-2 \end{cases}$$

を満たす領域の面積を求めよ。

118 2010年度〔1〕(1) Level A

座標平面上で，点 $(1,\ 2)$ を通り傾き a の直線と放物線 $y=x^2$ によって囲まれる部分の面積を $S(a)$ とする。a が $0 \leqq a \leqq 6$ の範囲を変化するとき，$S(a)$ を最小にするような a の値を求めよ。

119 2010年度〔5〕（文理共通（一部）） Level C

座標空間内で，$\mathrm{O}(0,\ 0,\ 0)$，$\mathrm{A}(1,\ 0,\ 0)$，$\mathrm{B}(1,\ 1,\ 0)$，$\mathrm{C}(0,\ 1,\ 0)$，$\mathrm{D}(0,\ 0,\ 1)$，$\mathrm{E}(1,\ 0,\ 1)$，$\mathrm{F}(1,\ 1,\ 1)$，$\mathrm{G}(0,\ 1,\ 1)$ を頂点にもつ立方体を考える。

(1) 頂点Aから対角線OFに下ろした垂線の長さを求めよ。

(2) この立方体を対角線OFを軸にして回転させて得られる回転体の体積を求めよ。

120　2009年度〔2〕　Level A

整式$f(x)$と実数Cが

$$\int_0^x f(y)\,dy+\int_0^1 (x+y)^2 f(y)\,dy=x^2+C$$

をみたすとき，この$f(x)$とCを求めよ。

121　2008年度〔1〕　Level A

実数a，b，cに対して$f(x)=ax^2+bx+c$とする。このとき

$$\int_{-1}^1 (1-x^2)\{f'(x)\}^2 dx \leqq 6\int_{-1}^1 \{f(x)\}^2 dx$$

であることを示せ。

122　2007年度〔2〕　Level A

3次関数$y=x^3-2x^2-x+2$のグラフ上の点$(1,\ 0)$における接線をlとする。この3次関数のグラフと接線lで囲まれた部分をx軸の周りに回転して立体を作る。その立体の体積を求めよ。

123　2006年度〔4〕（文理共通）　Level A

関数$y=f(x)$のグラフは，座標平面で原点に関して点対称である。さらにこのグラフの$x\leqq 0$の部分は，軸がy軸に平行で，点$\left(-\dfrac{1}{2},\ \dfrac{1}{4}\right)$を頂点とし，原点を通る放物線と一致している。このとき$x=-1$におけるこの関数のグラフの接線とこの関数のグラフによって囲まれる図形の面積を求めよ。

124 2004年度 〔2〕 Level A

区間 $-1 \leqq x \leqq 1$ で定義された関数 $f(x)$ が，

$$f(-1)=f(0)=1,\ f(1)=-2$$

を満たし，またそのグラフが右図のようになっているという。

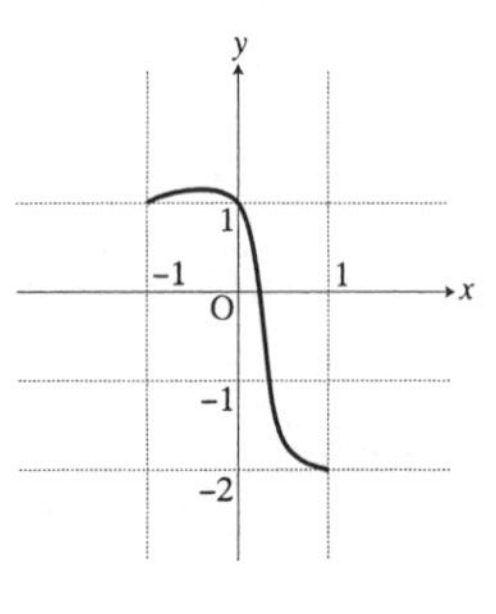

このとき，

$$\int_{-1}^{1} f(x)\,dx \geqq -1$$

を示せ。

125 2003年度 〔2〕 Level A

xy 平面上で，放物線 $C: y=x^2+x$ と，直線 $l: y=kx+k-1$ を考える。このとき次の問に答えよ。

(1) 放物線 C と直線 l が相異なる2点で交わるような k の範囲を求めよ。

(2) 放物線 C と直線 l の2つの交点をP，Qとし，線分PQの長さを L，線分PQと放物線とで囲まれる部分の面積を S とする。k が(1)で定まる範囲を動くとき，$\dfrac{S}{L^3}$ の値のとりうる範囲を求めよ。

126 2000年度 〔5〕 Level B

a を実数とする。x の2次方程式

$$x^2-ax=2\int_0^1 |t^2-at|\,dt$$

は $0 \leqq x \leqq 1$ の範囲にいくつの解をもつか。

127 1999年度 〔2〕（文理共通） Level A

放物線 $y=x^2$ の上を動く2点P，Qがあって，この放物線と線分PQが囲む部分の面積が常に1であるとき，PQの中点Rが描く図形の方程式を求めよ。

128　1998年度〔4〕　Level A

xy 平面上で放物線 $y=x^2$ 上に2点A$(a,\ a^2)$，B$(b,\ b^2)$　$(a<b)$ をとり，線分ABと放物線で囲まれた図形の面積を s とする。点P$(t,\ t^2)$ を放物線上にとり，三角形ABPの面積を $S(\mathrm{P})$ とする。t が $a<t<b$ の範囲を動くときの $S(\mathrm{P})$ の最大値を S とするとき，s と S の比を求めよ。

§10 複素数平面・行列ほか

ここには，現在の京大文系入試では出題範囲に含まれていない項目（複素数平面，行列など）から出題された問題を収録してあります。これらの範囲の扱いについては，必ず最新の募集要項で確認してください。

なお，本セクションの解答編では，レベル付けや内容についてのコメントは付しておらず，一部の問題を除いて，解法も１つずつしか掲載していません。

なんらかの参考になれば幸いです。

129 2007年度〔1〕問1（文理共通）

$A=\begin{pmatrix} 2 & 4 \\ -1 & -1 \end{pmatrix}$，$E=\begin{pmatrix} 1 & 0 \\ 0 & 1 \end{pmatrix}$ とするとき，

$A^6+2A^4+2A^3+2A^2+2A+3E$ を求めよ。

130 2005年度〔3〕

α，β は0でない相異なる複素数で，

$$\frac{\alpha}{\beta}+\frac{\overline{\alpha}}{\overline{\beta}}=2$$

を満たすとする。このとき，0，α，β の表す複素平面上の3点を結んで得られる三角形はどのような三角形か。（ただし，複素数 z に対し，$\overline{z}$ は z に共役な複素数である。）

131 2004年度〔4〕

c を実数とする。x についての2次方程式

$$x^2+(3-2c)x+c^2+5=0$$

が2つの解 α，β を持つとする。複素平面上の3点 α，β，c^2 が3角形の3頂点になり，その3角形の重心は0であるという。c を求めよ。

132　1999年度〔4〕

相異なる4つの複素数 z_1, z_2, z_3, z_4 に対して

$$w=\frac{(z_1-z_3)(z_2-z_4)}{(z_1-z_4)(z_2-z_3)}$$

とおく。このとき，以下を証明せよ。

(1)　複素数 z が単位円上にあるための必要十分条件は

$$\bar{z}=\frac{1}{z}$$

である。

(2)　z_1, z_2, z_3, z_4 が単位円上にあるとき，w は実数である。

(3)　z_1, z_2, z_3 が単位円上にあり，w が実数であれば，z_4 は単位円上にある。

年度別出題リスト

年度			セクション	番号	レベル	問題編	解答編
2022年度	〔1〕	§4	三角関数・対数関数	51	A	19	99
	〔2〕	§8	確率・個数の処理	85	A	36	172
	〔3〕	§9	整式の微積分	106	A	44	207
	〔4〕	§2	図形と計量・図形と方程式	19	A	9	39
	〔5〕	§6	空間図形・空間ベクトル	64	A	27	121
2021年度	〔1〕(1)	§1	整数	1	A	3	8
	(2)	§5	平面図形・平面ベクトル	59	A	24	110
	〔2〕	§9	整式の微積分	107	A	44	209
	〔3〕	§8	確率・個数の処理	86	B	36	174
	〔4〕	§6	空間図形・空間ベクトル	65	A	27	125
	〔5〕	§1	整数	2	A	3	9
2020年度	〔1〕	§9	整式の微積分	108	A	44	210
	〔2〕	§9	整式の微積分	109	B	44	212
	〔3〕	§1	整数	3	B	3	10
	〔4〕	§6	空間図形・空間ベクトル	66	B	27	127
	〔5〕	§8	確率・個数の処理	87	B	37	177
2019年度	〔1〕(1)	§3	方程式・不等式・領域	31	A	13	63
	(2)	§4	三角関数・対数関数	52	B	19	100
	〔2〕	§3	方程式・不等式・領域	32	B	13	64
	〔3〕	§3	方程式・不等式・領域	33	B	13	66
	〔4〕	§8	確率・個数の処理	88	B	37	179
	〔5〕	§6	空間図形・空間ベクトル	67	A	28	131
2018年度	〔1〕	§9	整式の微積分	110	A	44	214
	〔2〕	§2	図形と計量・図形と方程式	20	A	9	41
	〔3〕	§1	整数	4	A	3	13
	〔4〕	§6	空間図形・空間ベクトル	68	C	28	133
	〔5〕	§8	確率・個数の処理	89	B	38	180
2017年度	〔1〕	§9	整式の微積分	111	A	45	216
	〔2〕	§1	整数	5	C	3	14
	〔3〕	§6	空間図形・空間ベクトル	69	B	28	138
	〔4〕	§1	整数	6	B	4	16
	〔5〕	§8	確率・個数の処理	90	A	38	183
2016年度	〔1〕	§9	整式の微積分	112	A	45	219
	〔2〕	§8	確率・個数の処理	91	B	38	184
	〔3〕	§1	整数	7	B	4	19

年度			セクション	番号	レベル	問題編	解答編
	〔4〕	§6	空間図形・空間ベクトル	70	B	28	141
	〔5〕	§3	方程式・不等式・領域	34	C	13	68
2015年度	〔1〕	§2	図形と計量・図形と方程式	21	B	9	44
	〔2〕	§2	図形と計量・図形と方程式	22	A	9	46
	〔3〕	§8	確率・個数の処理	92	B	39	185
	〔4〕	§3	方程式・不等式・領域	35	A	14	71
	〔5〕	§1	整数	8	B	4	21
2014年度	〔1〕	§3	方程式・不等式・領域	36	A	14	73
	〔2〕	§9	整式の微積分	113	B	45	220
	〔3〕	§6	空間図形・空間ベクトル	71	A	29	143
	〔4〕	§7	数列	81	A	33	163
	〔5〕	§8	確率・個数の処理	93	A	39	187
2013年度	〔1〕	§3	方程式・不等式・領域	37	A	14	74
	〔2〕	§5	平面図形・平面ベクトル	60	A	24	112
	〔3〕	§1	整数	9	A	5	23
	〔4〕	§9	整式の微積分	114	A	45	223
	〔5〕	§8	確率・個数の処理	94	A	39	188
2012年度	〔1〕(1)	§9	整式の微積分	115	A	46	225
	(2)	§8	確率・個数の処理	95	A	40	189
	〔2〕	§6	空間図形・空間ベクトル	72	A	29	144
	〔3〕	§3	方程式・不等式・領域	38	A	14	76
	〔4〕	§2	図形と計量・図形と方程式	23	A	10	48
	〔5〕	§4	三角関数・対数関数	53	B	19	102
2011年度	〔1〕(1)	§2	図形と計量・図形と方程式	24	A	10	49
	(2)	§8	確率・個数の処理	96	A	40	190
	〔2〕	§6	空間図形・空間ベクトル	73	B	29	145
	〔3〕	§9	整式の微積分	116	A	46	226
	〔4〕	§9	整式の微積分	117	A	46	227
	〔5〕	§7	数列	82	B	33	165
2010年度	〔1〕(1)	§9	整式の微積分	118	A	46	228
	(2)	§2	図形と計量・図形と方程式	25	A	10	51
	〔2〕	§3	方程式・不等式・領域	39	A	14	78
	〔3〕	§8	確率・個数の処理	97	A	40	191
	〔4〕	§2	図形と計量・図形と方程式	26	A	10	53
	〔5〕	§9	整式の微積分	119	C	46	229
2009年度	〔1〕(1)	§6	空間図形・空間ベクトル	74	A	29	149
	(2)	§8	確率・個数の処理	98	A	40	192
	〔2〕	§9	整式の微積分	120	A	47	232

年度		セクション		番号	レベル	問題編	解答編
	〔3〕	§4	三角関数・対数関数	54	A	19	104
	〔4〕	§2	図形と計量・図形と方程式	27	A	10	55
	〔5〕	§1	整数	10	A	5	24
2008年度	〔1〕	§9	整式の微積分	121	A	47	234
	〔2〕	§2	図形と計量・図形と方程式	28	A	11	57
	〔3〕	§3	方程式・不等式・領域	40	A	15	79
	〔4〕	§4	三角関数・対数関数	55	A	19	105
	〔5〕	§8	確率・個数の処理	99	C	41	193
2007年度	〔1〕(1)	§10	複素数平面・行列ほか	129		50	248
	(2)	§8	確率・個数の処理	100	A	41	195
	〔2〕	§9	整式の微積分	122	A	47	235
	〔3〕	§1	整数	11	B	5	25
	〔4〕	§6	空間図形・空間ベクトル	75	A	30	150
	〔5〕	§1	整数	12	B	5	26
2006年度	〔1〕	§3	方程式・不等式・領域	41	A	15	81
	〔2〕	§6	空間図形・空間ベクトル	76	A	30	152
	〔3〕	§3	方程式・不等式・領域	42	A	15	82
	〔4〕	§9	整式の微積分	123	A	47	237
	〔5〕	§8	確率・個数の処理	101	C	41	196
2005年度	〔1〕	§3	方程式・不等式・領域	43	A	15	84
	〔2〕	§4	三角関数・対数関数	56	A	20	107
	〔3〕	§10	複素数平面・行列ほか	130		50	249
	〔4〕	§1	整数	13	A	5	28
	〔5〕	§8	確率・個数の処理	102	A	41	197
2004年度	〔1〕	§4	三角関数・対数関数	57	A	20	108
	〔2〕	§9	整式の微積分	124	A	48	239
	〔3〕	§5	平面図形・平面ベクトル	61	A	24	114
	〔4〕	§10	複素数平面・行列ほか	131		50	251
	〔5〕	§1	整数	14	B	6	30
2003年度	〔1〕	§7	数列	83	A	33	168
	〔2〕	§9	整式の微積分	125	A	48	240
	〔3〕	§6	空間図形・空間ベクトル	77	B	30	154
	〔4〕	§1	整数	15	B	6	33
	〔5〕	§8	確率・個数の処理	103	B	42	199
2002年度	〔1〕	§7	数列	84	A	34	170
	〔2〕	§6	空間図形・空間ベクトル	78	A	30	156
	〔3〕	§3	方程式・不等式・領域	44	A	15	87
	〔4〕	§4	三角関数・対数関数	58	A	20	109

年度		セクション		番号	レベル	問題編	解答編
	〔5〕	§3	方程式・不等式・領域	45	A	16	89
2001年度	〔1〕	§3	方程式・不等式・領域	46	A	16	90
	〔2〕	§5	平面図形・平面ベクトル	62	B	24	115
	〔3〕	§1	整数	16	A	6	34
	〔4〕	§3	方程式・不等式・領域	47	B	16	92
	〔5〕	§3	方程式・不等式・領域	48	A	16	94
2000年度	〔1〕	§5	平面図形・平面ベクトル	63	A	25	117
	〔2〕	§3	方程式・不等式・領域	49	B	17	95
	〔3〕	§6	空間図形・空間ベクトル	79	C	31	157
	〔4〕	§1	整数	17	C	7	35
	〔5〕	§9	整式の微積分	126	B	48	241
1999年度	〔1〕	§2	図形と計量・図形と方程式	29	A	11	59
	〔2〕	§9	整式の微積分	127	A	48	244
	〔3〕	§1	整数	18	B	7	37
	〔4〕	§10	複素数平面・行列ほか	132		51	252
	〔5〕	§8	確率・個数の処理	104	B	42	203
1998年度	〔1〕	§2	図形と計量・図形と方程式	30	B	11	61
	〔2〕	§6	空間図形・空間ベクトル	80	A	31	161
	〔3〕	§3	方程式・不等式・領域	50	C	17	97
	〔4〕	§9	整式の微積分	128	A	49	246
	〔5〕	§8	確率・個数の処理	105	C	42	205

MEMO